DENGPAO GUANLIUSHI
SHUILUN FADIANJIZU
YUNXING YU JIANXIU

灯泡贯流式水轮发电机组运行与检修

五凌电力有限公司　编著

内 容 提 要

本书详细介绍了灯泡贯流式水轮发电机组设备的基本结构、检修工艺流程、运维技术及故障处理，特别是结合五凌电力有限公司灯泡贯流式电站工程与生产案例进行了系统阐述。全书分为八章。第一章概述，主要讲述了灯泡贯流式机组的发展历程以及在五凌电力有限公司的应用。第二章主要讲述水轮机结构，第三章主要讲述发电机结构，第四章主要讲述水轮机检修，第五章主要讲述发电机检修，第六章主要讲述机组检修试验，第七章主要讲述运行与维护，第八章主要讲述机组故障处理。

本书可供水电站运行及检修维护人员阅读，也可供高等院校相关专业本科高年级学生和研究生阅读。

图书在版编目（CIP）数据

灯泡贯流式水轮发电机组运行与检修 / 五凌电力有限公司编著. —北京：中国电力出版社，2018.3（2021.8 重印）

ISBN 978-7-5198-1728-2

Ⅰ. ①灯… Ⅱ. ①五… Ⅲ. ①灯泡贯流式水轮机－发电机组－电力系统运行②灯泡贯流式水轮机－发电机组－电力系统－检修 Ⅳ. ①TK733

中国版本图书馆 CIP 数据核字（2018）第 023470 号

出版发行：中国电力出版社
地　　址：北京市东城区北京站西街 19 号（邮政编码 100005）
网　　址：http://www.cepp.sgcc.com.cn
责任编辑：娄雪芳（010-63412375）
责任校对：常燕昆
装帧设计：张　娟
责任印制：石　雷

印　　刷：三河市百盛印装有限公司
版　　次：2018 年 3 月第一版
印　　次：2021 年 8 月北京第三次印刷
开　　本：787 毫米×1092 毫米　16 开本
印　　张：16.25
字　　数：351 千字
印　　数：2501—3500 册
定　　价：85.00 元

编委会名单

前 言

贯流式水轮发电机组从 1892 年开始研制到现在，已有一百多年的历史，机组设计水平日益成熟，灯泡贯流式机组在水电工程中得到了广泛的应用。巴西杰瑞水电站安装有目前世界上单机容量最大的灯泡贯流式水轮发电机组，单机容量达 75MW，代表当今世界最高水平。

了解并掌握灯泡贯流式水轮发电机组的基本理论、基本结构、检修工艺流程、运行与维护技术及故障处理，是电站生产管理人员必备的技能，对保证电网及电站安全稳定运行具有重大的意义。

编写组成员长期从事灯泡贯流式水轮发电机组检修维护工作，本书是在结合编者多年工作经验的基础上编写的，主要讲述了灯泡贯流式水轮发电机组的水轮机与发电机结构、检修方法、日常运行与维护工作，并对生产中的典型工程实例进行了剖析，力求通过通俗易懂的语言，使读者掌握灯泡贯流式机组的运行与维护技能。

本书编写过程中，参考了大量的书籍、科技文献和技术资料，在此对原作者表示诚挚的谢意!

由于编者经验和理论水平有限，书中不妥之处在所难免，敬请各位专家和同行批评指正!

编委会

2018 年 1 月于长沙

目 录

概　　述

第一节　贯流式水轮发电机组发展历程

贯流式水轮发电机组从 1892 年开始研制到现在，已有一百多年的历史，现在应用最广泛的是灯泡贯流式水轮发电机组。1919 年初，由美国工程师哈尔扎（Harza）首先提出设计理念，1930 年德国人库尼（kunhe）获得了贯流式水轮机专利，第一台贯流式水轮发电机组安装在德国莱茵河上，单机容量为 1753kW，转轮直径为 2.05m，最大水头为 9m。瑞士爱舍维斯（Escher Wyss）公司经过近 20 年的研究，于 1936 年研制成功，首台灯泡贯流式水轮发电机组安装在波兰诺斯汀（Rostin）电站，单机容量为 195kW，转轮直径为 1.95m，水头为 3.7m。1966 年法国奈尔皮克（Neyrpic）公司制造出单机容量为 20MW，转轮直径为 6.25m，水头为 8m 的灯泡贯流式水轮发电机组，标志着灯泡贯流式水轮发电机组技术已成熟。1978 年日本富士公司研制出单机容量为 32.4MW 的灯泡贯流式水轮发电机组，达到世界先进水平。巴西杰瑞水电站是目前世界上机组台数最多、单机容量最大、转轮直径最大的灯泡贯流式水电站，共安装 50 台单机容量为 75MW 的灯泡贯流式水轮发电机组，其中 22 台由中国东方电机厂（简称东方电机厂）提供，另 28 台由天津阿尔斯通电机有限公司（简称阿尔斯通）提供。

我国研制灯泡贯流式水轮发电机组起步较晚，但发展很快，从 20 世纪 70 年代初到现在，主要经历了六个发展阶段。

（1）摸索和试制阶段。1965 年我国自行研制出第一台小型灯泡贯流式水轮发电机组，机组容量为 40kW，转轮直径为 0.8m，安装于浙江省蒋堂水电站。这个阶段的代表是 1984 年投产的转轮直径为 5.5m、单机容量为 10MW 的广东白垢电站机组，它是我国自行研制的大、中型灯泡贯流式水轮发电机组的始祖。

（2）引进和试验阶段。1971 年 10 月，由国家按照“量体裁衣”的方式从日本富士电机株式会社进口建成我国第一座贯流式试验电站，电站单机容量为 2500kW，设计水头为 6.3m。

（3）仿制阶段。20 世纪 80 年代，位于湖南省桃江境内的马迹塘水电站引进了奥地利 3 台单机容量为 18.5MW 的大型灯泡贯流式水轮发电机组，我国开始了较大规模的仿制、消化吸收和研制工作。期间代表产品是 20 世纪 80 年代后期生产的转轮直径为 5.5m、单机容量为 15MW 的灯泡贯流式水轮发电机组。

（4）消化和吸收阶段。这个阶段的代表是 1997 年投产的转轮直径为 5.8m、单机容量为 18MW 的广东英德白石窑机组，是我国在大、中型灯泡贯流式水轮发电机组的设计制造发展史上的第二级台阶。

（5）引进技术和合作生产制造阶段。20 世纪 90 年代后期，哈尔滨电机厂、东方电机厂分别与外商合作，研制出 45、57MW 的机组，标志着我国灯泡贯流式水轮发电机组生产水平已达到国际先进行列。

（6）自主创新高速发展阶段。21 世纪，由东方电机厂提供的 22 台单机容量为 75MW 的巴西杰瑞水电站投产，标志着我国灯泡贯流式水轮发电机组制造水平已达世界领先水平。

国内外代表性灯泡贯流式电站机组参数见表 1-1 与表 1-2。

表 1-1　国内代表性灯泡贯流式电站机组参数

电站名称	容量（MW）	台数（台）	水头（m）	转速（r/min）	转轮直径（m）	投产年份
桥巩电站	57	8	13.8	83.3	7.4 7.45	2008
炳灵电站	48	5	16.1	107.1	6.2	2008
蜀河电站	46	6	19.6	125	5.46 5.45	2010
铜湾电站	45	4	11	83.3	7.1	2008
康扬电站	40.7	7	18.7	125	5.46	2007
金银台电站	40	3	13	100	6.3	2005
金溪电站	37.5	4	14.5	115.4	5.9	2006
新政电站	36	3	11.2	93.75	6.3	2006
飞来峡电站	35	4	8.53	83.3	7.0	1999

表 1-2　国外代表性灯泡贯流式电站机组参数

电站名称	容量（MW）	流量（m^3/s）	水头（m）	转速（r/min）	转轮直径（m）	投产年份
日本只见电站	68.5	375	18.4	100	6.7	1989
美国石岛电站	54	481	12.1	85.7	7.4	1978
法国贝来电站	46.7	350	15.05	107.1	6.4	1982
瑞典帕基电站	21.1	168	11	115.4	4.9	1967
苏联 萨拉托夫电站	47.3	528	10.5	75	7.5	1968
匈牙利 纳吉马罗电站	37.65	520	9.77	65.2	7.5	1992
葡萄牙 贝尔佛电站	35.3	267	14.2	100	6.0	1980
奥地利 彼德森电站	48	500	10.8	75	7.5	1999

第二节 贯流式水轮机分类

贯流式水轮机按总体布置方式不同，分为全贯流式和半贯流式两种，半贯流式又分为灯泡贯流式、竖井贯流式、轴伸贯流式和虹吸贯流式四种。

一、全贯流式水轮机

全贯流式水轮机的流道平直，水流沿轴向流过导叶、转轮桨叶和尾水管，发电机转子布置在水轮机转轮的外缘，又称为轮缘贯流式水轮机，如图 1-1 所示。

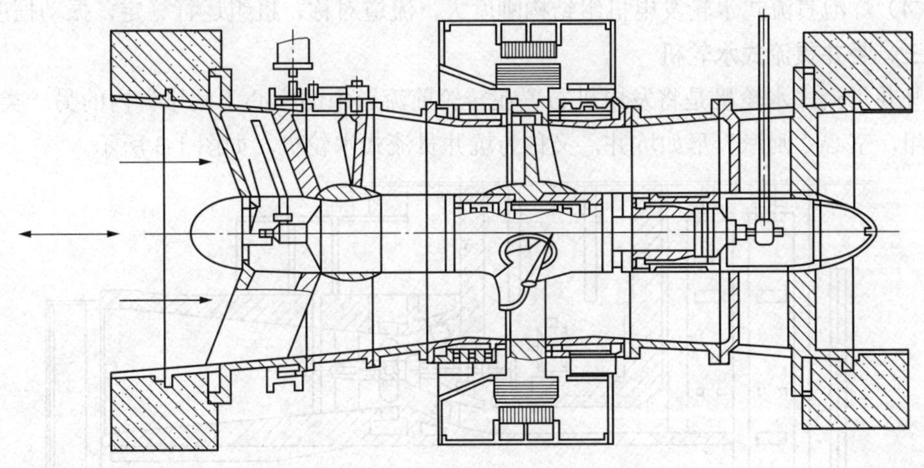

图 1-1 全贯流式水轮机结构图

二、灯泡贯流式水轮机

灯泡贯流式水轮机的水轮机与发电机同轴连接，水轮机转速较低，发电机侧尺寸较大，水轮机侧尺寸较小，机组外壳形状呈灯泡状，故称为灯泡贯流式水轮机，如图 1-2 所示。

图 1-2 灯泡贯流式水轮机示意图

灯泡贯流式水轮机一般应用于4～30m水头，与中、高水头水电站及低水头立轴轴流式水电站相比，具有如下显著优势：

（1）灯泡贯流式水电站进水管和出水管形状简单，施工方便，过流通道水力损失小，机组效率高，比轴流转桨式机组高3%～5%。

（2）灯泡贯流式电站机组结构紧凑，没有复杂的引水系统，可减少工程开挖量和混凝土浇筑量，经济优势明显。

（3）灯泡贯流式水电站建设周期短，淹没移民少，投资小，收效快，电站靠近城镇，交通运输便利。

（4）灯泡贯流式水轮发电机组结构刚度大，流道对称，机组运行稳定，振动摆度小。

三、竖井贯流式水轮机

竖井贯流式水轮机是将发电机布置在转轮前流道中的空心“闸墩”内的另一类贯流式机组，空心“闸墩”形如坑井，又称为坑井贯流式水轮机，如图1-3所示。

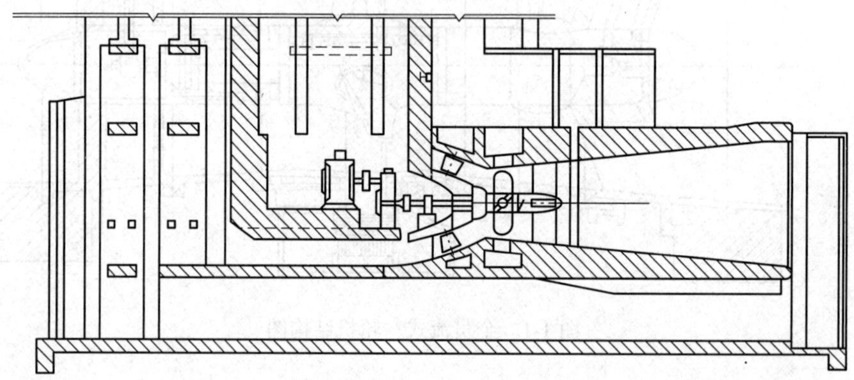

图1-3　竖井贯流式水轮机结构图

四、轴伸贯流式水轮机

轴伸贯流式水轮机具有微弯的过水流道，水轮机装在流道内，水轮机轴穿过管壁与布置在流道外的发电机通过传动装置连接，微弯的过水流道形如“S”，又称为S形贯流式水轮机，如图1-4所示。

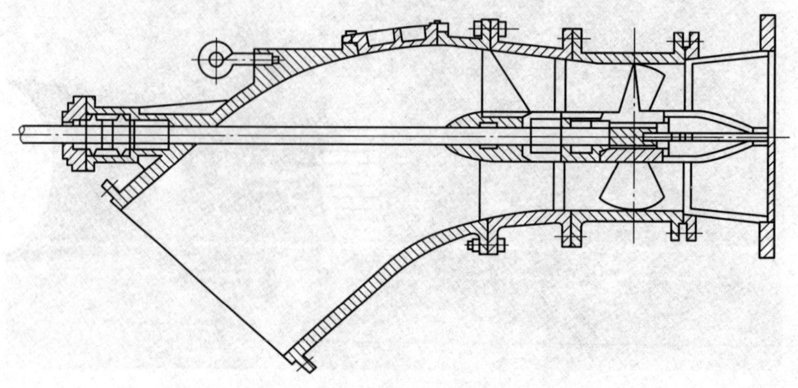

图1-4　轴伸贯流式水轮机结构图

五、虹吸贯流式水轮机

虹吸贯流式水轮机安装在虹吸管道弯曲段附近，机组进水口和尾水管不装设闸门，水轮机靠虹吸作用启停，这种机型只适用于低水头小机组，如图 1-5 所示。

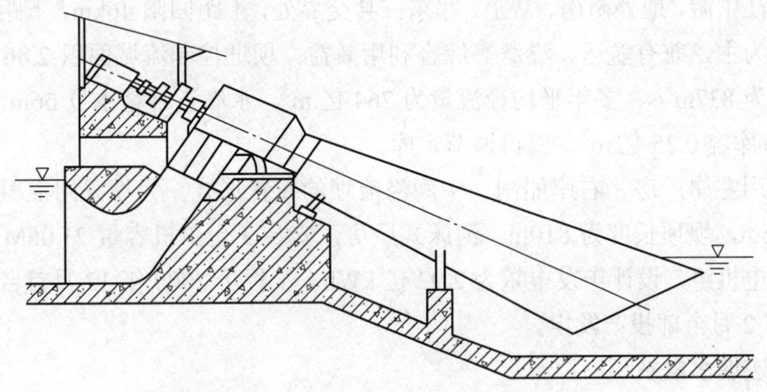

图 1-5 虹吸贯流式水轮机结构图

第三节 典型灯泡贯流式电站

五凌电力有限公司为国家电力投资集团公司控股的二级单位，旗下拥有洪江、凌津滩、近尾洲、马迹塘、株溪口和东坪 6 个灯泡贯流式水电站。

一、洪江水电站

位于沅水流域干流中游，上距怀化市 70km，下距洪江区 4.5km。工程以发电为主，兼有防洪、航运、灌溉、供水等综合利用效益。坝址控制流域面积 3.55 万 km^2，多年平均流量为 $705m^3/s$，多年平均径流量为 220 亿 m^3。水库正常蓄水位为 190m，总库容为 3.2 亿 m^3，调节库容为 0.75 亿 m^3，属周调节水库。

枢纽采用左岸厂房、右岸船闸、中间溢流坝的布置形式。大坝采用混凝土重力坝，最大坝高 56.9m，坝顶长度为 456.5m。河床式厂房，安装 6 台单机容量为 45MW 的灯泡贯流式水轮发电机组，设计年发电量 10.17 亿 kWh。工程于 1998 年 3 月开工，2003 年 2 月首台机组并网发电，2005 年 7 月全部投产发电。

二、凌津滩水电站

位于沅水流域干流下游桃源县境内，上距五强溪水电站 47.5km，下距桃源县城 40km、常德市 80km，是沅水流域梯级滚动开发的最末一级。作为五强溪水电站的反调节电站，工程以发电为主，兼有防洪、航运等综合效益。坝址控制流域面积为 8.58 万 km^2，多年平均流量为 $2090m^3/s$，多年平均径流量为 659 亿 m^3。水库正常蓄水位为 51m，总库容为 6.34 亿 m^3，调节库容为 0.46 亿 m^3，属日调节水库。

工程枢纽由发电厂房、船闸、泄洪闸和左、右挡水坝建筑物组成，大坝采用混凝土重力坝，最大坝高 52.05m，坝顶长度为 915.11m。河床式厂房，安装 9 台单机容量为 30MW

的灯泡贯流式水轮发电机组，设计年发电量为12.15亿kWh。工程于1995年12月开工，1998年12月首台机组并网发电，2000年12月全部投产发电。

三、近尾洲水电站

位于湘江中游，地处衡南、常宁、祁东三县交界处，上距归阳46km，下距衡阳75km。工程以发电为主，兼有航运、灌溉等综合利用效益。坝址控制流域面积2.86万km^2，多年平均流量为837m^3/s，多年平均径流量为264亿m^3。水库正常蓄水位66m，总库容4.6亿m^3，调节库容0.25亿m^3，属日调节水库。

枢纽采用左岸厂房、右岸船闸、中间溢流坝的布置形式。大坝采用混凝土重力坝，最大坝高76m，坝顶长度为810m。河床式厂房，安装3台单机容量21.06MW的灯泡贯流式水轮发电机组，设计年发电量为2.92亿kWh。工程于2000年12月首台机组并网发电，2002年2月全部投产发电。

四、马迹塘水电站

位于资水流域干流下游湖南省桃江县马迹塘镇，上距柘溪水电站86km，下距桃江县城43km。工程以发电为主，兼有航运、灌溉、养殖等综合利用效益。坝址控制流域面积2.62万km^2，多年平均流量为702m^3/s，多年平均径流量为221亿m^3。水库正常蓄水位为55.7m，总库容为1.03亿m^3，调节库容为0.103亿m^3，属日调节水库。

枢纽采用左岸厂房、右岸船闸、溢流坝的布置形式。大坝采用混凝土重力坝，最大坝高26.8m，坝顶长度为412m。河床式厂房，安装3台单机容量18.5MW的灯泡贯流式水轮发电机组，设计年发电量2.78亿kWh。工程于1976年11月开工，1983年6月首台机组并网发电，1983年8月全部投产发电。

五、株溪口水电站

位于资水流域干流中游湖南省安化县境内，上距东坪县城15.8km。工程以发电为主，兼有防洪、航运等综合利用效益。坝址控制流域面积2.32万km^2，多年平均流量为617m^3/s，多年平均径流量为195亿m^3。水库正常蓄水位为87.5m，总库容为0.333亿m^3，调节库容为0.052亿m^3，属日调节水库。

枢纽采用右岸坝后式厂房、中间溢流坝、左岸船闸的布置形式。大坝采用混凝土重力坝，最大坝高39.2m，坝顶长度为487.5m。河床式厂房，安装4台单机容量为18.5MW的灯泡贯流式水轮发电机组，设计年发电量为2.952亿kWh。工程于2005年11月开工，2008年4月首台机组并网发电，2008年10月全部投产发电。

六、东坪水电站

位于资水流域干流中游湖南省安化县境内，上距柘溪水电站10km。作为柘溪水电站的反调节电站，工程以发电为主，兼有防洪、航运等综合利用效益。坝址控制流域面积为2.28万km^2，多年平均流量为605m^3/s，多年平均径流量为190.8亿m^3。水库正常蓄水位为96.5m，总库容为0.198亿m^3，调节库容为0.056亿m^3，属日调节水库。

枢纽采用左岸厂房、右岸船闸、中间溢流坝的河床布置形式。大坝采用混凝土重力坝，最大坝高 19m，坝顶长度为 482m。安装 4 台单机容量为 18MW 的灯泡贯流式水轮发电机组，设计年发电量为 2.912 亿 kWh。工程于 2004 年 11 月开工，2007 年 3 月首台机组并网发电，2007 年 10 月全部投产发电。

第二章

灯泡贯流式水轮发电机组水轮机结构

水轮机是将水流的动能和势能转换成为旋转机械能的动力机械。按水流的能量转换特征划分，可将水轮机分为冲击式水轮机和反击式水轮机两大类。冲击式水轮机将水流的动能转换为旋转的机械能，通过特殊的导水机构，将水流的能量转换为动能，通过射流冲向转轮完成能量转换。反击式水轮机将水流的势能和动能转换为旋转的机械能，通过水流的势能完成能量的转换。按水轮机结构形式的不同，反击式水轮机可分为混流式、轴流式、斜流式和贯流式。按桨叶的不同，轴流式、贯流式和斜流式水轮机还可分为定桨式和转桨式。

灯泡贯流式水轮机是一种卧轴式水轮机，引水部件、导水部件、工作部件、排水部件都在一条轴线上，水流流道呈线状。由于水流在流道内基本沿轴向运动，不转弯，所以机组的过水能力更大，水力效率更高。

灯泡贯流式水轮机主要由埋设部件、导水机构、转轮及主轴、转轮室及伸缩节、受油器及操作油管、主轴密封、水导轴承、进水和尾水流道及闸门等组成。以管形座支撑为主的灯泡贯流式水轮发电机组如图 2-1 所示。

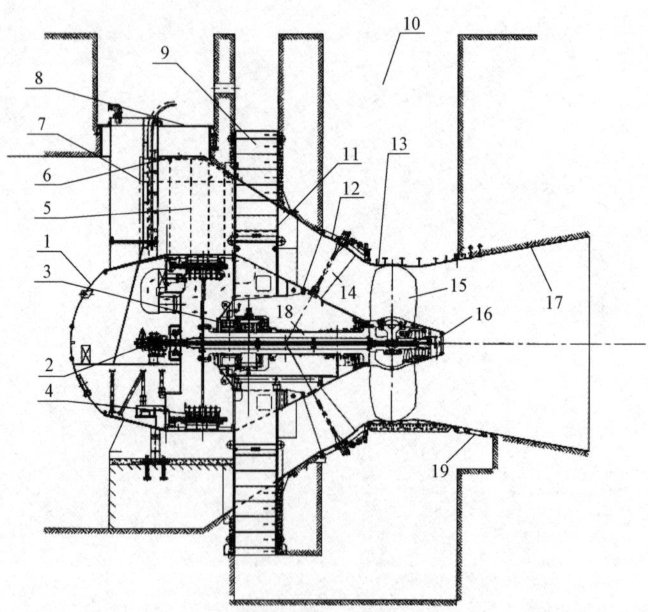

图 2-1　以管形座支撑为主的灯泡贯流式水轮发电机组

1—灯泡头；2—受油器；3—组合轴承；4—转子；5—导流板；6—下盖板；7—灯泡头竖井；8—抗压盖板；9—灯泡头竖井；10—水轮机检修廊道；11—管形座；12—导水机构；13—转轮室；14—导叶；15—转轮；16—泄水锥；17—尾水管；18—大轴；19—进人孔

第一节　埋 设 部 件

灯泡贯流式水轮机的埋设部件主要包括尾水管里衬、管形座（内、外管形座）等。

水轮机的尾水管是能量回收的重要部件，也是水轮机的主要过流部件和扩散流道，呈锥形扩散形状，一端通过伸缩节与转轮室相连，另一端与尾水流道相连。

管形座是灯泡贯流式水轮发电机组的主要受力部件和安装基准部件。发电机组所承受的水推力、重力、水浮力、发电机不平衡磁拉力等荷载均通过管形座传递至混凝土基础。管形座包括外管形座（座环外环）、内管形座（座环内环）和立柱。内管形座形成灯泡体；外管形座为预埋件，成为流道的一部分；立柱将内管形座与外管形座连成一个整体并成为构架支撑。外管形座下游侧与导水机构外配水环相连接，内管形座（灯泡体）的下游法兰面直接与导水机构内配水环相连接。管形座在垂直方向有两个竖井，为座环的主要受力构件。

一、尾水管里衬

尾水管里衬是灯泡贯流式水轮机最先埋设的部件，由钢板焊接而成，其形状为直锥形，尺寸大，过流量很大，长度一般按出口流速不大于5m/s确定。灯泡贯流式水轮机的尾水管通常由两部分组成：上游部分为金属里衬，下游部分为钢筋混凝土，如图2-2所示。根据运输条件，通常将灯泡贯流式水轮发电机组的尾水管里衬分成3～7节，运至现场后再拼焊成整体。

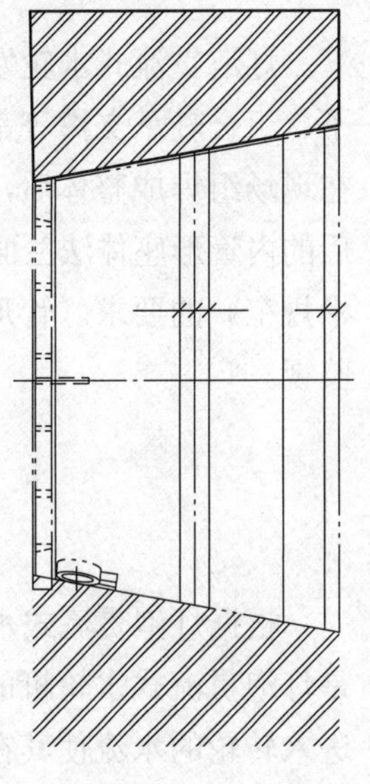

图2-2　尾水管

当管形座与尾水管里衬同时进行安装时，机组的高程、中心、水平应以管形座的法兰面为基准，尾水管基础环的法兰面应稍低。如果先安装尾水管里衬，后安装管形座，则尾水管基础环法兰的安装应稍高。尾水管里衬的中心、标高，尾水管里衬法兰面的波浪度均应符合GB/T 8564—2003《水轮发电机组安装技术规范》的要求。在工地将尾水管里衬拼焊组装成整体时，应监视变形。

在尾水管里衬与转轮室之间安装了伸缩节，轴向伸缩量为15～20mm，以适应机组安装偏差和温度的变化。通常在尾水管里衬上游侧的下部设置了流道进人孔，方便安装、检修人员进出流道。

二、管形座

管形座通常由内、外壳体和上、下竖井四大部分组成。大型灯泡贯流式水轮发电机组管形座的内管形座一般分为2瓣，外管形座分为4～6瓣。外管形座由上、下两部分，四块侧向瓦形壳和前锥体组成；内管形座与外管形座通过灯泡体竖井相连，如图2-3所示。外管形壳体上游侧与混凝土、流道盖板构成前（上游）过流通道，下游侧与外导水环连接。内管形壳体的上游面与定子机座及轴承支架连接，下游面与内导水环连接。

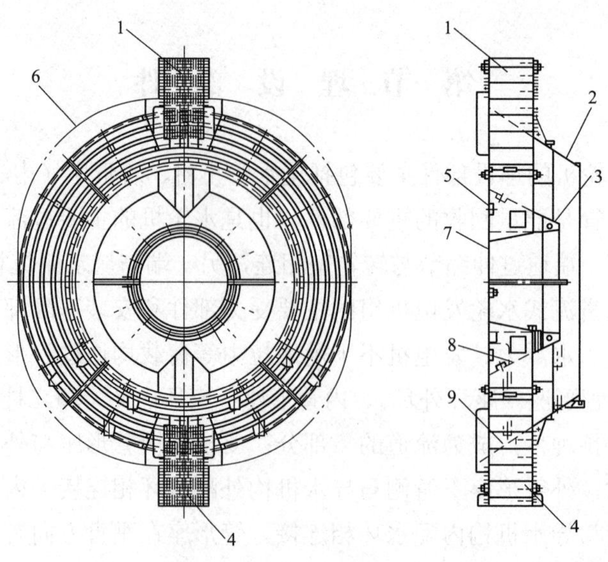

图 2-3　管形座

1—上管形座；2—前锥体；3—内配水环连接法兰面；4—下管形座；5—定子连接法兰面；6—侧向瓦形壳；7—支持环连接法兰面；8—内管形座；9—外管形座

灯泡贯流式水轮发电机组的安装以管形座作为基础，水轮机的导水机构、发电机定子、组合轴承支撑等都固定在管形座的法兰上，以此为基础顺序安装。内、外管形座体在现场组焊成整体后，以安装基准点或尾水管基础环法兰面中心标高为基准，要求安装后的内管形座体法兰面的标高及波浪度均应符合 GB/T 8564—2003《水轮发电机组安装技术规范》的要求。管形座及尾水管基础环在安装过程中要加强基础环法兰面中心偏差的监视。

第二节 导 水 机 构

根据灯泡贯流式水轮发电机组的特点，多采用锥角为 60°的锥形导水机构。导水机构是灯泡贯流式水轮机的导水部件，它位于水轮机转轮和引水部件之间，主要功能有调节进入转轮的水流使其在进入转轮前产生环量；根据机组的负荷变化调整进入水轮机的流量；实现机组的开、停机。导水机构的主要部件包括配水环、导叶、导叶传动机构、控制环、接力器和重锤等。外配水环为导叶外端轴承和控制环的支座，上游侧与外管形座相连，下游侧与转轮室相连；内配水环上游侧与内管形座相连，下游侧与主轴密封相连。导叶布置在内、外配水环之间，控制环安装在外配水环上，通过连杆与接力器推拉杆相连，控制环上（或者接力器推拉杆上）安装有关闭重锤，在事故情况下，能可靠地关闭导叶，停机。

灯泡贯流式水轮机的导水机构如图 2-4 所示，当调速环在两个接力器的作用下顺时针旋转时开导叶增加导叶开度，逆时针旋转关导叶减小导叶开度。

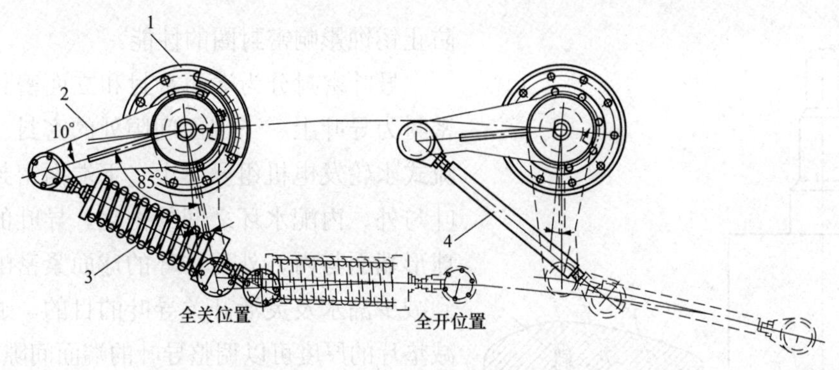

图 2-4 灯泡贯流式水轮机的导水机构

1—外导轴承座；2—拐臂；3—弹簧连杆；4—刚性连杆

一、配水环

配水环是灯泡贯流式水轮发电机组特有的导水部件，主要作用是进行水流分配，使水流均匀进入转轮室。配水环分内配水环和外配水环，内、外配水环是两个同轴线的圆锥体，中间安装活动导叶，对导叶起支承固定作用。

外配水环的球面由钢板压制焊接而成，外配水环和导叶配合面为球面，外配水环上布置有导叶上套筒孔，与主轴中心形成一定的尖角，并等距分布。外配水环上游侧的法兰面与外管形座相连，下游侧法兰面连接转轮室，外配水环的外部安装导叶的拐臂、连杆和调速环。

内配水环采用钢板焊接结构，内配水环与外配水环共同组成流道，与导叶配合为球形，导叶下轴孔在上面均匀布置，与主轴中心形成一定的夹角，在下部设有扇形板，为水导轴承的支承部件。内配水环上游侧的法兰面与内管形座下游侧的法兰面连接，内配水环下游侧的法兰面与主轴密封支架相连，内部安装了水导轴承。

二、导叶

导叶是导水机构的主要组成部件。导叶采用整体铸钢，导叶形状为空间扭曲体，包括叶体和叶轴两部分，两支点结构，上、下轴承均采用自润滑材料。叶体是扇锥形，导叶体的断面形状为头部厚、尾部薄的翼形。按导叶翼形的不同，非对称型导叶按弯曲方向的不同分为正曲率和负曲率两种。灯泡贯流式水轮机需要导叶有自关闭特性，一般采用不对称型负曲率导叶。灯泡贯流式水轮机导叶体成上大、下小的扇形，导叶上、下端面为球面。每片活动导叶的位置由导叶连杆上的偏心销调节，如图 2-5 所示。

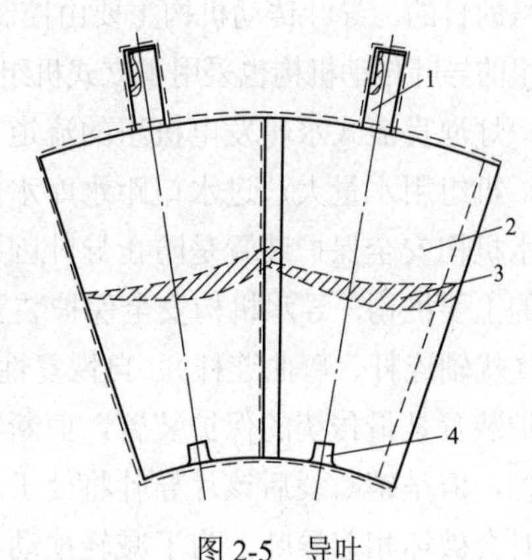

图 2-5 导叶

1—上轴颈；2—导叶体；3—翼形横切面；4—下轴孔

导叶翼形为空间扭曲型线，导叶轴头密封处采用热套不锈钢或镀铬保护措施，以

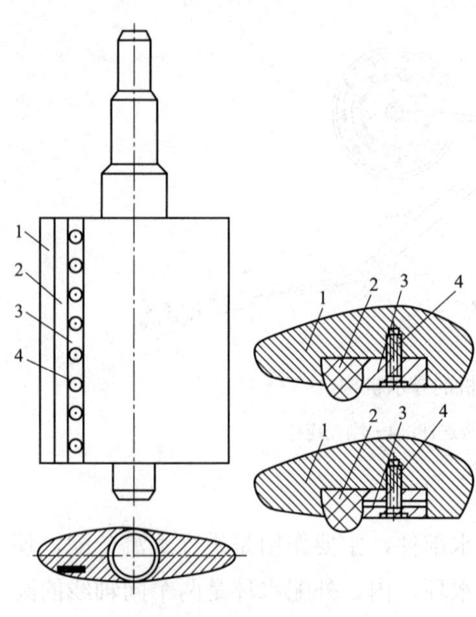

图 2-6　导叶立面密封

1—导叶；2—密封橡胶；3—压板；4—紧固螺钉

防止锈蚀影响密封圈的性能。

导叶密封分为端面密封和立面密封。端面密封为导叶上、下端面间隙处的密封。灯泡贯流式水轮发电机组导叶上、下端面密封是指导叶与外、内配水环之间的密封。导叶的上、下球形端面与内、外配水环的球面紧密配合，达到减少漏水及灵活开关导叶的目的。通过增、减垫片的厚度可以调整导叶的端面间隙。导叶的端面间隙应合适，既要保证导叶转动灵活，也要尽量减少漏水量。导叶立面密封是指导叶头部和相邻导叶尾部之间接触处的密封，如图 2-6 所示。

导叶处在关闭状态时，导叶立面不允许有间隙。立面密封的形式有 3 种：第一种在导叶的头尾搭接处采用研磨接触面的办法使其接触紧密，达到密封止水的目的；第二种在导叶头部搭接处堆焊凸起的不锈钢层，并加工成密封面；第三种在导叶的头部接触处加工一条燕尾槽，装上 P 形或 U 形橡胶或三角形皮带及压条。第一种和第二种用金属密封作为立面密封，结构简单、方便，加工制作能完全保证密封的严密性，同时便于导水机构的安装与调整。第三种密封形式加工简单，密封性好，在泥沙含量高的水电站不建议使用，原因是泥沙磨损，检修困难。导叶端面也可采用橡皮条密封，燕尾槽分别开在顶盖和底部环上，结构与立面密封相同。

三、导叶传动机构

导叶传动机构把导叶接力器的操作力矩传递给导叶，达到改变导叶开度，调节水轮机流量的目的。导叶传动机构主要由控制环、连杆、拐臂等部件组成。灯泡贯流式水轮发电机组的导叶传动机构也采用了立式机组传统的叉头式连接传动机构或耳柄式连接传动机构。

灯泡贯流式水轮发电机组的流道呈直线状，水流在流道内基本上沿轴向运行，不拐弯，机组用水量大，进水口距水库水面近，河中漂浮物容易进入流道，造成导叶卡阻。导水机构安全保护装置是防止导叶因被硬物卡住而引起主要传动零件破坏和防止机组飞逸的主要机构，导水机构安全保护装置分为破坏性结构（剪断销、拉断销）、半破坏性结构（扰轴连杆、弯曲连杆）、自恢复性结构（液压连杆、弹簧连杆）三种。破坏性的安全保护装置是最传统的保护装置，剪断销或拉断销都是通过连接销断裂实现对导水机构的保护，但是销断裂后该片导叶将处于自由状态，在水流冲击作用下会发生摆动，摆动剧烈时会破坏相邻导叶，为了减轻摆动必须与摩擦装置配合使用，破坏性的安全保护装置必须在机组停机甚至流道排空的情况下才能进行更换。半破坏性的保护方式是传统保护方式的一种改进，它通过连杆弯曲而不折断，起保护作用，可以防止导叶摆动，相比破坏性安全保护装置而言，结构上得到了一定的简化，但是同样需要在机组停机甚至流道排空的情况下才能进行更换。自恢复性结构的安全保护装置是在半破坏性保护方式上的一种改进，最大的优点在于动作后可以自动回复原状，不需要停机。

导水机构常见的导叶连杆形式有普通连杆（又叫刚性连杆）、挠曲连杆、液压连杆、弹簧连杆四种。不同的导叶连杆构成了不同的导水机构保护和操作方式，如普通连杆与弹簧连杆相间布置的方式、挠曲连杆与液压连杆相间布置的方式、弹簧连杆与挠曲连杆相间布置的方式、全弹簧安全连杆的方式、全挠曲连杆的方式等。卡有异物的液压连杆和挠曲连杆保护方式如图 2-7 所示。

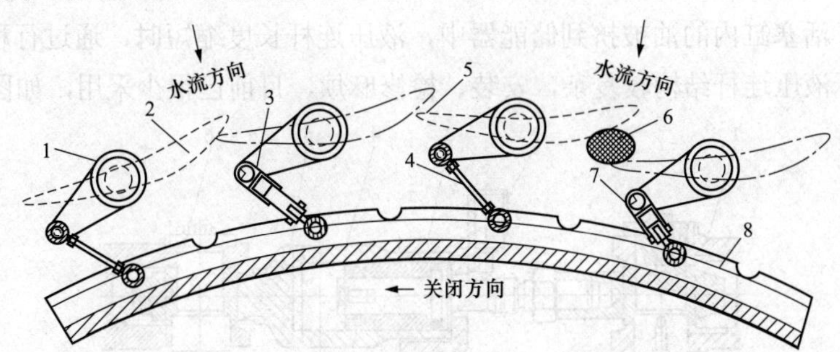

图 2-7 卡有异物的液压连杆和挠曲连杆保护方式

1—拐臂；2—导叶；3—液压连杆；4—挠曲连杆；5—相邻连杆产生的立面间隙；6—异物；7—变形的液压连杆；8—调速环

各种导叶连杆的特点如下：

（1）普通连杆。普通连杆又叫刚性连杆，不带任何保护方式。主要由拐臂、连杆等组成，这种传动机构结构简单，如图 2-8 所示。

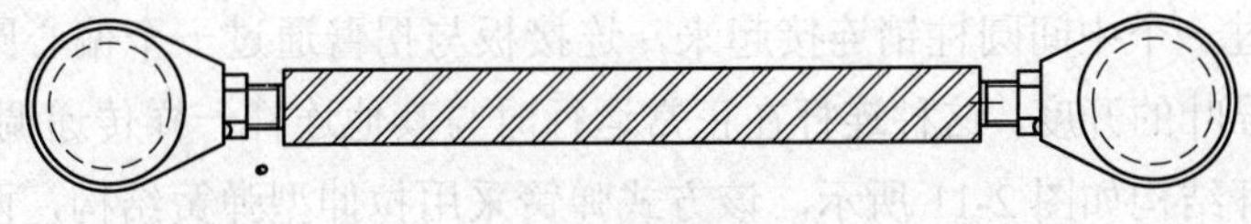

图 2-8 刚性连杆

（2）挠曲连杆。挠曲连杆的保护方式是通过挠性连杆的弯曲来实现对导叶机构部件的保护，主要由关节轴承、操作环、连杆头和拧在两连杆头间的挠性连杆组成。在安装时将挠性连杆轴线偏离作用力方向一定距离，当导叶间卡有异物时，挠曲连杆会发生弯曲，如图 2-9 所示。

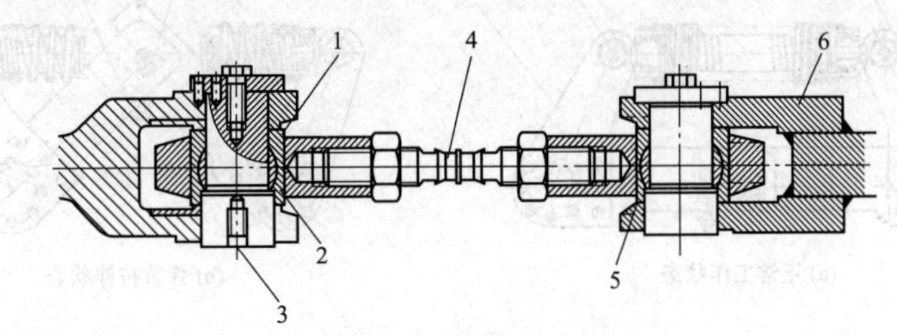

图 2-9 挠曲连杆

1—海绵橡皮环；2—卡环；3—操作杆十字头；4—连杆部分；5—关节轴承；6—操作环

（3）液压连杆。液压连杆的保护方式主要是通过活塞式储能器实现连杆的压缩变形以保护导水机构的部件，主要由连杆头、活塞、活塞杆、拐臂和液压缸等组成。液压连杆采用叉头与调速环及导叶拐臂连接。连接销采用球铰轴承，目的是保证导水机构转动时，连杆能灵活移动，防止受力不均。液压缸设在液压连杆的中部，每 4 个液压连杆由一个活塞式储能器供给压力油。活塞式储能器内充有 1/3 的油和 2/3 的氮气，并保持恒定的设计压力。另外，在液压连杆上装有一个行程开关，当液压连杆缩短到一定的程度时发出报警信号。在机组运行时，液压连杆在正常位置与导叶一起运动。如关机时导叶间有硬物卡住，液压连杆被压缩，活塞缸内的油被挤到储能器中，液压连杆长度缩短时，通过行程开关发出事故信号。由于液压连杆结构较复杂，安装、检修麻烦，目前已很少采用，如图 2-10 所示。

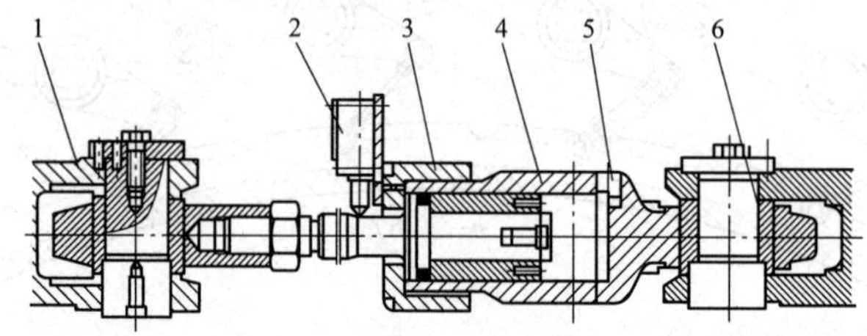

图 2-10　液压连杆

1—操作杆；2—微型继电器；3—制动螺母；4—液压缸；5—压力连杆；6—关节轴承

（4）弹簧连杆。弹簧连杆的保护方式主要是通过弹簧压缩和拉伸达到保护导水机构部件的目的，异物冲走后弹簧迅速恢复正常。弹簧连杆可以在动作后自行复归，不需要更换元件，在导叶保护方式上应用比较广泛。弹簧连杆又分为拉伸式弹簧连杆和压缩式弹簧连杆。

拉伸式弹簧连杆主要由 L 形连杆、弹簧、行程开关和带球面的连接销等组成。连接板和调速环通过一个中间圆柱销连接起来，连接板与拐臂通过一个偏心圆柱销连接，偏心销方便调整导叶的开度，这种连杆在正常运行时与其他连杆一样传递调速器的操作功。拉伸式弹簧连杆结构如图 2-11 所示，该方式弹簧采用拉伸型弹簧结构，两端连杆轴承与连接销有一个偏心量，正常工作时，连杆两端受到的作用力小于设定值，连杆不会发生动作，弹簧连杆处于图 2-11（a）所示状态；当导叶间卡有异物时，连杆两端受到的作用力大于设定值，连杆克服弹簧拉力及摩擦阻力，在连接销处发生转动，成为图 2-11（b）所示状态。当外力撤销后，弹簧连杆可依靠弹簧拉力复位。

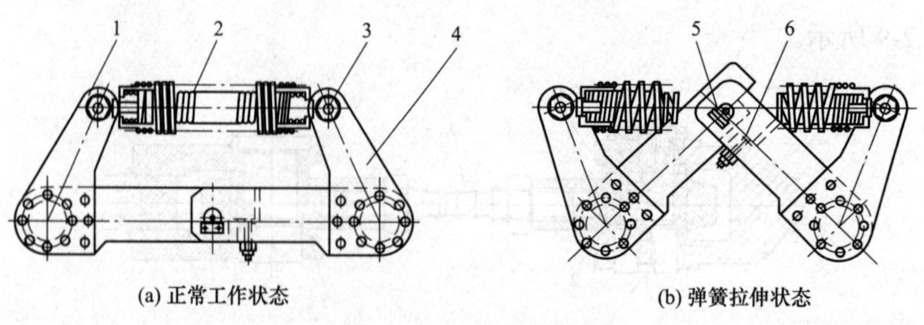

图 2-11　拉伸式弹簧连杆

1、4—L 形连杆；2—弹簧装置；3—螺栓；5—连接销；6—信号传感器压缩式弹簧连杆如图 2-12 所示，主要由导向螺钉、套环、弹簧和锁定盖等组成。当导叶开启时弹簧连杆受到向外的拉力，作用于锁锭盖和套管上，当导叶关闭时弹簧连杆受到向内侧的压缩力，作用于弹簧两端。如果导叶关闭过程中卡住异物，压缩力大于弹簧的作用力，弹簧沿导向螺钉逐渐压缩，当压缩到一定程度时限位开关发出信号，由调速器控制导叶开启以便释放外来异物，外来异物从导叶上脱开后，压缩式弹簧连杆受弹簧力作用自动回复到原来位置。

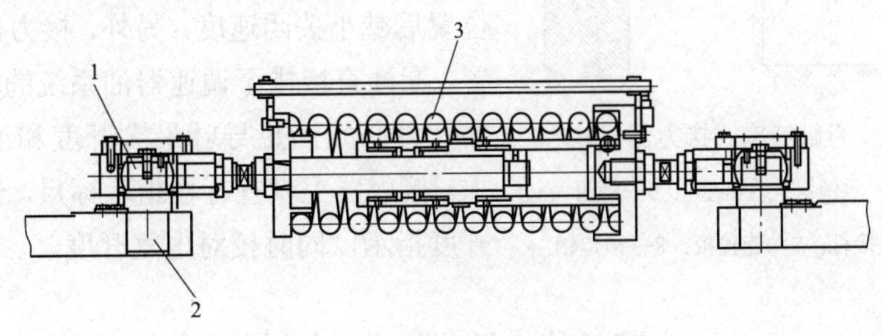

图 2-12 压缩式弹簧连杆

1—关节轴承；2—连接销；3—弹簧

四、控制环

控制环又称调速环，它的作用是将导叶接力器的作用力传递给导叶传动机构。控制环都有大耳环和小耳环以及圆柱形外壁，按照控制环耳环的多少和布置方式的不同，控制环可分为单耳环式、双耳环交叉式、双耳平行式和无耳式。灯泡贯流式水轮机的控制环呈竖直布置，支承在外配水环上，依靠钢珠或摩擦块滑动，在导叶接力器作用力的作用下绕水轮机中心线旋转，带动导叶传动机构运动，控制导叶的开关。

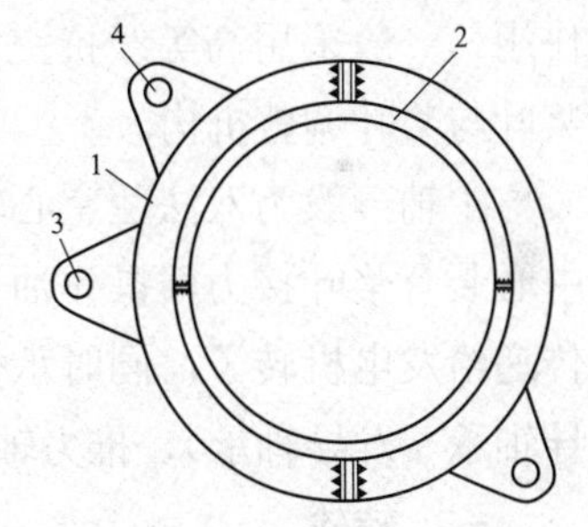

图 2-13 调速环示意图

1—调速环；2—轴承压板；3—重锤吊耳；4—接力器连接环

采用双接力器的灯泡贯流式水轮机的控制环一般设计了 3 个耳环，如图 2-13 所示。其中两个对称的大耳环为布置双接力器使用，另一个用来悬挂关闭重锤。

控制环安装在外配水环下游侧法兰面上，采用钢球作为滚动轴承，控制环滚动面作硬化处理后控制环动作才能灵活。滚珠球用黄油润滑，为防止污物和冷凝水进入滚动面，两侧均装有密封圈。

五、接力器及重锤

接力器按个数可分为单接力器和双接力器，按布置形式可分为垂直式和倾斜式。灯泡贯流式水轮机通常设有两个摇摆式接力器，接力器设有缓冲装置，防止关闭过快发生碰撞。

为防止机组飞逸，灯泡贯流式水轮机在控制环的右侧（面向下游）设有关闭重锤。当调速器液压系统失去油压时，可依靠重锤的重力形成关闭力矩和导叶在水力矩的作用下形成的自关闭趋势，可靠地关闭导叶，使机组停机，防止事故扩大。

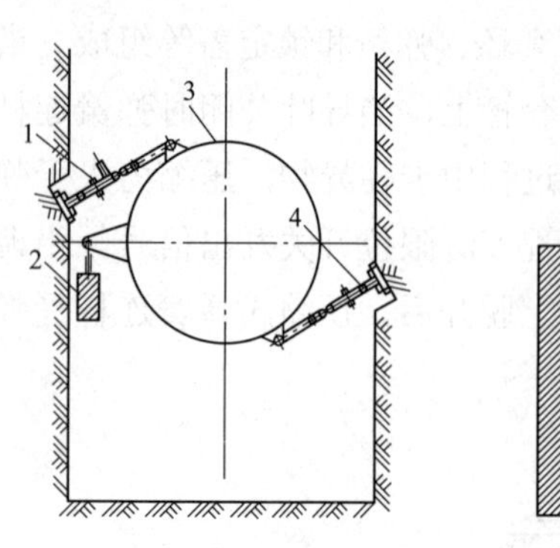

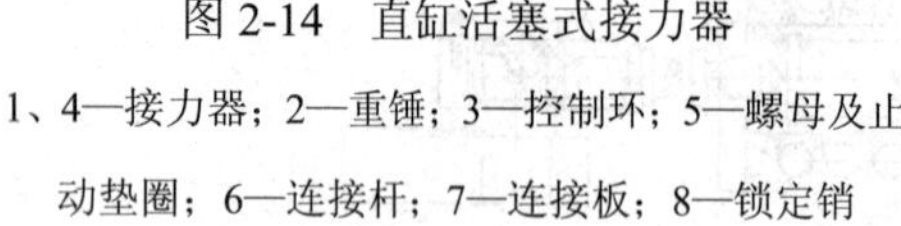

图 2-14　直缸活塞式接力器

1、4—接力器；2—重锤；3—控制环；5—螺母及止动垫圈；6—连接杆；7—连接板；8—锁定销

直缸活塞式接力器如图 2-14 所示，其中一个接力器设有液压锁锭装置，在机组停机导叶全关后锁住接力器，防止误开导叶；另一个接力器设有机械锁锭装置，主要用于机组检修时将导叶锁锭在全开状态。

接力器配有缓冲节流装置，使导叶关到空载位置后减小关闭速度，另外，接力器设有漏油装置，漏油直接排至调速器油系统的漏油箱。接力器行程必须满足导叶最大开度和压紧行程的要求。接力器上设置行程指示标尺，便于观察机械开度指示，同时校对电气开度。

第三节　转轮与主轴

转轮是水轮机的工作部件。转轮的作用是将水流的能量转化为机械能并通过主轴传递给发电机转子，转轮的形式很大程度上决定了水轮机的布置形式。转轮由桨叶、轮毂、泄水锥、桨叶密封装置及桨叶操作机构构成。因桨叶需承受极高的离心力、水压及空蚀作用，一般采用高等级抗空蚀、耐磨损的不锈钢整体铸造。轮毂为球形，主要用来安装桨叶与桨叶调整机构。

主轴一般为双法兰空心轴，两侧法兰分别与发电机转子和水轮机转轮相连，在主轴中心装有桨叶接力器操作油管及轮毂供油管。主轴的作用是将水轮机转轮所获得的转矩传递给发电机转子，同时承受轴向水推力和转动部分的质量。主轴两侧安装有发电机侧导轴承（发导轴承）、推力轴承和水轮机侧导轴承（水导轴承）。

一、转轮

灯泡贯流式水轮机按结构和布置形式可分为以下几类：

（1）按桨叶数量可分为三桨叶水轮机、四桨叶水轮机和五桨叶水轮机三种。

（2）按桨叶是否可操作可分为定桨式水轮机和转桨式水轮机两种。

为适应水头的变化及负荷的调节，灯泡贯流式水轮机通常采用转桨式结构。转桨式水轮机的桨叶在传动机构的操作下可绕桨叶轴在一定角度内转动，桨叶转动的角度称为桨叶转角或装置角，通常以 Φ 表示。我国一般规定，设计工况时的桨叶转角为 0°，向关闭方向转动时称“负”角，向开启方向转动时称“正”角。国外的水轮机桨叶没有“正”“负”之分，全关状态为 0°，全开状态为最大角度。按桨叶操作方式划分，转桨式水轮机的转轮比较常见的有活塞套筒式和缸动式结构。

缸动式水轮机转轮结构如图 2-15 所示，主要由转轮体、桨叶、拐臂、桨叶接力器及泄水锥组成。这种结构的特点是操作桨叶转动时，转轮接力器活塞保持不动，调速器油压力驱动接力器油缸动作，带动叶片操作机构移动，从而带动桨叶转动，具有结构简单、安装方便等优点。

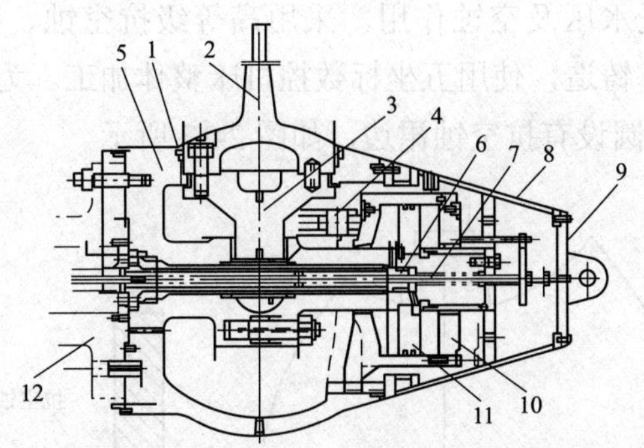

图 2-15 缸动式水轮机转轮结构示意图

1—桨叶密封装配；2—桨叶；3—拐臂；4—连杆；5—转轮体；6—操作油管；7—轮毂供油管；

8—泄水锥；9—泄水锥端盖；10—油缸；11—活塞；12—主轴

活塞套筒式转轮则相反，操作桨叶转动时油缸不动，活塞在操作油压力的作用下运动时带动连杆、拐臂运动，操作桨叶旋转，如图 2-16 所示。下面以某电站转轮结构为例，重点介绍缸动式水轮机转轮的结构。

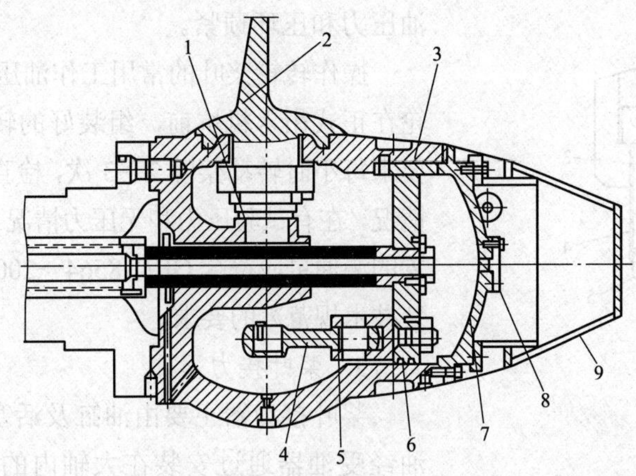

图 2-16 活塞套筒式水轮机

1—轴套；2—桨叶；3—导向键；4—连杆；5—耳柄；6—转轮体；

7—转轮体盖；8—盖板；9—泄水锥

1. 转轮体

转轮体为整体铸钢件，材料为 ZG20SiMn，轮毂体与上游侧主轴通过 18 个 M90×4 连接螺栓进行连接，并通过销钉传递扭矩。轮毂油由高位轮毂油箱通过受油器经轮毂供油管到达转轮轮毂体内，利用轮毂油箱与轮毂体之间的高程差保持 0.2MPa 以上的油压，保证桨叶 V 形密封的可靠使用效果，防止流道中的水进入轮毂体内。转轮体底部的螺塞（堵丝）用于检修时排空油缸中的油。

2. 桨叶

由于桨叶需要承受水压及空蚀作用，采用高等级抗空蚀、耐磨损并且可焊性好的G-X4CrNi不锈钢VOD铸造，使用五坐标数控机床整体加工。为防止桨叶与转轮室间产生间隙空蚀，在桨叶外圆设有抗空蚀裙边，如图2-17所示。

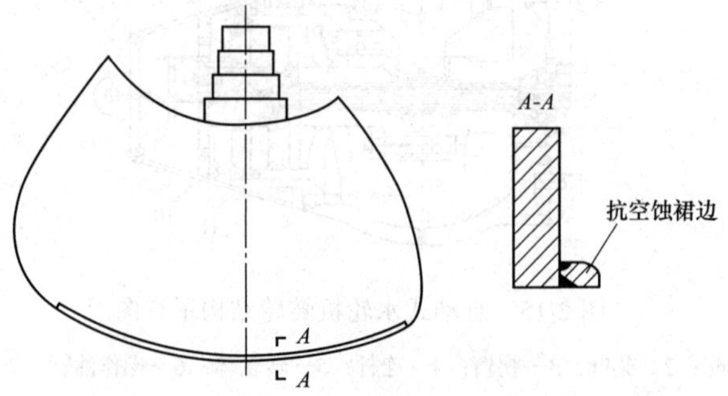

图2-17 桨叶及其抗空蚀结构图

为了实现封油、封水的目的，转动的桨叶与转轮体间设有密封。灯泡贯流式水轮机叶片密封有多种形式，V形密封使用效果更好。如图2-18所示，在叶片与转轮体之间，由多道V形密封圈形成致密的密封，密封圈靠弹簧、油压力和压环顶紧。

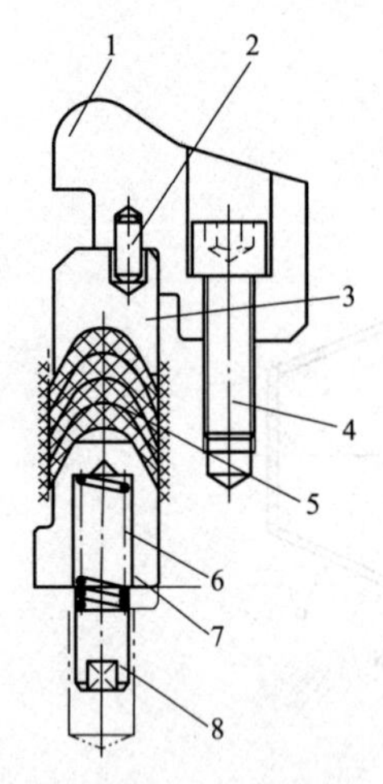

图2-18 桨叶V形密封装配图

1—密封压盖；2—销A6×16；3—密封压环；4—销钉M12；5—V形密封圈；6—弹簧；7—顶起支座；8—定位销

操作转轮桨叶的常用工作油压为4.0～6.3MPa。转轮在正式吊入机坑前，组装好的转轮应做耐压试验，要求每小时转动桨叶2～3次，检查桨叶密封处的漏油情况，在有试验压力和无压力情况下，单个叶片密封装置的漏油量应符合GB/T 8564—2003《水轮发电机组安装技术规范》的要求。

3. 桨叶接力器

桨叶接力器主要由油缸及活塞两部分组成，压力油经受油器通过安装在大轴内的操作油管向接力器供油。活塞与缸体均为铸钢件，材料为ZG20SiMn，在活塞外侧与缸体内壁之间设有两道活塞环，内侧与活塞杆之间设有一道O形密封，用来密封缸体，防止开、关腔相互窜油。油缸上、下游均设有活塞缸盖轴套，材料为ZCuSn10Pb5。

4. 泄水锥

泄水锥位于转轮体下游侧，两端法兰为铸钢，其他焊接材料为Q235-A碳素结构钢，泄水锥靠近轮毂体侧加工有环向沟槽，用于安装泄水锥与轮毂体连接螺栓，螺栓拧紧至适当位置后在沟槽内填充环氧树脂，并沿泄水锥表面方向焊接封水板。

泄水锥内壁焊接环向支架，便于活塞杆轴套及油缸动作反馈杆的安装；端盖位于泄水锥下游侧，端盖与泄水锥之间使用螺栓连接并设置一道 O 形密封，端盖表面焊接有固定吊耳，为检修提供方便。

二、主轴

两导轴承支撑结构的水轮发电机组常采用 1 根主轴的结构形式，其上游侧与发电机转子相连，下游侧与转轮体连接，两端用螺栓连接并设有销钉传递扭矩。主轴常用 ZG20MnSi 锻制而成，中心为空心结构，两端设外法兰，内装有操作油管。主轴结构如图 2-19 所示。

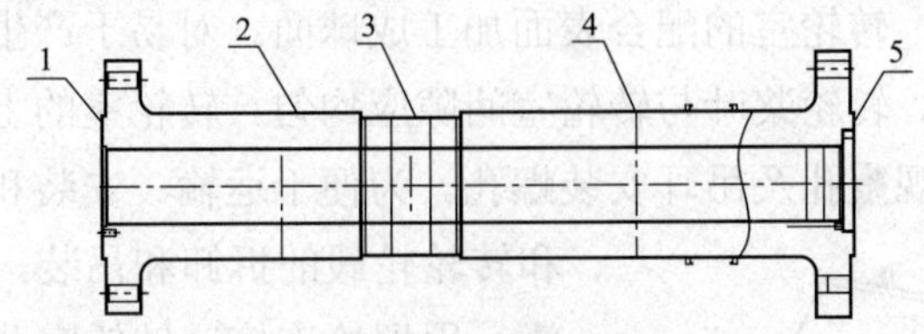

图 2-19　主轴结构示意图

1—主轴端部法兰（与转子连接）；2—发导轴承段；3—组合轴承段；4—水导轴承段；5—主轴端部法兰（与轮毂连接）

1. 操作油管

操作油管采用无缝钢管制作。由外操作油管、内操作油管、轮毂供油管组成。外操作油管与内操作油管上游侧连通受油器开、关腔供油管，下游侧分别连通桨叶接力器油缸的开、关腔，是桨叶操作机构传输压力油的重要部件。轮毂供油管也是桨叶开度的反馈杆。

2. 联轴螺钉护罩

联轴螺钉护罩一般分为两瓣，为钢板焊接结构。在大轴法兰端面及径向均设有密封条密封。护罩的作用是使转轮体和主轴之间的把合螺栓不浸泡在水中，避免螺栓的水下疲劳破坏。

3. 主轴护罩

主轴护罩一般分成两到三节，每节分为两瓣，一般为 Q235-A 钢板焊接结构，上游与组合轴承座连接，作为组合轴承漏油槽，下游侧通过伸缩法兰与水导轴承连接，作为水导轴承的漏油槽。

在进行主轴轴线调整时，应根据厂家设计提供的轴线计算值进行调整，充分考虑组合轴承和水导轴承的下沉及挂转子和转轮时主轴的挠度。调整合格后，保证转子中心在设计中心线上，保证发电机空气间隙均匀。

第四节　转轮室与伸缩节

转轮室是灯泡贯流式水轮发电机组的主要过流部件，转轮室沿轴向分为上、下两瓣，由收缩段、球形体、过渡段、扩散段组成，内壁是以桨叶为中心的球形体，转轮室通过环向筋板加固以保证转轮室的圆度，在下半部分设有人孔门。转轮室上游侧与外配水环相连，下游侧通过伸缩节与尾水管里衬相连。

伸缩节安装在转轮室下游侧，与尾水管法兰连接。为保证伸缩节在运行中不漏水，安装有O形密封和连接螺栓。

一、转轮室

转轮室是水轮机的工作室，如图2-20所示。转轮室的上游侧与外管形座相连，下游侧与尾水管相连。转轮室通常采用Q235-A钢板焊接结构，外圆焊接有足够的加强筋板。在桨叶的工作范围内，转轮室的配合表面加工成球面。对易于产生间隙空蚀的喉管部位采用不锈钢复合钢板。转轮桨叶与转轮室间隙应均匀。转轮室的上半部分或下半部分设有进人孔，顶部设有观察孔及吊耳安装螺孔。为便于运输、安装和检修，方便转轮桨叶和转轮轮毂的拆卸和吊装，转轮室分为上、下两瓣，用螺栓连接。转轮室分瓣结合面及上、下游连接面均采用O形密封条密封。转轮室上设有测量水压力的测压孔。

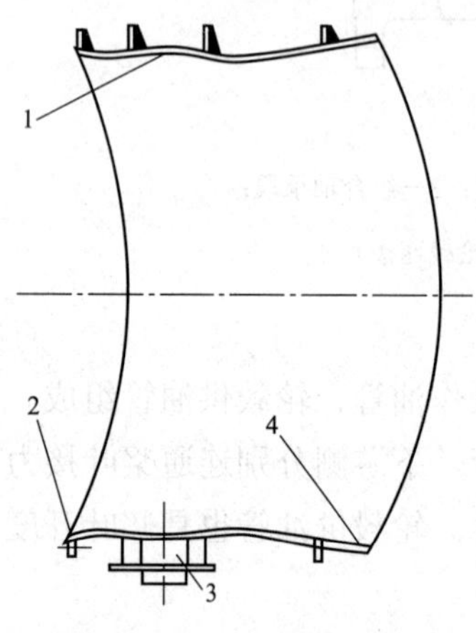

图2-20　转轮室

1—转轮室内壁；2—与外管形座连接的法兰；3—进人孔；4—与伸缩节连接部位

二、伸缩节

伸缩节的主要作用是补偿转轮室因热胀冷缩造成的水平方向长度变化，使转轮室在水平方向有一定的距离可以移动，同时方便检修时能起吊转轮室。它既能调节和补偿轴向间隙，也能调整补偿中心位置，同时还能在安装过程中调整安装误差。为确保伸缩节的密封性能，在伸缩节外的轴向设有O形或楔形密封条用于密封流道压力水。伸缩节结构如图2-21所示。

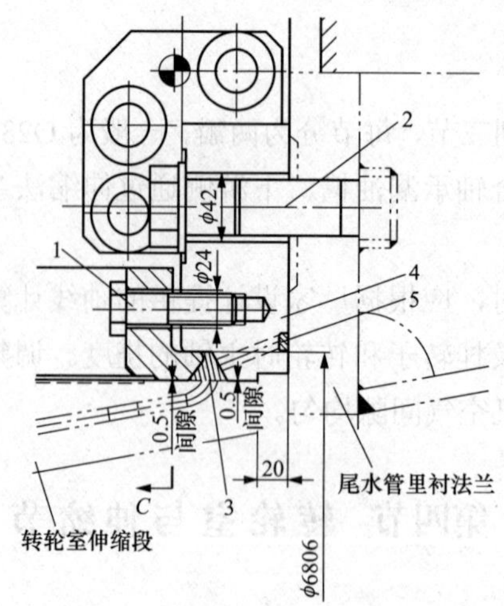

图2-21　伸缩节（单位：mm）

1—压紧螺栓；2—伸缩节法兰螺栓；3—伸缩节密封条；4—伸缩节法兰；5—法兰密封条

第五节　受油器与操作油管

一、受油器

受油器是双调节水轮机特有的设备。运行中，转轮轮毂需要供油，调整桨叶开度的桨叶接力器需要供油和排油。从机组外部的固定油管向这些旋转设备供油和排油时，需要一个转换部件，受油器就是完成转换作用的部件。

受油器一般安装在灯泡头内发电机侧主轴的端部位置，通过受油器支架固定在灯泡头平台上。受油器由浮动瓦、受油轴、连接轴、转换套、操作油管、电气反馈装置等组成。

操作油管的主要作用是将受油器与桨叶接力器和轮毂连通。操作油管安装在主轴中心孔内与主轴同步旋转，由 3 根不同管径的油管相互套合，形成互不连通的 3 层密封腔。从外至内 3 根油管分别为开启腔、关闭腔和轮毂供油管。开启腔将桨叶开启的压力油从受油器送到桨叶接力器的开启腔，关闭腔将桨叶关闭的压力油从受油器送到桨叶接力器的关闭腔。机组外部的高位轮毂油箱内的压力油经过受油器，通过内腔油管向轮毂供油，使轮毂内的油具有一定的压力，防止流道中的水渗入轮毂。此轮毂油管又作为桨叶接力器的回复杆，将桨叶位置反映到受油器的刻度盘上并经桨叶位置传感器送到调速器。

受油器结构如图 2-22 所示。

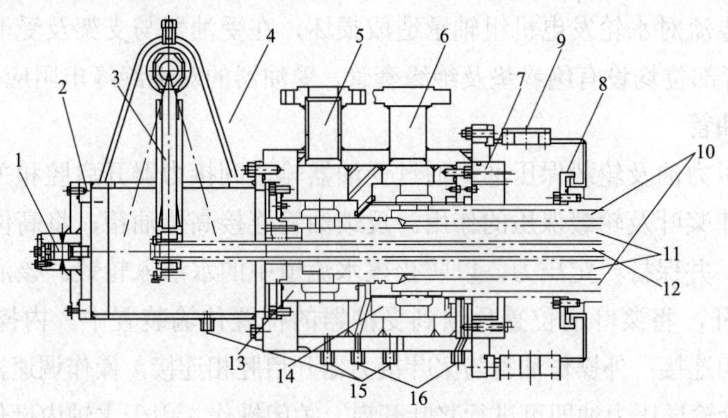

图 2-22　受油器结构图

1—塞头；2—圆形壳体；3—桨叶开度指示连杆；4—轮毂供油管；5—关闭供油管；6—开启供油管；7—支撑板；8—挡油环；9—观察孔；10—开启腔操作油管；11—关闭腔操作油管；12—轮毂供油管；13—关闭腔浮动瓦；14—开启腔浮动瓦；15—检修排油孔；16—渗漏排油孔

1. 桨叶开度反馈冲筒

桨叶开度指针经过桨叶反馈叉轴、叉套连接到桨叶反馈油管，将桨叶轮毂供油的反馈油管的直线往复运动转换成桨叶反馈轴的角运动，在刻度盘上指示桨叶的开度，并经过角度传感器转换成电量信号。在轮毂不排油（不关闭进尾水闸门）的情况下进行受油器解体检修时，利用冲筒端盖螺塞旋入反馈油管上游端部管内的内螺纹，封闭轮毂油。

桨叶开度反馈冲筒上部布置与高位轮毂油箱相通的压力油管，在机组停机情况下，维持轮毂油压力，防止转轮室的水进入轮毂。下部设排油管路，检修时排尽高位轮毂油箱由高程差形成的油压。

2. 受油器本体

受油器本体上设置桨叶开启腔和关闭腔，中间设置有漏油排油腔，下游开启腔设置集油罩。内操作油管连通桨叶关闭腔，外操作油管连通开启腔，在受油器瓦与开启腔和关闭腔与压盖之间用 O 形密封圈密封。漏油经排油管排至漏油箱内，通过漏油泵排至调速器油箱。

受油器本体上的开启腔和关闭腔相互独立，通过浮动瓦将压力油经开启腔和关闭腔操作油管送至桨叶接力器的开启腔和关闭腔内。浮动瓦两端用 O 形密封圈密封。浮动瓦与发电机小轴的间隙应控制在 0.1mm 以内，通过调整受油器底座垫片的厚度，使浮动瓦与受油器本体的间隙保持均匀。

受油器轴瓦有浮动瓦和固定瓦两种结构方式，轴瓦通常采用镶铜合金及巴氏合金材质。

3. 集油罩及排油系统

在桨叶开启腔下游侧设置集油罩，将受油器开启腔下游侧漏油排至调速器系统漏油箱内，桨叶关闭腔下游侧漏油及桨叶开启腔上游侧漏油，通过排油管排至调速器漏油箱内。受油器本体下部设有桨叶开启腔、桨叶关闭腔检修排油管，检修时可通过操作管路上的截止阀排空开启腔和关闭腔压力油。

为防止轴电流对水轮发电机组轴承造成损坏，在受油器与支架及受油器与油管的连接法兰、螺栓等部位均设有绝缘垫及绝缘套管，受油器的对地绝缘电阻应不小于 0.5MΩ。

二、操作油管

桨叶操作压力油及轮毂保压油均通过受油器输送到接力器开启腔和关闭腔及转轮轮毂内，达到操作桨叶及轮毂保压的作用。反馈油管连接高位油箱，将高位油箱的油输送至转轮轮毂内，并保持一定压力，以防止尾水流道中的水渗入轮毂。该油管又作为转轮接力器的回复杆，将桨叶的位置反馈到受油器的位置传输装置中。内操作油管与桨叶接力器关闭腔相连接；外操作油管与桨叶接力器开启腔相连接，操作调速器向中间操作油管及外操作油管输送压力油即可进行桨叶开启、关闭操作。由于主轴内操作油管比较长，很难保证同心度，所以油管的轴承采用悬浮式结构，使操作油管可作微量摆动，防止烧瓦。

第六节　主　轴　密　封

主轴密封是水轮机结构中的重要组成部分，它的密封性能的好坏直接关系到机组的安全经济运行。为防止流道中的水流入灯泡体，灯泡贯流式水轮发电机组设有主轴工作密封和检修密封，统称为主轴密封。其中，工作密封在机组正常运行时使用，检修密封在设备检修特别是检修工作密封时投入使用。

主轴密封安装在水导轴承下游侧的不锈钢耐磨轴衬上。主轴密封分为检修密封、疏齿密封和工作密封。工作密封主要有径向密封、端面密封，是主轴密封的主要密封部件。梳齿密封主要对工作密封起保护作用，降压和防止大颗粒杂质进入工作密封；为减小磨损，梳齿密封采用不锈钢材料制成。检修密封通常采用空气围带，在空气围带中充气使围带抱紧大轴，减少流道渗水，通常在机组停机或者机组检修时投入。

灯泡贯流式水轮发电机组的主轴密封有多种结构形式。本节以某水电站灯泡贯流式水轮发电机组的主轴密封为例进行说明。如图 2-23 所示，主轴密封由梳齿密封、检修密封和工作密封（橡胶平板密封）三部分组成。

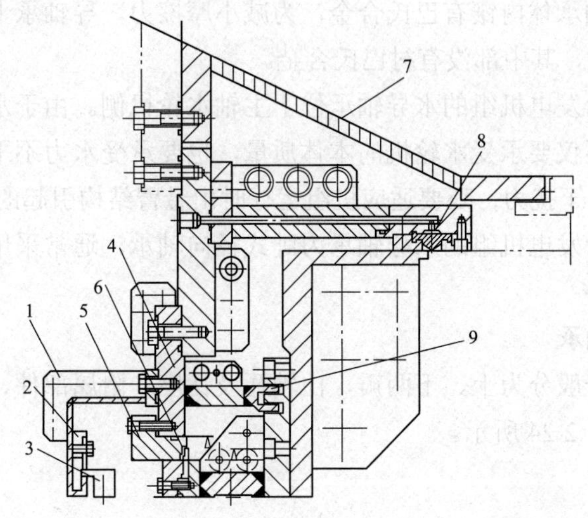

图 2-23 主轴密封

1—水封盖；2—挡水板；3—甩水环；4—支撑法兰；5—密封环面；6—橡胶平板；7—内锥体；8—检修密封（空气围带）；9—梳齿密封

一、梳齿密封

梳齿密封为非接触式密封，由径向排列的几组凸头及凹槽相互配合组成，凸头焊接在上游支撑法兰上，凹槽布置在下游侧主轴罩端面法兰，其主要作用是减少漏水量，同时减轻泥沙及其他污物对密封面的破坏。

二、检修密封（空气围带）

梳齿密封下游侧装有检修密封，检修密封是一种由丁腈橡胶制成的空气围带，安装在围带环座上，使用围带压环进行紧固。工作密封检修时，向围带内输入压缩空气，在压缩空气的作用下使空气围带抱紧主轴，达到密封水的效果，充气压力为 0.5～0.7MPa。

三、工作密封

工作密封由橡胶平板、密封环等组成。橡胶平板采用耐磨的丁腈橡胶制成，固定在压板上，由调整垫圈调整固定。密封环采用 Q235-A 碳素结构钢制作，分为上、下两瓣，用螺栓进行连接，密封环下游侧与橡胶平板的接触面堆焊一层不锈钢，以增强耐磨性，利用橡胶平板与密封环摩擦面的良好接触来进行密封，安装时密封环与橡胶平板之间的间隙需控制在设计值内。为防止机组运行过程中的摩擦发热引起密封损坏，一般采用水介质进行润滑和冷却。

第七节 水 导 轴 承

水导轴承的作用一是将承受的径向力和转动部分的质量通过轴承座传递到管形座上，二是限制水轮机转动部分的径向位移，保证机组大轴中心、机组中心、旋转中心“三心”同心。常见的水导轴承结构形式有筒式水导轴承、球面筒式水导轴承两种。一般采用筒式轴承结构，轴承体内镶有巴氏合金，为减小摩擦力，导轴承上半部分仅在上、下游两侧衬有巴氏合金，其中部没有衬巴氏合金。

灯泡贯流式水轮发电机组的水导轴承位于主轴水轮机侧。由于水轮机转轮为悬臂形式结构，水导轴承不仅要承受水轮机的本体质量，也要承受水力不平衡和水轮机重心偏移等因素带来的径向干扰力；还要适应机组运行时由悬臂结构引起的挠度变化。

灯泡贯流式水轮发电机组的水导轴承为卧式径向轴承，通常采用强迫油润滑和外循环冷却方式。

一、筒式水导轴承

筒式水导轴承一般分为上、下两瓣，由轴瓦及瓦座、附属部件、扇形支撑板和轴承盖等部件组成，如图 2-24 所示。

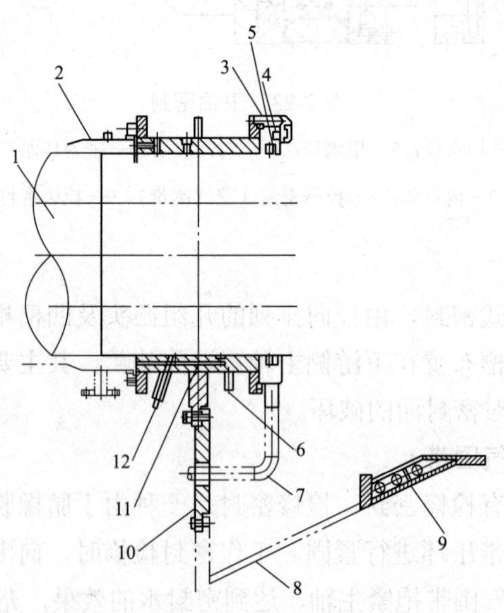

图 2-24 筒式水轮机导轴承装配图

1—主轴；2—主轴保护罩；3—轴承盖；4—挡油板；5—甩油环；6—顶轴油管；7—漏油管；8—内管型壳；9—内配水环；10—扇形支撑板；11—轴瓦及轴座；12—温度传感器

1. 轴瓦及瓦座

为便于安装和维护，水导轴承分为上、下两瓣，瓦座由扇形支承板支撑；轴承表面采用巴氏合金材料，在轴瓦装配前由专业人员对轴瓦表面进行研刮，作用是扩大主轴与轴瓦的接触面积，便于形成油膜。轴瓦内壁与大轴之间的间隙应控制在设计间隙内，机组运行时水导轴承振动、摆度值不得大于总间隙值的 75%。

2. 附属部件

水导轴承设有高压油顶起装置，在机组启动和停机时能形成油膜以防止烧瓦，高压顶起油管设有止回阀，安装了压力表及压力开关。水导轴承供油管布置在轴承上方，管路上安装了流量计及流量调节阀，漏油管及回油管布置在轴承两侧，在轴承座内还设计了插入型温度传感器，如图 2-25 所示。

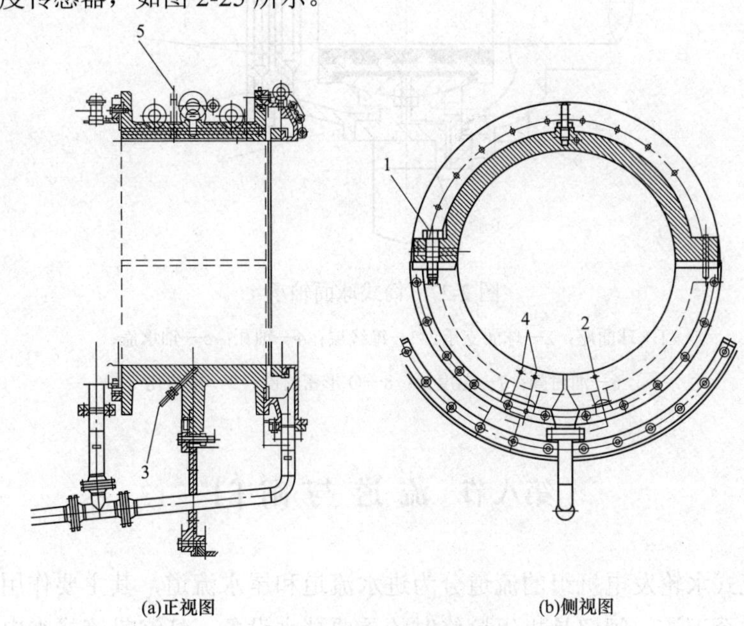

图 2-25　瓦及其瓦座图

1—瓦座把合螺栓；2—水银弹簧遥测温度计；3—高压顶轴油孔；4—电阻型温度计；5—轴承油油孔

3. 扇形支撑板

支撑板安装在导水机构内导环上，轴承体两端装有封油盖板，扇形支撑板是水导轴承和内管形座的连接件，将水导轴承所承受的载荷传递到内管形座，考虑到扇形支承板的受力，其与基础连接的受重力部位采用弧形加工，与基础接触面是一条线，方便整个轴承可以轴向挠动，如图 2-26 所示。

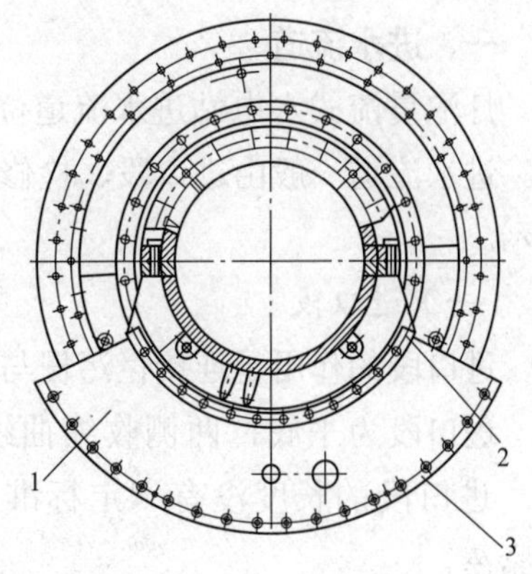

图 2-26　扇面支承

1—扇形支承；2—与水导轴承体连接；3—与内管形座连接

二、筒式球面轴承

筒式球面轴承的特点是可以通过球面支承直接承受轴挠度引起的大小位移，主要由球面座、球面支承、绝缘层、轴瓦、轴承盖、油封和端盖等组成，如图 2-27 所示。

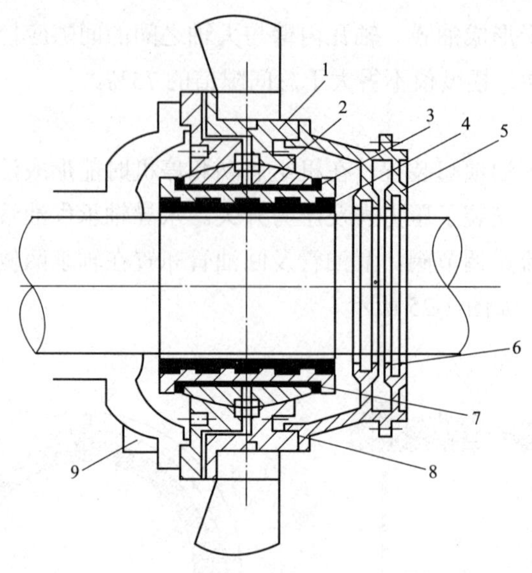

图 2-27　筒式球面轴承

1—球面座；2—球面支承；3—绝缘层；4—轴瓦；5—轴承盖；

6—油封圈；7—温度计；8—O 形密封圈；9—排油孔

第八节　流 道 与 闸 门

灯泡贯流式水轮发电机组的流道分为进水流道和尾水流道，其主要作用是将水流导入水轮机和排至下游。闸门是机组检修时的重要挡水设备，灯泡贯流式水电站进水口一般不设事故闸门，只设检修闸门，事故闸门通常设在尾水。进水口检修闸门和尾水事故闸门都是潜孔门，进水口检修门操作方式为静水启闭，尾水事故闸门操作方式为动水闭门、静水启门。

一、进水流道

灯泡贯流式水电站进水流道位于引水系统的前端，其作用是将水流引入水电站的流道。进水流道一般由进口段、检修闸门段和渐变段组成，某水电站厂房横剖图如图 2-28 所示。

（一）进口段

进口段的作用是连接拦污栅与检修闸门段。

进口段为平底，两侧收缩曲线为 1/4 圆弧或双曲线，上唇收缩曲线一般为 1/4 椭圆。进口段的长度没有一定标准，在满足工程结构布置与水流顺畅的条件下，尽可能紧凑。

（二）检修闸门段

检修闸门段是进口段和渐变段的连接段，闸门及启闭设备在此段布置。检修闸门段一般为矩形，检修闸门面积为 1.1～1.25 倍洞面积，门宽等于洞径，门高略大于洞径。

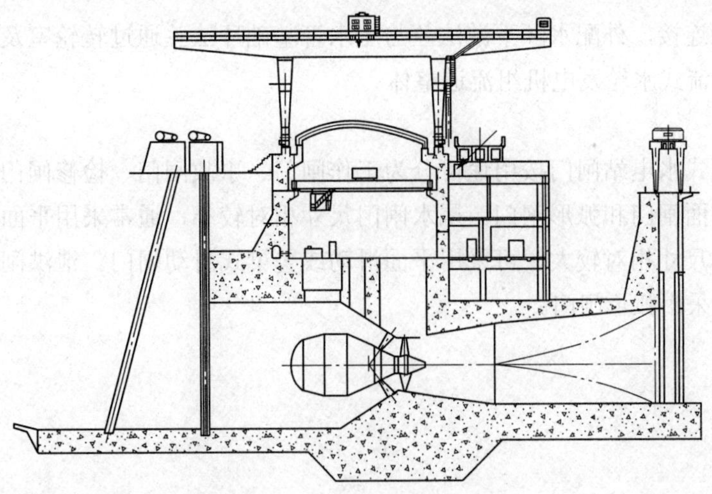

图 2-28　某电站厂房横剖图

（三）渐变段

渐变段是矩形断面渐变到圆形断面的过渡段，如图 2-29 所示。通常采用圆角过渡，由同半径的 4 个 1/4 圆弧与直段相切，圆角半径 r 可按直线规律变为流道半径 R；渐变段的长度一般为流道直径的 1.5～2.0 倍。

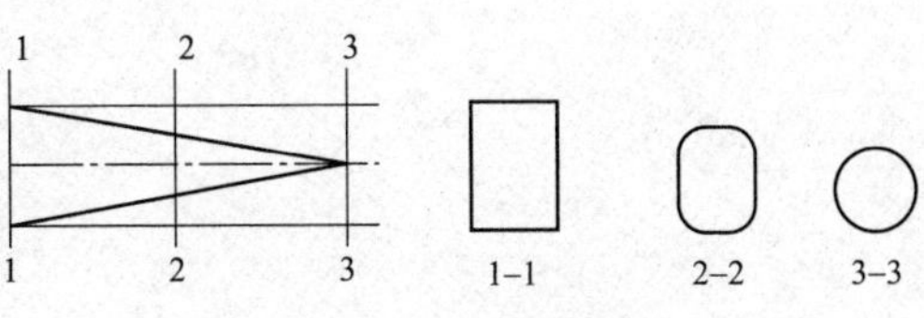

图 2-29　渐变段截面图

某电站流道截面如图 2-30 所示。

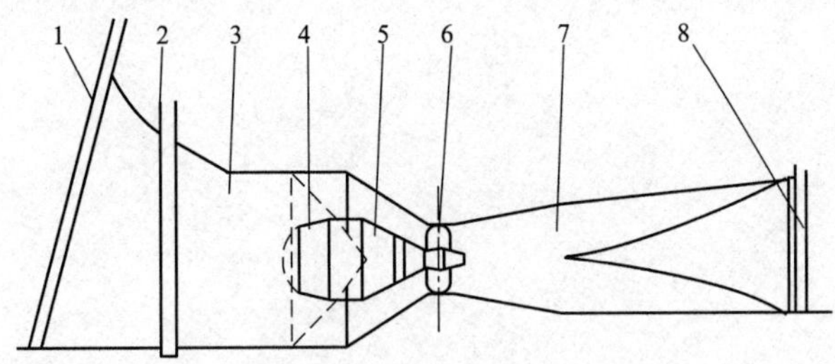

图 2-30　某电站流道截面图

1—进水口拦污栅；2—进水口检修闸门；3—进水流道；4—灯泡头；

5—灯泡体；6—转轮；7—尾水流道；8—尾水事故闸门

二、尾水流道

尾水流道的作用是将水电站发电后的水流自机组尾水管排向下游。尾水流道与尾水管里衬下游侧相连，体态不规则，由圆变方，上部安装了排气孔，下部安装了流道排水口，下游侧安装了事故闸门门槽，便于检修和事故时使用。

尾水流道由三部分组成，一是锥管状的尾水管钢制里衬段，二是连接钢制里衬的钢筋混凝土锥管段，三是由圆形断面渐变为矩形断面的尾水扩散段，尾水扩散段由同半径的 4 个 1/4 圆弧与直段相切，形成一倒圆角四边形。水轮机室的导水叶机构外配水环上游法兰与管型壳连接，外配水环下游法兰与尾水管基础环法兰通过转轮室及伸缩节连接，形成了灯泡贯流式水轮发电机组流道整体。

三、闸门

灯泡贯流式水电站闸门按用途可分为工作闸门、事故闸门、检修闸门和泄洪闸门；按结构分为平面闸门和弧形闸门。尾水闸门尺寸相对较小，通常采用平面滚动闸门，进水口检修闸门尺寸相对较大，可采用平面滑动或叠梁式滑动闸门。泄洪闸门主要用于库区泄洪，通常采用弧形闸门。

第三章

灯泡贯流式水轮发电机组发电机结构

灯泡贯流式水轮发电机组的发电机整体安装在水轮机上游侧的灯泡头组合体内。水轮机通过主轴的传动驱动发电机旋转将机械能转换为电能。发电机结构与性能的好坏对机组的安全、稳定、高效运行起着至关重要的作用。

灯泡贯流式水轮发电机组的发电机主要包括定子、转子、灯泡头、组合轴承、通风冷却系统和制动系统等。为提高发电机的整体刚度，防止定子及灯泡头发生位移，一般安装有垂直支撑和水平支撑。典型灯泡贯流式水轮发电机组的发电机结构如图 3-1 所示。

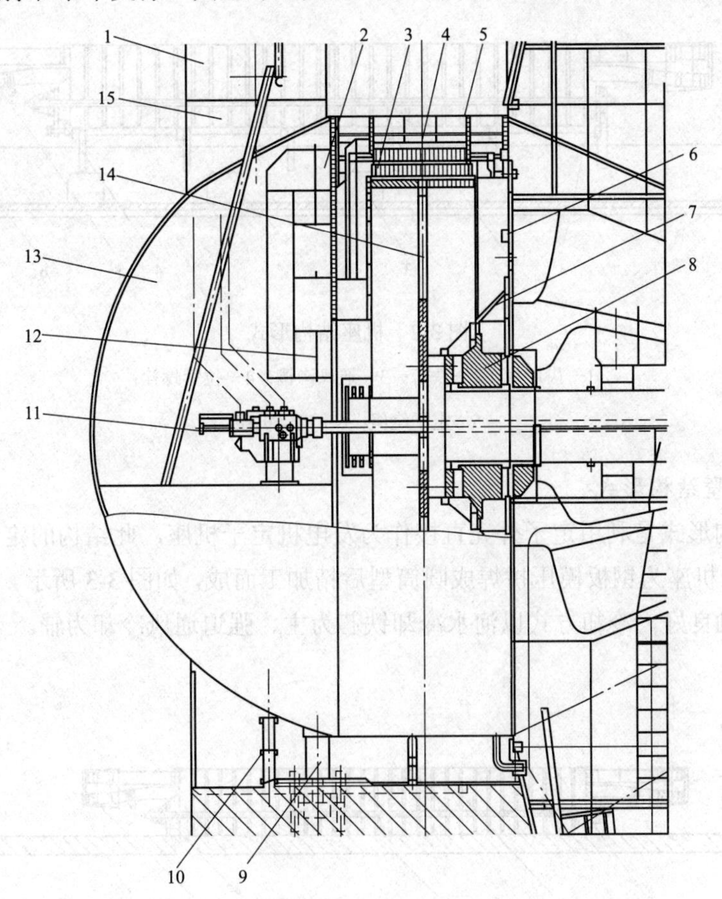

图 3-1　典型灯泡贯流式水轮发电机组的发电机结构图

1—竖井；2—空气冷却器；3—转子磁极；4—定子铁芯及线棒；5—定子机座；6—管型座；7—组合轴承支架；8—组合轴承；9—垂直支撑；10—灯泡头排水管；11—受油器；12—轴流风机；13—半球形灯泡头；14—转子；15—灯泡头进人孔

第一节 发电机定子

一、定子结构形式

灯泡贯流式水轮发电机组发电机定子主要由机座、铁芯和三相绕组等组成。铁芯固定在机座上，三相绕组镶嵌在铁芯齿槽内，定子与水轮机的内管型座相连接。定子应具有一定的刚度，以保证在运行中不变形，同时承受发电机短路扭矩。根据冷却方式的不同，定子结构分为机座结构形式和贴壁结构形式两种。

（一）机座结构形式

机座结构形式的定子圆形筒内焊接有环形加强筋作为铁芯安装的基础，在定子铁芯上设置有通风槽片，定子铁芯叠片以后用螺栓固定在定子机座上，如图 3-2 所示。定子绕组的热量传导至铁芯，通过强迫通风循环系统进行冷却。

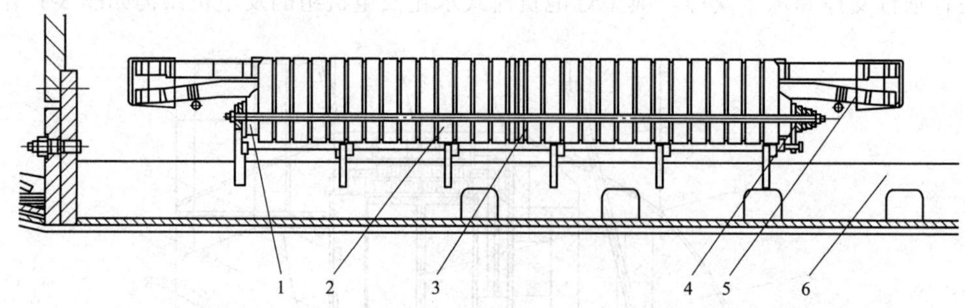

图 3-2 机座结构形式

1—齿压板；2—铁芯；3—通风沟槽；4—拉紧螺栓；
5—定子绕组；6—定子机座

（二）贴壁结构形式

贴壁结构形式是利用定子外壳直接作为发电机定子机座，此结构的定子机座未设置加强筋，定子机座为钢板模压拼焊成圆筒型后精加工而成，如图 3-3 所示。要求机座壁与定子铁芯接触良好，冷却方式以河水冷却铁芯为主、强迫通风冷却为辅。

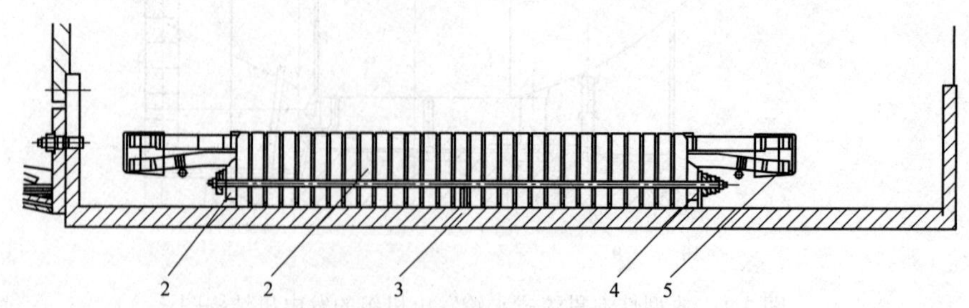

图 3-3 贴壁结构形式

1—齿压板；2—铁芯；3—定子机座；4—拉紧螺栓；5—定子绕组

贴壁式冷却结构与机座式冷却结构的发电机比较，贴壁式冷却结构的优点是减少了定子及灯泡头直径，结构紧凑，过流截面增大，提高了机组效率；但无法设置加强筋板，需提高定子外壳的壁厚和材料强度才能保证整体的刚度及强度，还应保证定子铁芯与定子机座壁紧密贴壁，对制造工艺、安装工艺提出了更高的要求；由于无法设置径向通风沟进行冷却，导致定子绕组整体温度偏高。

二、定子机座

定子机座是采用一定厚度的钢板焊接而成的圆筒体，两端焊接环型法兰，上游法兰与灯泡头连接，下游法兰与水轮机内管型座连接。定子机座的主要作用是固定铁芯及定子绕组。由于定子运行中机座承受额定转矩、短路力矩、不平衡磁拉力和定子铁芯热膨胀对机座的径向力等，机座结构形式的定子筒体内侧一般布置有多道环板及加强筋，以提高整体强度和刚度，贴壁式冷却结构的发电机定子机座不设置加强筋，通过增加钢板厚度、选用更高强度的材料以提升定子整体的刚度和强度。小型灯泡贯流式水轮发电机组的发电机定子机座一般制作成一个整体结构，铁芯和定子绕组均在厂家完成安装后直接运至工地进行安装。大型灯泡贯流式发电机或运输不便利的工地，定子机座一般分瓣制作，运至工地通过螺栓连接拼装成整体，如图3-4所示。

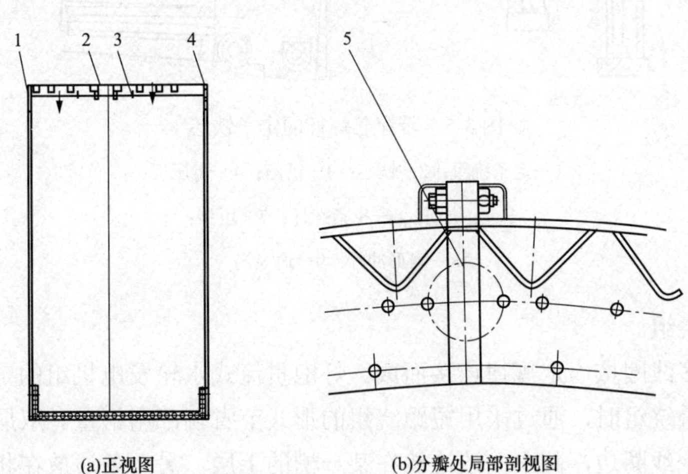

图3-4　定子机座结构图

1—上游法兰面；2—定子外壳；3—加强筋；

4—下游侧法兰面；5—定子合缝法兰面

三、定子铁芯

定子铁芯是定子的一个重要组成部件，它的作用是固定定子绕组并构成磁通路。定子的铁芯冲片一般采用0.35～0.5mm厚高导磁、低损耗的优质硅钢片冲制而成，去毛刺后并在两侧涂抹F级绝缘漆。通过鸽尾筋将定子铁芯固定在定子机座上，上、下两端采用齿压板及压指固定，带有绝缘套管的拉紧螺杆、齿压板和压指将定子铁芯叠片压紧，如图 3-5 所示。也有部分机组采用不带穿芯压紧螺杆的结构，通过焊接固定齿压板将铁芯压紧。所有齿压板、铁芯压指、冲片均采用非磁性材料。在定子铁芯中设置有铂金 PT 测温探头，在机组运行中监视温度。

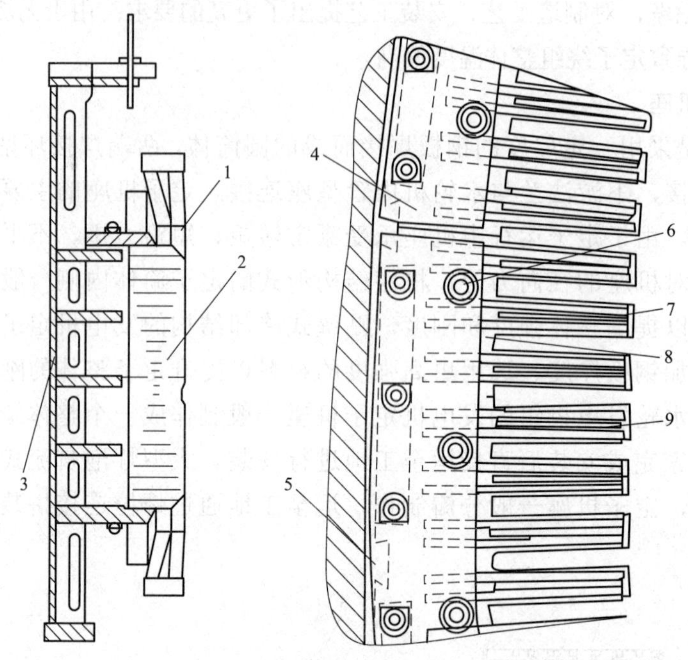

图 3-5　带穿芯螺杆的定子铁芯

1—定子绕组；2—铁芯；3—机座；4—齿压板；
5—定位筋；6—拉紧螺杆；7—压指；
8—扇形冲片；9—通风沟

四、定子绕组

绕组由许多线圈按一定规律连接而成。灯泡贯流式水轮发电机组的定子绕组一般采用双层绕组。叠绕组时，通过采用短距绕组的形式节省端部用铜量。双层绕组的每个槽内有上、下两个线圈边，其中一条边放在某一槽的上层，另一条边放在相隔一个线圈节距的下层，整个绕组的线圈数恰好等于槽数，其结构如图 3-6 所示。

线棒剖面结构如图 3-7 所示。嵌入定子铁芯线槽的绕组由高强度漆包扁铜线或用玻璃丝包扁铜线绕成，绕组表面进行防晕处理。绕组主绝缘采用桐马粉云母带，防晕层直线部分为低阻、端部为高阻，主绝缘和防晕层一次热压固化模压成型。定子线圈嵌线时槽内衬以桐马低阻半导体玻璃布及采用涤纶毡适形垫条，以保证绕组在嵌入线槽内的紧量。定子绕组的接头条用银合金焊接，绕组端箍采用非磁性材料。定子绕组为星形连接，主引出线和中性引线均在上游侧。其中主引出线采用电缆引至发电机舱，再经发电机竖井引出；中性引出线用电缆引至发电机舱接中性点设备后短接。在定子绕组中设置 PT 测温探头，监视定子的实时温度。

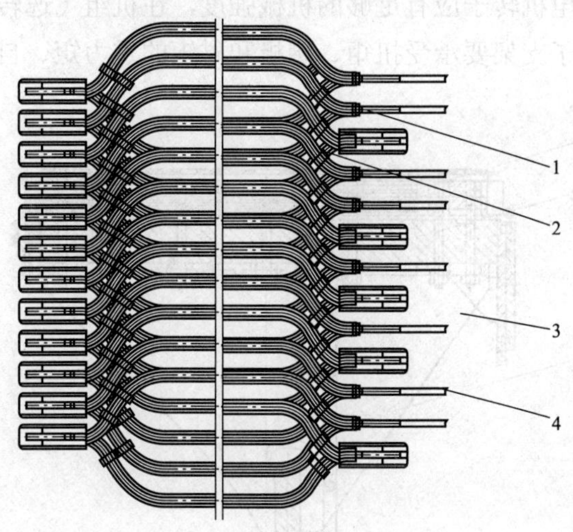

图 3-6　定子绕组装图

1—上层线圈；2—下层线圈；3—绝缘盒；4—焊接接头

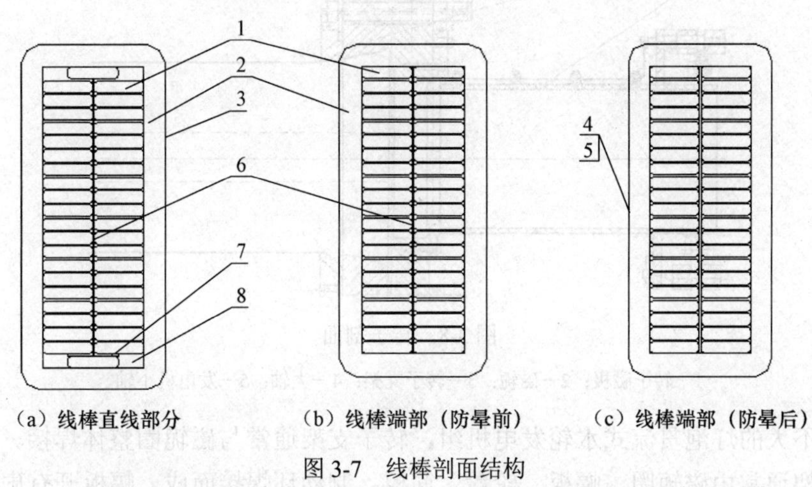

图 3-7　线棒剖面结构

1—玻璃丝包扁铜线；2—桐马粉云母带；3—低电阻防晕带；4—中电阻防晕带；
5—高电阻防晕带；6—多胶粉云母板；7—上胶纸；8—热固性导电胶条

第二节　发 电 机 转 子

发电机转子是转换能量和传递转矩的主要部件，一般由转子支架、磁轭、磁极等部件组成，如图 3-8 所示。转子为悬臂结构，通过共用一根主轴与水轮机相连，在转子下游侧安装有由正、反推力轴承及发导轴承共同组成的组合轴承，在靠近水轮机侧安装有水导轴承，两个轴承构成了双点支撑结构。

一、转子支架

转子支架主要用于固定磁轭和传递力矩，主要部件是辐射式支臂，磁轭通过键牢固地固定在支臂上。发电机转子应有足够的机械强度，在机组飞逸转速的情况下，保证不会产生有害变形。转子支架要承受扭矩、磁极和磁轭的重力矩、自身的离心力以及热打键径向配合力的作用。

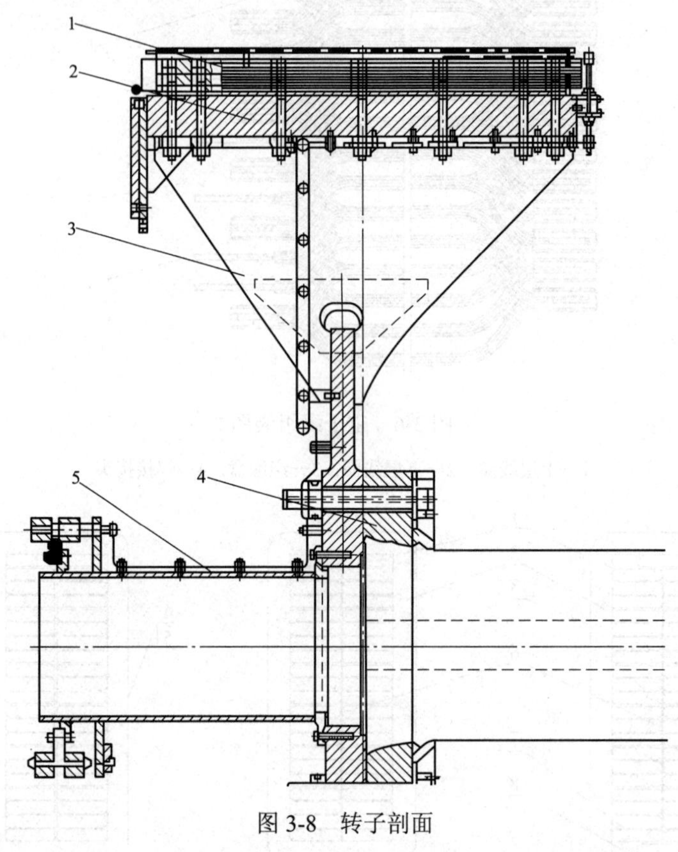

图 3-8　转子剖面

1—转子磁极；2—磁轭；3—转子支架；4—大轴；5—发电机小轴

容量不大的灯泡贯流式水轮发电机组，转子支架通常与磁轭圈整体焊接。这种结构的转子支架通常由磁轭圈、幅板、轮毂、筋板、制动环焊接而成。幅板开有扇形孔，以便冷却空气从中流过，同时它也是通往下游侧的检修通道。转子支架与主轴采用螺栓把合、销钉传递扭矩、长止口定位。

二、磁轭

磁轭也称转子轮环，是用于产生足够的转动惯量和安装磁极的部件，也作为一部分转子磁路。由 3～6mm 厚的高强度扇形板堆叠而成。叠装时，每层扇形片接缝错开一定的角度。整个磁轭沿轴向分为若干段，每段之间由通风槽片隔开，并用拉紧螺杆压紧。在中、小型灯泡贯流式发电机中，磁轭由整块钢板或用铸钢做成，与转子支架焊接成整体结构。

三、磁极

磁极是提供励磁磁场的磁感应部件，当直流励磁电流通入磁极绕组后就产生发电机磁场。磁极由拉紧螺栓、阻尼环、磁极引线、磁极绕组、阻尼铜条、磁极铁芯、燕尾铁芯冲片等部件组成。磁极结构如图 3-9 所示。

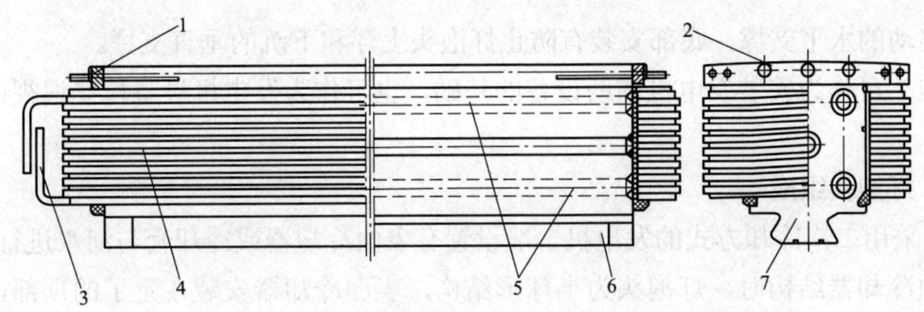

图 3-9　磁极结构图

1—拉紧螺栓；2—阻尼环；3—磁极引线；4—磁极绕组；5—阻尼铜条；6—磁极铁芯；7—燕尾铁芯冲片

磁极铁芯由 1～1.5mm 厚的钢板冲片叠成，借助于拉紧螺杆和压板压紧，磁极铁芯一般用 T 形燕尾或采用螺栓安装在磁轭上。在磁极铁芯底部用压板固定磁极绕组，防止磁极绕组在机组启动和停机时上、下窜动。

磁极绕组一般采用裸扁铜排绕成，转子绕组采用 F 级绝缘。为增加绕组外表面的冷却面积，匝间绝缘、极身绝缘及上/下托板与铜线热压成一体，以提高绕组的防潮和电气性能，保证转子绕组良好的散热性能。

转子设有纵、横阻尼绕组，由安装于极靴孔中的阻尼条及两端的阻尼环组成。阻尼环与阻尼环之间用连接片和螺栓连接在一起，如图 3-10 所示。

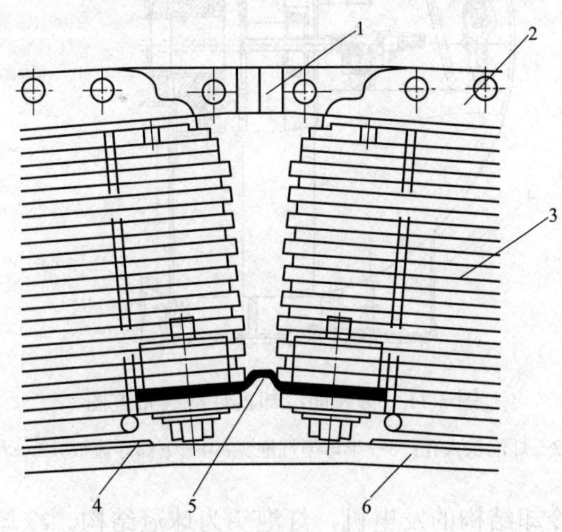

图 3-10　磁极连接图

1—阻尼连接片；2—阻尼环；3—磁极；4—磁极调整垫片；5—磁极连接片；6—磁轭

第三节　发电机灯泡头

灯泡头是用钢板模压拼焊而成的半球形（球冠）及锥台组合，与定子上游侧连接在一起。灯泡头上部安装有供人员及设备进、出的竖井通道和流道盖板，两侧安装有防止灯泡头移动的水平支撑，底部安装有防止灯泡头上浮和下沉的垂直支撑。

灯泡头可作为安装发电机辅助设备的基础，也可作为发电机设备检修巡视的通道和平台。

一、灯泡头组成

（1）采用二次冷却方式的发电机一般设置有表面冷却器或冷却套与河水进行热交换。采用表面冷却器结构时，灯泡头为半球形结构，表面冷却器安装在定子的顶部，位于竖井下游侧及流道盖板的下部，表面冷却器同时起到导流板的作用，如图 3-11 所示。

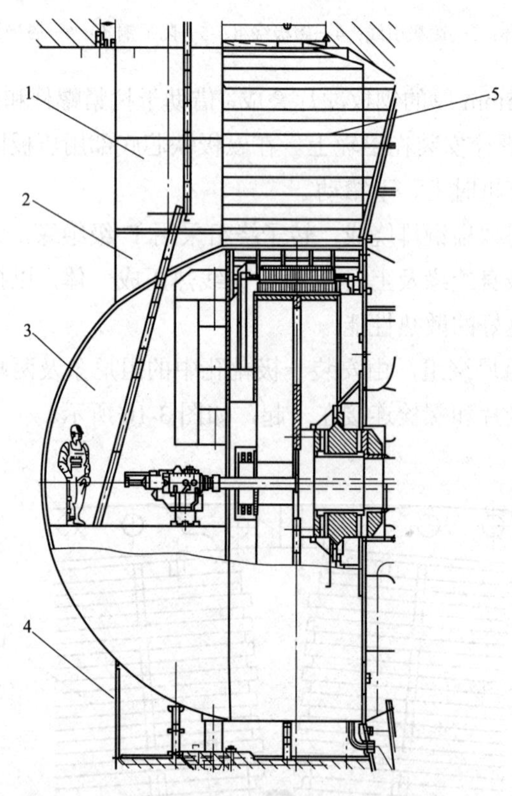

图 3-11 带表面冷却器灯泡头布置图

1—竖井；2—灯泡头人孔；3—半球型灯泡头；4—下部导流板；5—表面冷却器

（2）采用冷却套冷却结构的发电机，灯泡头为球冠结构。冷却套为一个锥体，冷却套和灯泡头采用螺栓连接，统称为灯泡头组成。为便于运输，部分机组的灯泡头组成为分半结构，运输到现场后，通过螺栓连接法兰面组装成整体，如图 3-12 所示。

（3）灯泡头组成的上游头部布置有测压孔，下部有一个进入流道的人孔门。下游侧通过法兰面与定子连接在一起。下游侧法兰内侧开有冷却器通风口，法兰的下游侧安装有制动闸，法兰的上游侧安装有冷却器和冷却风道。在灯泡头下游侧安装有风洞隔离板，目的是将定子、转子部分隔离，形成封闭的风洞，便于通风系统进行循环以冷却定子和转子。在风洞隔离板上装有除湿机及停机加热器。

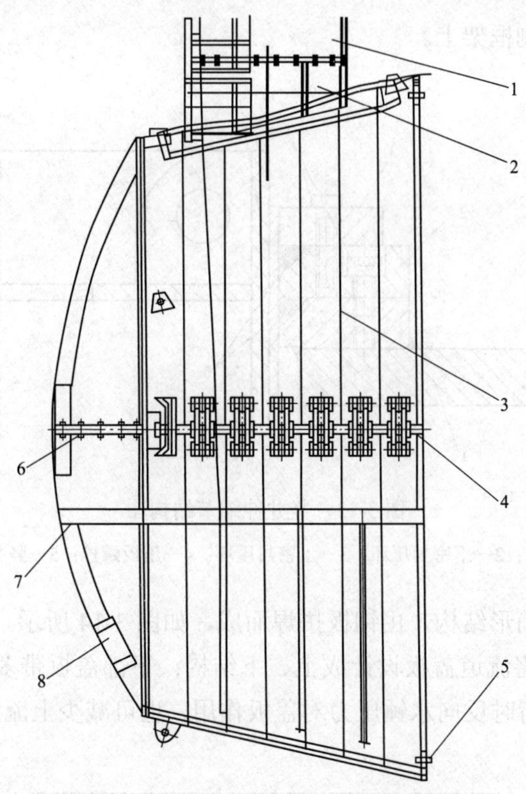

图 3-12 带冷却套的灯泡头组成结构图

1—竖井；2—灯泡头组成上部人孔；3—冷却套；4—冷却套合缝法兰面；5—下游法兰；
6—灯泡头冠合缝法兰面；7—灯泡头冠；8—下部人孔门

整个灯泡式发电机埋在水中，内热外冷，容易导致结露。为防止结露，与河水接触的灯泡头与发电机竖井通道的表面均涂防结露漆。

为防止长期停机期间定子绕组受潮，发电机安配停机加热器，加热器一般分为两组且布置在冷风范围处。

二、竖井

竖井为圆筒形结构，采用钢板卷制焊接而成；为增加刚度，在中部一般焊接有环形加强筋。竖井下部有法兰，与灯泡头进人孔通过螺栓连接；上部通过竖井伸缩节与流道盖板连接，允许竖井与流道盖板间有微小的径向位移而不发生渗漏。

竖井为人员进、出灯泡头的通道，同时也是发电机出口母线、励磁电缆、机组冷却水管、受油器油管的安装通道。图 3-13 所示为典型的竖井伸缩节密封结构图，竖井深入流道盖板区域，用上、下两个压环将密封压在竖井与流道盖板的间隙，防止渗漏，又允许有轻微的位移。

三、流道盖板

在发电机顶部设置有吊装孔。吊装孔是为发电机安装、检修时吊入和吊出发电机定子、转子及灯泡头等部件而设计的。发电机吊装孔安装有混凝土预埋钢制框架，流道盖板通过螺栓固定在钢制框架上。

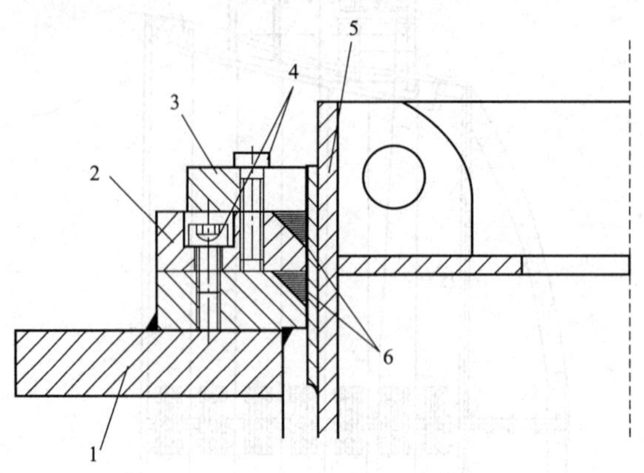

图 3-13　竖井伸缩节结构图

1—流道盖板；2—下密封压环；3—上密封压环；4—压板螺栓；5—竖井；6—密封

流道盖板为钢制箱形结构，由钢板拼焊而成，如图 3-14 所示。也有部分大型机组为减轻流道盖板质量，将流道盖板设计成上、下结构；下部盖板带多个减压孔，起到阻尼作用，减少机组甩负荷时反向水锤压力对盖板作用，也可减少上流道盖板设计受压能力，减轻质量。

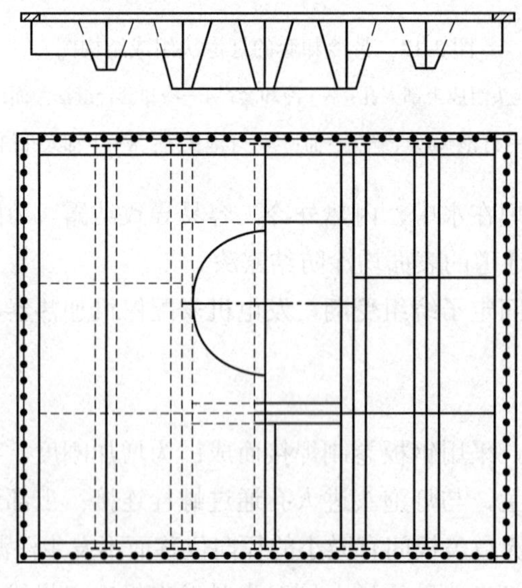

图 3-14　流道盖板结构图

四、支撑

灯泡贯流式发电机安装有支撑，起到辅助固定灯泡头及定子作用。下支撑又称球面支撑，一般安装在灯泡头的下部靠近下游法兰面位置，在流道无水时承受灯泡头、定子等部件的部分重力，在流道充满水后承受灯泡头、定子等部件的重力和浮力的合力。侧向支撑又称水平支撑，安装在灯泡头左、右两侧，侧向支撑主要承受灯泡头和定子的侧向力和机组运行时产生的振动。由于设计上的差异，部分机组的支撑也安装在定子机座外壁或冷却套外部。

（一）垂直支撑

1. 球面铰接结构形式

常用的垂直支撑为球面铰接结构形式，如图 3-15 所示。球面支撑由球头螺栓、球面支柱、球头座、双头螺栓、上螺母、下螺母及球面支撑基础板等组成，基础板由 4 根相当于锚筋的基础螺栓固定，安装在底部支墩上部。球头座安放在基础板上。灯泡头支承板的中间开有一孔。球头螺栓安装在支承板的孔内，与孔的内壁采用双 O 形橡胶密封圈密封。球面支柱安装在球头螺栓和球头座之间，球头和球面之间采用 O 形密封圈密封。双头螺栓将球头螺栓、球面支柱、球头座、基础板连接起来，用锁紧螺母锁紧，使灯泡头与支墩成为一个整体。

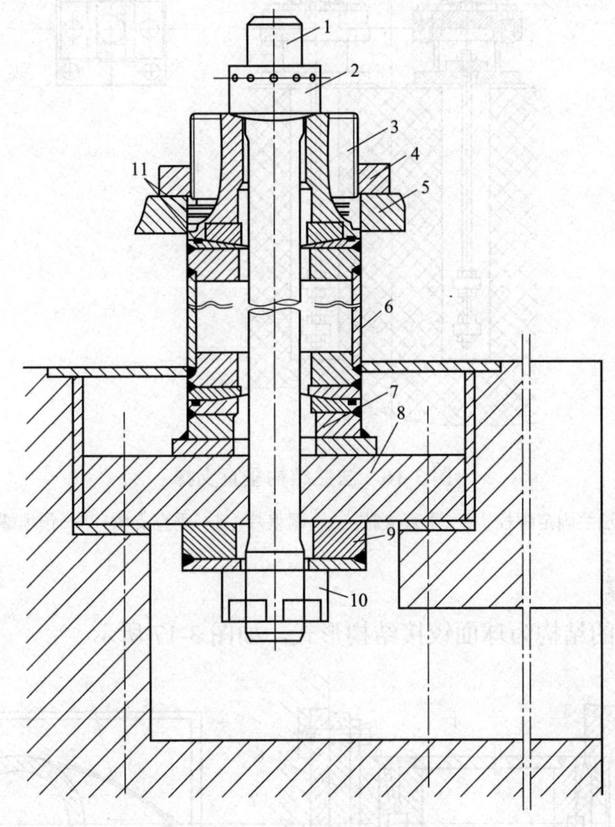

图 3-15　球面铰接垂直支撑

1—双头螺栓；2—上螺母；3—球头螺栓；4—锁紧螺帽；5—灯泡头支撑板；6—球面支柱；7—球头座；8—基础板；9—垫板；10—下螺母；11—O 形密封圈

球面铰接垂直支撑两端的特殊球面接头允许发电机有微小的轴向和径向位移，以减小压力和振动。当流道无水后，垂直支撑分担的质量由球面支柱来承受；当流道充水后，由支柱螺杆承受上浮力。安装时必须对拉紧螺杆的预紧力进行调整。球面铰接垂直支撑安装工艺简单、可靠，但制造工艺要求较高，制造成本高。

2. 法兰结构形式

法兰结构垂直支撑如图 3-16 所示。此种结构是用带法兰的空心钢管作为垂直支柱，通过调整垫片调整灯泡头或定子的受力，结构简单、可靠，但调整较复杂，且安装时无法严格控制对灯泡头或定子的拉力。

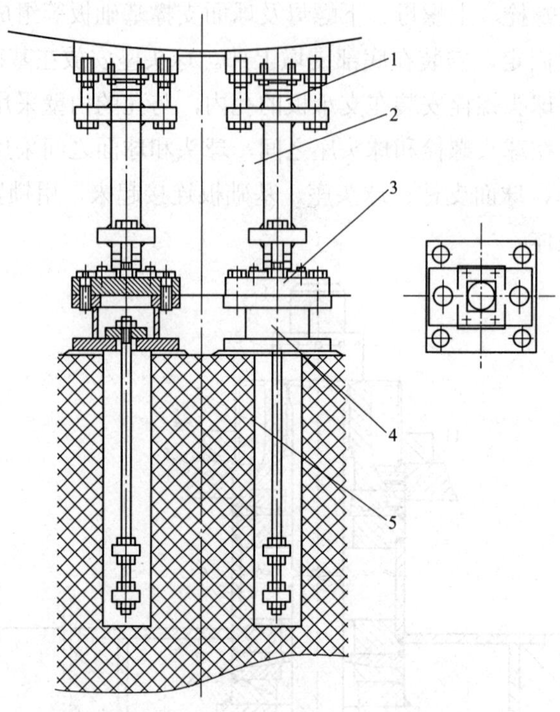

图 3-16 法兰结构垂直支撑

1—法兰固定螺栓；2—垂直支柱；3—调整片；4—垂直支墩；5—预埋螺杆

（二）侧向支撑

侧向支撑常用的结构为球面铰接结构形式，如图 3-17 所示。

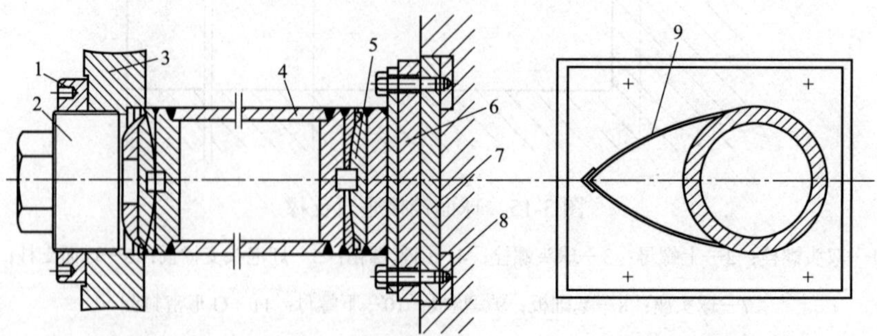

图 3-17 球面侧向支撑结构

1—锁紧螺母；2—球头螺栓；3—灯泡头壁；4—翼形球面支柱；5—球头座；6—楔形板；7—基础板；8—定位块；9—翼形导流板

球面铰接侧向支撑由锁紧螺母、球头螺栓、翼形球面支柱、球头座和基础板组成。球面铰接侧向支撑安装在灯泡头机组中心线水平位置，一般靠近下游侧法兰位置。

法兰结构的水平支撑和法兰结构的垂直支撑结构相同，安装在定子或灯泡头的机组中心线水平位置。

第四节　发 电 机 轴 承

灯泡贯流式水轮发电机组的正、反推力轴承及发导轴承均安装在发电机转子下游侧锥型负荷机架上，结构紧凑，统称为组合轴承。按发导轴承安装位置的不同，可分为中置式组合轴承和前置式组合轴承两种。

一、中置式组合轴承

中置式组合轴承的发导轴承因其安装在正、反推力轴承的中间而得名。发导轴承体支承在锥型负荷机架上，而正、反推力瓦分别安装在发导轴承体上、下游侧，正推力镜板安装在发导轴承上游大轴法兰面上，反推力镜板安装在发导轴承下游。由于正推力镜板位于风洞区域，所以拆出检修比较困难。中置式组合轴承的结构如图 3-18 所示。

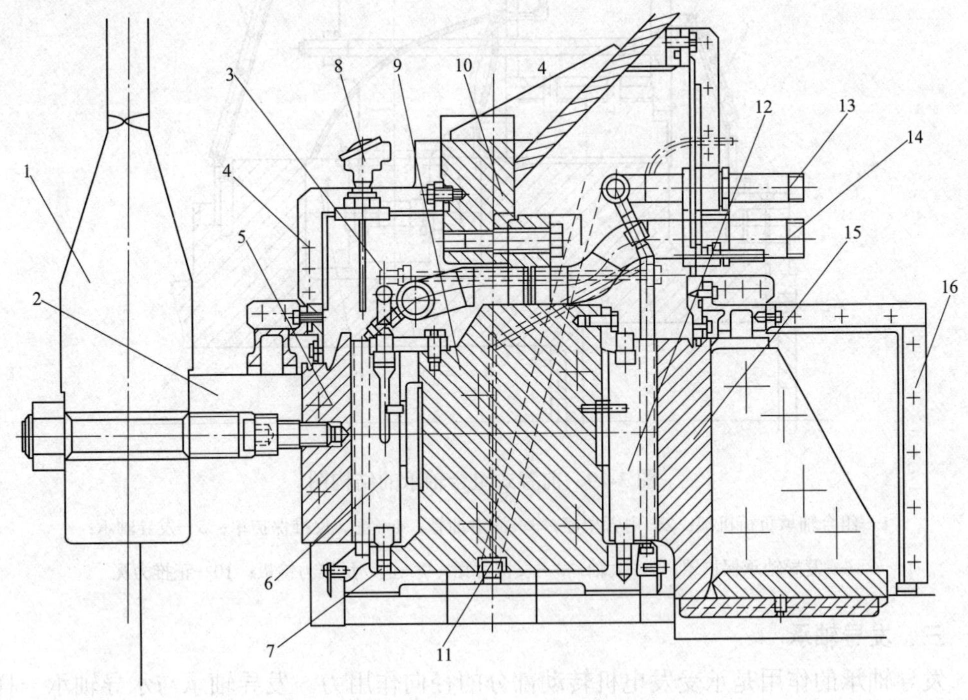

图 3-18　中置式组合轴承的结构图

1—发电机转子轮幅；2—大轴法兰；3—正推力轴承高压油管；4—正推力轴承端盖；5—正推力镜板；6—正推力瓦；7—发导轴承瓦及瓦座；8—测温装置；9—发导轴承体；10—锥型负荷机架；11—发导轴承高压顶起油管；12—反推力瓦；13—反推力轴承供油管；14—推力轴承供油管；15—反推力镜板；16—反推力轴承端盖

二、前置式组合轴承

前置式组合轴承将发导轴承设计在正、反推力轴承上游侧，由于发导轴承紧靠发电机转子，可减少大轴处的弯曲力矩，从而减少大轴的扰度，有利于机组的运行稳定性；正、反推力轴承安装在发导轴承下游侧，与推力镜板作为一个整体，便于推力轴承的检修和维护。前置式组合轴承的结构如图 3-19 所示。

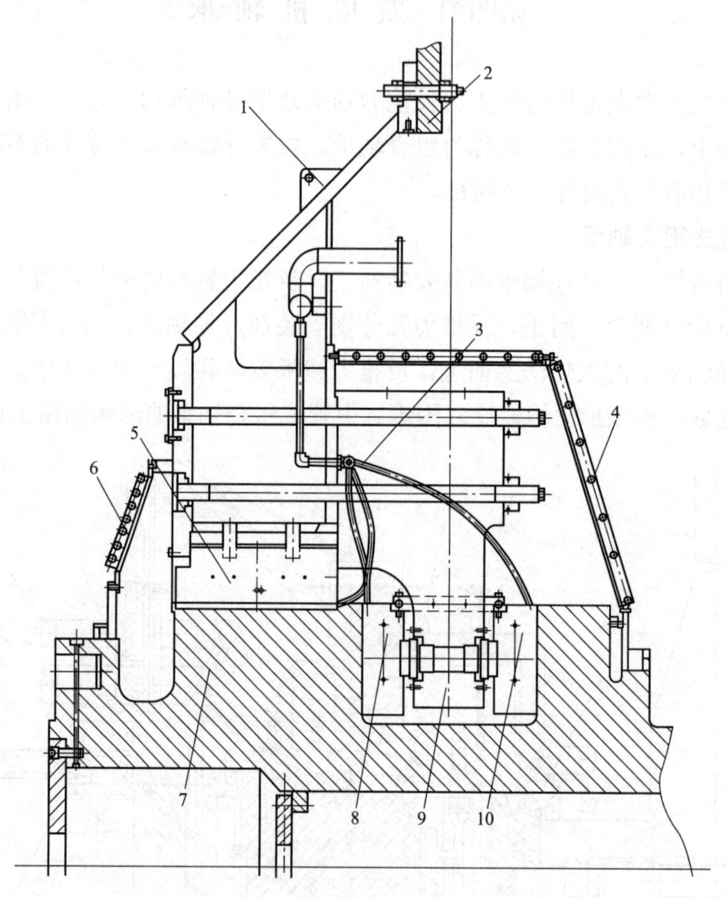

图 3-19　前置式组合轴承的结构图

1—组合轴承负荷机架；2—内管型座；3—润滑油管；4—正、反推保护罩；5—发导轴承；6—发导轴承保护罩；7—大轴；8—反推力瓦；9—正、反推力镜板；10—正推力瓦

三、发导轴承

发导轴承的作用是承受发电机转动部分的径向作用力。发导轴承与水导轴承一样，一般采用筒式导轴承，它由两瓣组合而成，安装在负荷机架上，负荷机架通过螺栓与内管型座连接，发导轴承通过负荷机架将发电机的径向负荷传递至管型座。也有部分机组将导瓦设计成分块瓦结构或球面筒形结构。分块瓦结构和立式机组导瓦结构类似，瓦块尺寸小、质量轻、变形小，降低了制造难度，同时安装和检修较方便，瓦间隙容易调整。筒式球面结构瓦可适应主轴挠度的变化。分瓣筒式发导轴瓦如图 3-20 所示。

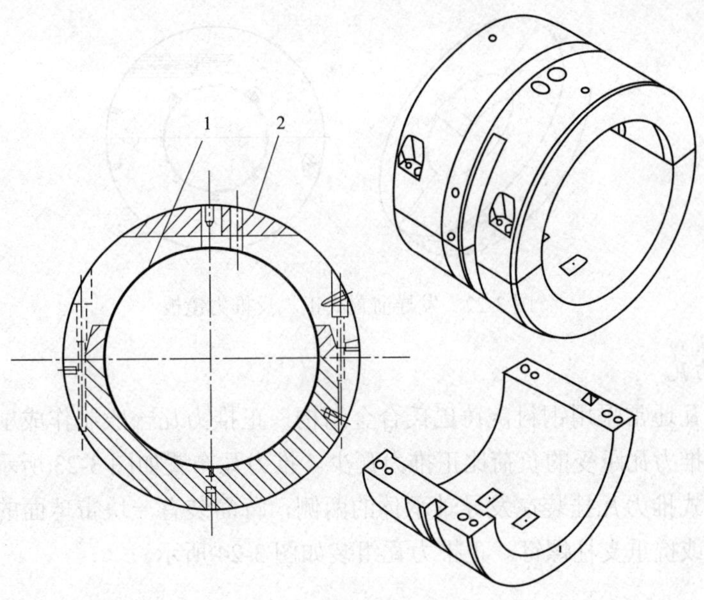

图 3-20　分瓣筒式发导轴瓦

1—轴瓦；2—轴瓦座

四、推力轴承

正推力轴承承受机组开机运行时水流对水轮机产生的轴向水推力，反推力轴承主要承受机组停机过程中的水锤反向冲击力。推力轴承主要由镜板、推力瓦和抗重支撑等组成。

（一）镜板

对于中置式结构，正推力镜板背靠大轴法兰用螺栓连接，反推力镜板安装于发导轴承下游侧的大轴键槽上用键连接；对于前置式组合轴承，正反推力镜板做成一个整体安装在正反推力瓦中间的正推力镜板支架上。镜板由两瓣组成，组合面有定位销，两瓣用锥销螺栓把合，如图 3-21 和图 3-22 所示。

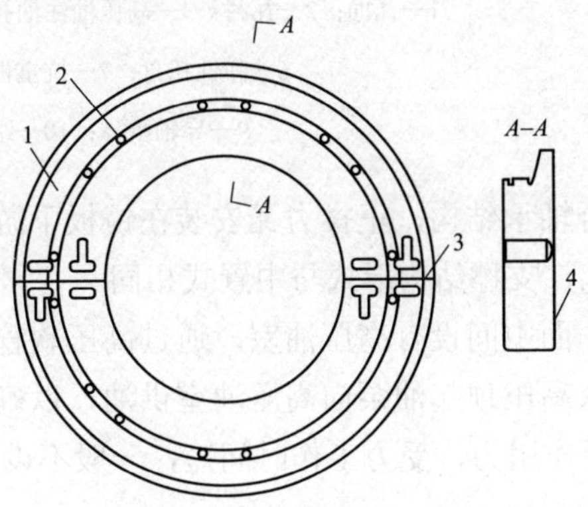

图 3-21　发导中置式正推力镜板

1—正推力镜板；2—与大轴法兰的把合螺孔；3—组合面；4—正推力镜板面

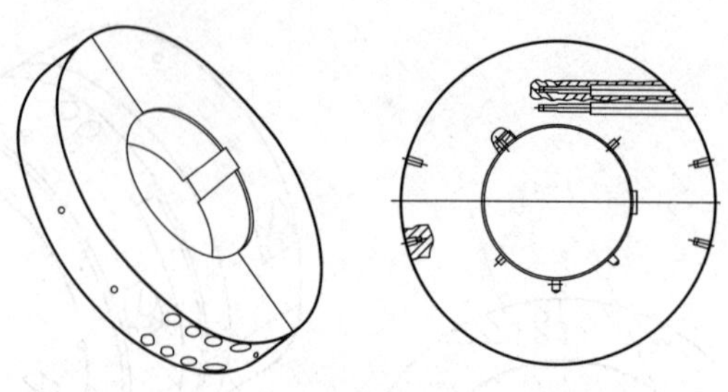

图 3-22　发导前置式正、反推力镜板

（二）推力瓦

（1）推力瓦通常采用钢衬浇铸巴氏合金结构，正推力瓦一般制作成扇形分块式，成圆周布置。反推力瓦承受的负荷比正推力瓦少。推力瓦布置如图 3-23 所示。

（2）中置式推力瓦挂装在发导轴承体的两侧，背面装有一块带球面的抗重板，背靠抗重弹性托盘或抗重支柱螺钉。正推力瓦组装如图 3-24 所示。

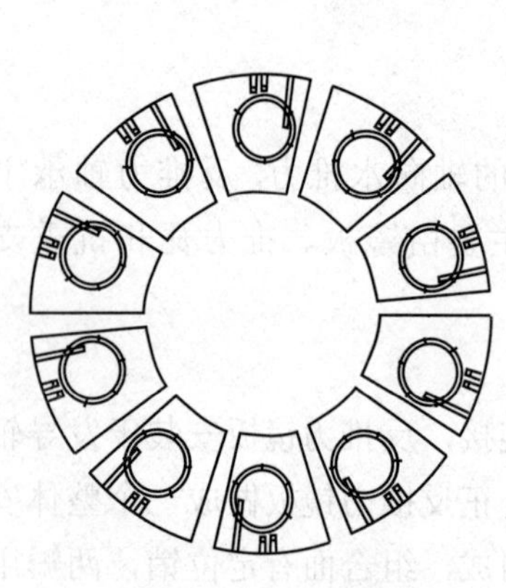

图 3-23　推力瓦布置图

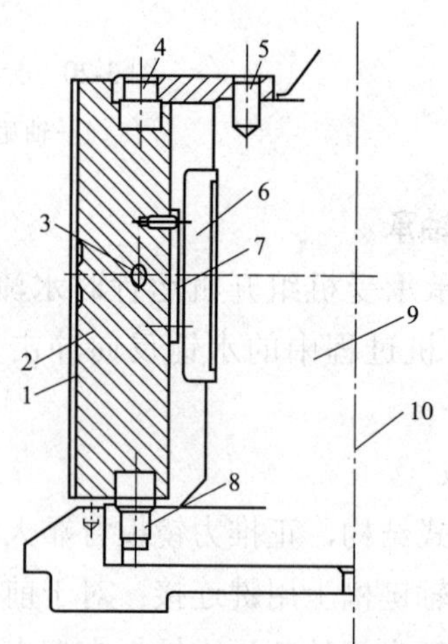

图 3-24　正推力瓦组装图

1—瓦面；2—瓦衬；3—高压油注油孔；4—外锁定销；5—定位销；6—弹性托盘；7—抗重板；8—内锁定销；9—导轴承体；10—组合轴承中心线

（3）对于前置式组合轴承结构，正推力瓦安装在镜板下游侧的推力瓦支架上，反推力瓦安装在发导轴承体上，支撑结构形式与中置式相同。

（4）正推力瓦的工作面中间设有高压油室，通过高压软管与高压油顶起装置相连，开停机过程中，自动投入高压顶起油泵向高压油室供油，以确保形成油膜。反推力轴承只在停机过程承受水锤反作用力，受力工作时间短，一般不设置高压油室。

（三）抗重支撑

灯泡贯流式水轮发电机组的抗重支撑主要采用抗重弹性托盘和抗重支柱螺钉两种方

式。采用抗重弹性托盘的结构组合有一定的柔性，对来自机组的正推力起到一定的缓冲作用，同时也可调整瓦的受力，但调整复杂；采用抗重支柱螺钉时瓦调整方便，但自身无自调整能力。

第五节 通风冷却系统

灯泡贯流式水轮发电机组的通风冷却系统通常采用二次冷却形式的强迫循环密闭冷却系统，主要由通风系统和冷却水系统两部分组成。采用空气作为第一冷却介质，首先将发电机产生的热量带出成为热风，然后再通过空气冷却器将热风冷却成冷风，最后轴流风机将冷风吹入发电机内，如此循环。空气冷却器中的热量再经过冷却套，与流道中的河水完成热交换。

一、通风冷却方式

发电机定子结构决定了通风系统冷却的设计。贴壁结构式的发电机，定子和转子没有径向通风槽，而机座式结构的发电机，定子和转子可设计径向通风槽。灯泡贯流式水轮发电机的通风方式有三种：

（1）径向通风方式。

（2）轴向通风方式。

（3）轴向、径向混合通风方式。

（一）径向通风方式

径向通风方式是以径向通风方式为主、轴向通风方式为辅的通风方式。基本风路如下，来自风机的冷却空气经过转子支架中心孔，通过转子磁轭的径向通风沟冷却磁极后进入定子风道冷却定子线圈和铁芯，然后经过定子机座上通风孔进入空气冷却器，再通过风机进行循环。径向通风方式的优点是输入风量均匀，能有效改善发电机的局部过热现象；缺点是压头损失较大。采用这种通风结构要求有较大的定子、转子循环腔，能有效减少压头损失，满足通风冷却的要求。

（二）轴向通风方式

轴向通风方式的风路如下，来自风机的冷却空气，其中小部分经过进风端冷却定子端部，大部分经过转子中心孔到达发电机另一端，进入极间冷却磁极，在转子的自身风压作用下进入定子，对定子绕组、定子铁芯进行冷却，然后通过机座的通风孔进入空气冷却器，进入风机进行循环。贴壁结构只能采用轴向通风方式。

（三）轴向、径向混合通风方式

冷风沿发电机轴向、径向都有流动，在发电机定子、转子都设有径向风孔和轴向风沟，如图 3-25 所示。该方式是利用转子产生径向风压的鼓风作用，加上轴向通风，使冷风均匀地在发电机内流动，通风效果较好，机座式大型灯泡贯流式水轮发电机组均采用这种通风冷却方式。

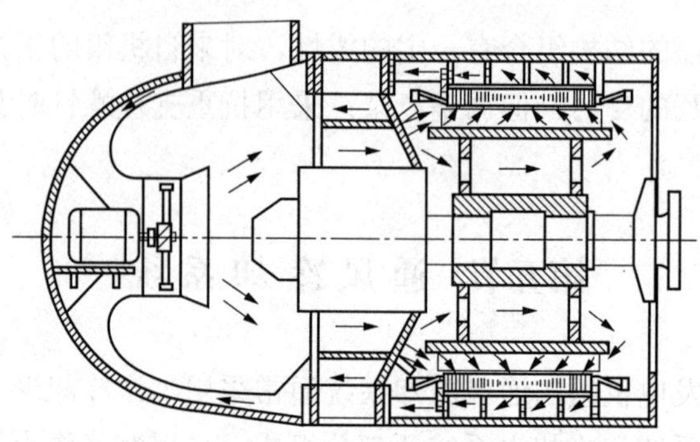

图 3-25　轴向、径向混合通风方式

二、发电机的冷却水系统

灯泡贯流式水轮发电机的冷却水方式分为外循环冷却方式（一次冷却）、水-水二次冷却的密闭内循环冷却方式、贴壁结构冷却方式等。

（一）外循环冷却方式

利用经过过滤等处理后的河水直接通入机组的空气冷却器，冷却后的冷却水直接排至下游河道。这种冷却方式的优点是冷却水温较低（河水温度），冷却效果好；缺点是河水含有杂质冷却水需进行过滤处理，容易导致空气冷却器堵塞及腐蚀，空气冷却器需定期检修清扫。

（二）水-水二次冷却的密闭内循环冷却方式

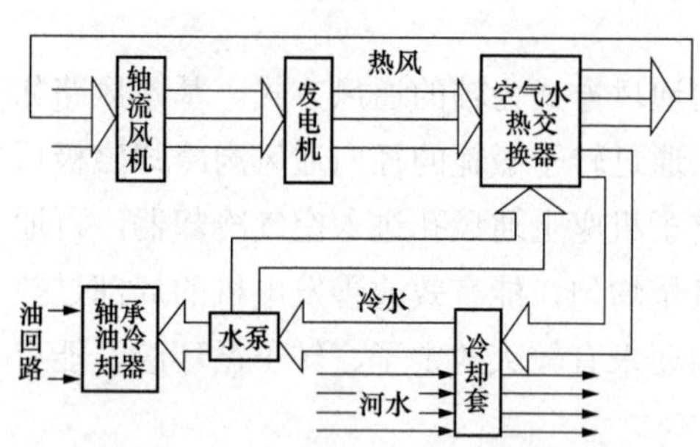

图 3-26　水-水二次冷却的密闭内循环冷却方式

发电机的热风通过空气冷却器内的冷水进行冷却，而空气冷却器的热水则通过灯泡头冷却套（或定子上方的表面冷却器）由水泵进行强迫密封循环，再由流道中的河水对冷却套（或表面冷却器）的外壁进行冷却，带走冷却水中的热量，从而完成了冷却系统的二次冷却过程。其冷却过程如图 3-26 所示。这种冷却方式一般适用于定子通风沟冷却结构的发电机，也适用于定子贴壁式冷却结构的发电机。

由于空气冷却器的冷却水被循环利用，排除了水中泥沙、寄生物等引起的空气冷却器故障，冷却系统可以长期运行，减少了检修、维护工作量。为适应由于温度变化而导致的水量减少，这种冷却方式的机组设有膨胀水箱或其他均衡给水装置对水量进行补充。膨胀水箱或均衡给水装置可以作为检修后及维护时冷却系统充水的入口。在冷却水中需加入适量的防腐剂，同时，冷却水需进行定期检验。

（三）贴壁结构冷却方式

贴壁冷却结构的定子机座为厚钢板卷制，不带加强筋，定子铁芯直接装在厚壁圆筒内并需紧密接触，定子产生的热量直接通过定子机座传递至河水中，通风系统只需将转子的损耗发热带走。

第六节　制　动　系　统

灯泡贯流式水轮发电机组制动系统有机械制动和电气制动两种方式。机械制动的气源来自低压气系统的压缩气体，压缩气体经过制动控制装置后送到制动风闸，风闸摩擦片与制动环直接接触产生摩擦阻力，起到制动作用，迫使机组停机。因机械制动产生的粉尘会污染发电机，现大多增设了电气制动。

发电机停机时，一般采用电气制动与机械制动混合制动方式，有些机组也只采用机械制动。混合制动过程为：当机组转速下降到额定转速的 60%时，投入电气制动，当转速下降到额定转速的 20%时，投入机械制动，当转速下降到 0 时，退出电气制动和机械制动；当机组发生电气故障或制动电源消失时，不投电气制动，在转速下降到额定转速的 40%时，投入机械制动。

一、机械制动

机械制动风闸安装在灯泡头与定子连接的法兰上，风闸的摩擦片可以更换。制动风闸目前有双作用风闸和单作用风闸两种结构形式，双作用风闸在缸体上有 2 个气管接头，一进一出使风闸动作；单作用风闸只有一个气管接头，在风闸本体上有复位弹簧，风闸排气后靠弹簧作用力自动复位。

二、电气制动

（一）制动原理

在机组停机发电机出口断路器断开后，当转速下降到额定转速的 60%时，合上电气制动短路开关，短接定子三相绕组，然后在转子中投入励磁，利用发电机定子绕组短路后形成的短路电流在发电机内产生一个与原动力矩反向的电磁力矩，从而达到机组制动的目的。

（二）制动条件

投入电气制动必须满足如下条件：

（1）有停机令，导叶全关。

（2）发电机出口断路器断开。

（3）发电机无电气事故。

（4）转速小于额定转速的 60%。

（5）励磁系统具备投电气制动条件。

灯泡贯流式水轮发电机组水轮机检修

第一节 检 修 周 期

按照不同的检修规模和停用时间，通常将水轮发电机组的检修分为A级、B级、C级与D级四个等级。A级检修是指对水轮发电机组进行全面解体，对所有部件进行全面检查和修理，以恢复和提高设备的性能。B级检修是指对水轮发电机组存在重大缺陷的设备进行检查和修理。C级检修是指对设备进行一般性的检查，消除一般性的设备隐患和缺陷。D级检修是指在主设备性能良好的情况下，对出现缺陷的辅助部件和系统进行修理和更换。机组采用的检修等级主要取决于设备的技术状况，灯泡贯流式水轮发电机组进行标准项目检修时推荐的停用时间见表4-1。

表4-1 标准项目检修推荐停用时间表

转轮直径（mm）	检修停用时间（天）		
	A级	B级	C级
2500～4100以下	80～90	45～50	10～12
4100～5500以下	85～95	50～55	10～12
5500～6000以下	90～100	55～60	11～13
6000～8000以下	95～105	60～65	13～15
≥8000	100～110	65～70	15～17

注 1. 仅解体水轮机或发电机的A级检修停用时间取下限值，检修停用时间不包括检修竣工后机组带负荷试验时间。

2. 机组D级检修停用时间为其C级检修停用时间的1/2。

3. 对于运行水头大于15m的灯泡贯流式水轮发电机组，其检修停用时间在表4-1规定的停用时间上乘以修正系统数k（额定水头÷15）后取整。

根据灯泡贯流式水轮发电机组的运行规律，从提高电站的经济效益出发，在保证设备安全稳定运行的前提下，为缩短机组总的检修时间，可以交替安排设备进行A级、B级、C级、D级四个等级的检修。灯泡贯流式水轮发电机组的检修间隔和等级推荐组合方式见表4-2。

表4-2 检修间隔和等级推荐组合方式

机 组 类 型	A级检修间隔（年）	检修等级组合方式
多泥沙水电站水轮发电机组	3～5	（1）在两次A级检修之间，安排一次机组B级检修。

续表

机 组 类 型	A 级检修间隔（年）	检修等级组合方式
非多泥沙水电站水轮发电机组	5～8	（2）除 A 级、B 级检修年份级外，其余年份每年安排一次 C 级检修。如 A 级检修间隔为 6 年时，检修等级组合方式为 A-C-C-B-C-C-A

在执行表 4-1、表 4-2 的检修间隔及检修停用时间时，应根据不同情况区别对待。

（1）新机组第一次 A 级或 B 级检修可根据制造厂要求、合同规定及机组的具体情况决定。若制造厂无明确规定，一般在正式投产一年后进行。

（2）对运行状况较好的发电机组，为降低检修费用，应积极采取措施，逐步延长检修间隔，但必须经技术部门鉴定，并报上一级主管部门批准后方可超过表 4-1 的规定。

（3）为防止水轮发电机组失修，确保设备健康，对运行状况差的水轮发电机组，经技术部门鉴定确认出现表 4-3 所列设备状况时，在报上一级主管部门批准后，其检修间隔时间可低于表 4-2 的规定。

表 4-3　　设备状态划分表

项　　次	设 备 状 态
1	主要运行参数经常超过规定值，机组效率和出力明显降低
2	机组振动或摆度不合格，而 B 级或 C 级检修不能消除
3	定子或转子绕组绝缘不良，威胁安全运行

（4）在发电机运行或检修过程中，若发现有危及机组安全运行的重大设备缺陷，应立即停机检修或延长检修时间，并报上级主管部门审批。

第二节　检修前期工作

在全面启动水轮发电机组检修前，为确保检修工作安全顺利进行，应成立专门的检修组织机构，确定检修事项，同时做好以下工作。

一、资金保障

机组检修等级和主要检修项目确定后，应做好预算，向资金管理部门和上级单位申请检修费用，资金落实到位后，立即进行检修准备工作。

二、组织保障

在机组 A 级、B 级、C 级检修前，应以检修文件和检修制度的形式，明确检修组织机构，明确行政管理、安全管理、技术管理人员，明确所有人员的工作任务和职责，明确所有人员的工作程序。

三、安全保障

（1）编制安全管理制度。从保证检修人员安全保障和设备检修安全管理出发，参考相关工程的管理经验，编写各种安全管理制度。

（2）购买安全工器具。对现有工器具进行造册检查和试验，清点数量，补充购买需要的安全工器具。

四、技术保障

（1）做好机组状态评估。机组检修应做到应修必修、修必修好。在检修项目编制前或过程中，应做好检修前机组的检查试验，测试主要技术参数。如果技术参数异常或突变，应查出原因，在检修中进行处理。查阅以往的检修记录，认真讨论检修记录中的运行提示事项和检修遗留的缺陷等，做好处理这些缺陷的准备。查阅上个检修周期至检修前的运行记录，对发生的主要缺陷进行分析，对未处理的缺陷进行统计，编制检修项目，将运行中发生的缺陷处理好。安装有测振测摆装置的机组，应对上次检修后，特别是近一年的数据进行分析，如果数据有异常，应进行原因分析。

（2）检修前检查试验。为全面了解机组的实际状况，检修前应进行相关试验。试验严格按标准进行，对试验报告进行分析，找出需要在检修中解决的问题。

（3）确定检修项目。参考国家和行业标准，按照检修等级编制标准项目，根据机组状况评估情况增加特殊检修项目。对实施状态检修的单位，检修标准项目可以根据设备实际情况进行调整。

（4）编制检修管理文件。按照检修管理组织的形式，编制检修管理文件。包括组织保障准备工作要求的内容、安全保障工作要求的内容、检修作业计划等。

（5）编制技术方案和检修工艺文件及质量验收卡。按照检修项目的要求，编制检修技术方案，明确技术要求。按照技术方案的要求，编制各种工艺文件，如作业卡等。编制检修质量验收卡，按照质量管理体系的要求进行。在检修工作中，必须严格执行这些文件。如果有疑问，应及时提出，向上级部门反映，按审批后的检修要求进行工作。

（6）做好人员培训。检修前，组织所有参加检修的人员学习检修管理文件、安全管理文件、检修技术方案和检修工艺文件。全体人员应熟悉并掌握相关内容，在学习中发现的问题应及时修订。必要时，对重要内容进行考试。检修前，检修人员应熟悉设备的原理、结构及性能，熟悉并掌握检修规程，了解运行规程的相关部分。特种作业人员应通过取证考试。

五、物资保障

检修项目确定后，按照项目的要求，编制消耗性材料、备品备件和专用工器具清单。对缺少的物资及时购买。对专用工器具在检修前应进行试验检查，保证在检修中能可靠使用。主要材料必须有检验证和出厂合格证。必要时，定制的关键备品配件应参与工厂督造。

六、检修场地规划

在检修准备阶段，应编制定置图。检修开工前，按照定置图的要求，对检修现场进行清理。检查和清理检修通道，确保检修通行安全。

七、现场重大起重设备和设施检查

检修前，对厂房内桥机设备、进水口拦污栅清理设备、机组进水口起重设备、进水口检修闸门、机组尾水起重设备和尾水检修闸门进行检查，对发现的缺陷应在检修前修理好，老化的闸门水封在检修前进行更换。检修排水水泵及附属设备在检修前应进行检查和修理，确保设备能可靠使用。检修时临时用气较多，应提前对低压气系统进行检查维护。临时电源使用较多的场所，应做好电源检查和完善。

八、检修前应测量的数据

（1）接力器压紧行程测量，接力器全行程测量，左右接力器同步测量。

（2）检修前漏油泵在机组稳定运行状态下打油间隔时间测量。

（3）受油器在空转、负载无调节状态下漏油量测量。

（4）导叶接力器在无调节状态下漏油量测量。

（5）检修前负载状态下调速器油泵打压和压油槽保压时间测量。

（6）导叶、桨叶全开、全关时间测量。

（7）重锤关机时间测定。

（8）主轴窜动量、灯泡头上浮量、轴承温度、机组各部位振动摆度值测量。

九、机组检修条件

（1）水轮发电机机组停机。

（2）关闭进水口检修闸门。

（3）关闭尾水流道检修闸门。

（4）调速器压油槽消压至零。

（5）流道消压并排空积水。

第三节　一般工艺要求

水轮发电机组检修，必须遵循以下基本工艺要求。

（1）检修场地的大小应能满足设备摆放的需要，同时能承载设备的质量。

（2）经常保持检修场所的整洁、文明、卫生，现场保证充足的照明。

（3）进行明火作业如电焊、气焊、气割等，现场应做好防火和防飞溅的措施。作业完成后应仔细清理现场的焊渣、熔珠。在转动部件上进行电焊时，地线必须可靠地接在转动部件施焊部位的附近，严禁转子不接地线进行电焊作业。

（4）拆卸前，应做好各零部件的相对位置和方向记号，同时做好记录。

（5）部件拆卸前，有关设备应做好动作试验。

（6）拆卸机械零部件时，先检查各部件结合面的标志是否清楚，不清楚部分应重新标记。

（7）同一部件拆卸的销钉、螺栓、螺母和垫圈应存放在同一个地方，同时做好标签注明。螺栓、螺母要清点数目，妥善保管。

（8）拆卸部件时，应先拆销钉，后拆螺栓；装复时先装销钉，后装螺栓。

（9）拆卸的零部件应妥善存放，严禁将精密表面放在粗糙的垫木上，应用毛毡胶皮垫好或悬空放置，以免损坏精密表面。

（10）拆卸的主要部件，如轴颈、轴瓦、镜板等高光洁度部件表面，以及联轴法兰和销孔面应做好防锈蚀措施，用白布等做好防护措施。

（11）拆卸相同的部件时，应分开进行（或做好记号），不得互换。禁止用不清洁的布包装零件和多孔部件。

（12）拆卸部件时，不可直接锤击零部件的精加工面，必要时，应用紫铜棒或垫上铅皮锤击，以免损坏部件。

（13）管路或基础拆除后露出的孔洞应及时封堵好，以防杂物掉入。较大的孔洞应做好防止人员误踏入措施。

（14）部件分解后，应及时进行清洗，同时检查零部件的完整情况，如有缺陷应及时进行修复或更换。拆卸的零部件应按系统分门别类，妥善保管。

（15）分解的零部件存放在用木块或其他物件垫好的地方，以免损坏加工面。

（16）切割密封垫时，其内径应稍比管路内径大，不得小于管路内径。若密封垫直径很大，需要拼接时，先削制接口，再黏结。

（17）各部件的组合面、键和键槽、销钉和销钉孔、止口应仔细进行修理，使表面光滑、无高点和毛刺，修理时不得改变配合性质。螺栓和螺孔应进行全面检查和修理，所有组合表面在安装前须清扫干净。

（18）设备组合面应光洁、无毛刺。合缝间隙用 0.05mm 塞尺检查，不能通过，允许有局部间隙；用 0.10mm 塞尺检查，深度不应超过组合面宽度的 1/3，总长不应超过周长的 20%；组合螺栓及销钉周围不应有间隙。组合缝处的安装面错牙一般不超过 0.10mm。

（19）机械加工面清扫后应及时涂防锈油，同时不得敲打或碰伤，如有损坏应立即修好。

（20）各零部件除结合面和摩擦面外，均应刷涂防锈漆，并用规定颜色的油漆进行刷、涂、喷。

（21）装复时，易进水或潮湿处的螺栓应涂防锈漆，连接螺栓均应按规定拧紧，转动部分的螺母应点焊或做好其他防松动措施。

（22）起重用的钢丝绳、绳索、滑车等应事先检查和试验，钢丝绳的选用和计算应严格遵守安全工作规程的要求，不允许使用有缺陷的起重工具。

（23）零部件起吊前，应详细检查连接件是否已拆卸完，检查起重工具的承载能力，起吊前应先试吊，起吊过程中应慢起慢落。

（24）现场制造的承压设备及连接件进行强度耐水压试验时，试验压力为 1.5 倍额定工作压力，但最低压力不得小于 0.4MPa，保持 10min，无渗漏及裂纹等异常现象。设备及其连接件进行严密性耐压试验时，试验压力为 1.25 倍实际工作压力，保持 30min，无渗漏现象；进行严密性试验时，试验压力为实际工作压力，保持 8h，无渗漏现象。单个冷却器应按设计要求的试验压力进行耐水压试验，设计无明确规定时，试验压力一般为工作压力的 2 倍，但不低于 0.4MPa，保持 30min，无渗漏现象。

（25）有预紧力控制的连接螺栓，预紧力偏差不超过规定值的±10%。制造厂无明确要求时，预紧力不小于设计工作压力的 2 倍，且不超过材料屈服强度的 3/4。安装细牙连接螺栓时，螺纹应涂润滑剂；连接螺栓应分次均匀紧固；采用热态拧紧的螺栓，紧固后应在室温下抽查 20%左右螺栓，检查预紧度。各部件安装定位后，应按设计要求钻铰销钉孔并配装销钉。螺栓、螺母和销钉均应按设计要求锁定牢固。

第四节　检修项目与质量标准

水轮发电机组检修时，应遵循“应修必修、修必修好”的原则，在水轮机 A 级、B 级、C 级检修中，推荐的主要检修项目见表 4-4。

表 4-4　　主要检修项目和标准

标准项目	质量验收标准	检修等级		
		C	B	A
一、转轮及主轴				
轮毂排油、注油	（1）排油过程检查透平油有无杂质、金属粉末、碳化。 （2）排油直至排油管中无油流。 （3）确认备用油化验合格，轮毂加油直至排气口开始溢油	√	√	√
桨叶间隙测量	盘车，分别测量各桨叶在上、下、左、右四个方向的间隙值及桨叶窜动量符合设计值	√	√	√
主轴上抬量测量	符合设计值	√	√	√
桨叶密封、泄水锥各连接法兰等部位渗漏检查	检查无漏油痕迹	√	√	√
桨叶、轮毂及泄水锥空蚀检查处理	测量空蚀面积及深度，对空蚀破坏区域较大、深度较深的区域，必须进行清理，补焊并打磨光滑	√	√	√
转轮各部连接螺栓紧固	无松动，螺栓无断裂、变形	√	√	√
桨叶密封检查处理	桨叶密封无渗漏		√	√
主轴锈蚀情况检查处理	无锈蚀，清洁、完整		√	√
转轮拆卸、解体、检修及组装	装复后桨叶操作试验，动作灵活，无卡涩、异响，桨叶接力器按设计试验压力做压力试验，保压 12h 无渗漏			√
桨叶、拐臂、接力器缸等部位轴套更换	核对备品过盈量适当，安装后检查工作面无划痕，紧固件牢固			√
桨叶接力器油缸密封及活塞密封更换	密封完好，无渗漏			√
桨叶密封更换	粘接口错边量小于 0.1mm，粘接牢固，接口分别错开 120°布置			√
转轮体耐压试验及桨叶动作试验	装复后桨叶操作试验，动作灵活，无卡涩、异响，桨叶接力器按设计试验压力做压力试验，保压 12h 无渗漏			√
桨叶、泄水锥、螺栓等探伤	无松动，螺栓无断裂、变形，按照 DL/T 1318—2014《水电厂金属技术监督规程》要求进行探伤			√
转轮装复，联轴螺栓拉伸	达到设计值			√

续表

标准项目	质量验收标准	检修等级		
		C	B	A
二、导水机构				
导水机构润滑部位加润滑脂	均匀、适量	√	√	√
导叶端面、立面间隙测量处理	在设计值范围内	√	√	√
导叶空蚀检查处理	测量空蚀面积及深度，对空蚀破坏区域较大、深度较深的区域，必须进行清理，补焊并打磨光滑	√	√	√
导叶内、外轴承渗漏检查处理	内轴承应无渗漏，外轴承渗漏根据检修安排进行更换或接漏疏导处理	√	√	√
内、外配水环法兰渗漏检查处理	内、外配水环检查应无渗漏	√	√	√
内外配水环、控制环、导叶拐臂、连杆等连接螺栓紧固及探伤检查	无松动，螺栓无断裂、变形，按照DL/T 1318—2014《水电厂金属技术监督规程》要求进行探伤	√	√	√
接力器压紧行程测量调整	符合检修规程或设计值	√	√	√
接力器各连接法兰渗漏检查处理	无渗漏	√	√	√
接力器各连接螺栓紧固	无松动，螺栓无断裂、变形，按照DL/T 1318—2014《水电厂金属技术监督规程》要求进行探伤	√	√	√
导叶轴承漏水处理	轴承无渗漏或漏水疏导通畅		√	√
调速环滚珠（滑块）检查处理	动作灵活，无泄漏，无腐蚀，清洁、完整		√	√
导叶轴承更换	更换后各部螺栓紧固到位，导叶转动检查无异常，充水72h后检查无漏水			√
接力器解体，各部密封更换及耐压试验	推拉杆、缸壁、活塞无刮伤。试压根据检修规程或设计要求进行			√
三、转轮室及伸缩节				
转轮室内表面检查处理	无扫膛、空蚀、锈蚀剥离情况	√	√	√
转轮室焊缝探伤检查	按照DL/T 1318—2014《水电厂金属技术监督规程》要求进行探伤	√	√	√
转轮室各法兰渗漏检查处理	无渗漏	√	√	√
转轮室各部连接螺栓紧固	无松动、锈蚀	√	√	√
伸缩节法兰渗漏检查处理	无渗漏、压缩均匀	√	√	√
伸缩节连接螺栓紧固	螺栓无松动、锈蚀，力矩适当	√	√	√
转轮室分解、检修及装复	变形在允许范围内，螺栓均匀紧固，各面密封良好			√
桨叶间隙调整	符合设计值			√
伸缩节密封更换及压缩量调整	卫生良好，压缩适当、均匀			√
四、流道				
外管型座、尾水管焊缝探伤	按照DL/T 1318—2014《水电厂金属技术监督规程》要求进行探伤	√	√	√
外管型座、尾水管空蚀检查处理	无锈蚀，清洁、完整	√	√	√
外管型座、尾水管表面锈蚀检查处理	补焊或打磨防腐	√	√	√

续表

标准项目	质量验收标准	检修等级		
		C	B	A
进水流道、尾水流道排水箱（廊道）检查	无淤积	√	√	√
测量管路疏通	无堵塞	√	√	√
五、灯泡体				
内管型座焊缝探伤	无缺陷	√	√	√
内管型座锈蚀检查处理	无锈蚀，清洁、完整	√	√	√
六、受油器及操作油管				
受油器绝缘检查	绝缘＞0.5MΩ	√	√	√
受油器各连接法兰渗漏检查处理	无渗漏	√	√	√
桨叶反馈装置检查	动作灵活，反馈准确	√	√	√
各连接螺栓紧固	对称均匀，力矩适当	√	√	√
受油器轴瓦间隙检查处理	轴瓦完好，无裂纹和损伤，间隙合格		√	√
操作油管摆度测量调整	符合设计值			√
固定瓦结构受油器体法兰垂直度、同轴度测量调整	符合设计值			√
受油器瓦检查处理	瓦面完好，无裂纹和损伤，间隙合格			√
七、水导轴承				
呼吸器清扫	无堵塞	√		√
轴承法兰渗漏检查处理	无渗漏	√		√
各部螺栓紧固	无松动，力矩适当	√		√
轴承间隙检查处理	左右对称，符合设计值		√	√
轴瓦检查处理（或更换）	连接紧固，接触面积合格，间隙合格			√
轴颈检查处理	光滑、无高点，接触面积合格			√
轴承（球）座检查	接触面积合格，连接紧固			√
八、主轴密封				
主轴密封漏水量测量	符合设计值	√	√	√
各连接法兰渗漏检查处理	无渗漏	√	√	√
各部螺栓紧固	无松动	√	√	√
工作密封更换	更换后漏水量符合设计值		√	√
检修密封更换	试压合格			√
密封衬套检查处理	密封衬套磨损深度＜3.0mm			√

注　表格中“√”表示选用，代表机组检修时应进行该项工作。

根据机组主要检修项目和质量验收标准，以某电站设备为例，水轮机A级、B级、C级和D级检修项目及验收标准见表4-5和表4-6。

表 4-5　　　　　　水轮机 A（B）级检修标准项目及验收标准

序号	检修标准项目	分　项　目	验 收 质 量 标 准
1	检修前准备	联系潜水工，视情况进行进水口清渣	门槽、底坎无杂物，表面无浮渣
		坝顶门机、尾水台车检查、试验	自动抓梁、行走机构、制动装置等工作正常
		进、尾水检修闸门检查	平压阀弹簧具有足够弹力将阀板关闭，阀板密封完好
		备用油过滤合格	取样化验，油质合格，备用油量充足，符合 GB/T 7596—2017《电厂运行中矿物涡轮机油质量》规定
		桥机检查、试验	按操作规程进行全面检查合格
		落进水口检修闸门、尾水闸门，打开流道检修阀进行流道排水	闸门关闭严密可靠，流道排水通畅，压力表显示为零，水位低于工作地点
		检修所需的备件、工器具及材料准备，试验仪器、测量器具检验	工器具准备充足并校验合格
2	流道部分检修	流道检查、缺陷处理及清渣	流道内清洁、完整、无杂物；水工建筑物部分无冲刷，钢里衬无脱空、空蚀现象
		灯泡头水平、垂直支撑检修	支撑两端法兰面全面接触，受力均匀；法兰连接螺栓无损探伤检测，紧固、无裂纹，且按设计要求锁定或点焊牢固；支撑无倾斜，表面无裂纹、无锈蚀等现象
		排水口拦污栅检修	拦污网及螺钉紧固完好，排水箱内无杂物，排水通畅
		进、尾水排水阀检修	阀门完好，操作灵活、可靠，关闭严密、无渗漏，盘根完好
		金属流道检修	流道及尾水衬管无严重锈蚀、变形、裂纹和空蚀现象，符合安全规程要求
		灯泡头外壳检修	灯泡头外壳金属表面完好，无变形、裂纹、严重锈蚀及冲击凹面，冷却环不锈钢板完好、无损伤
		混凝土流道检修	混凝土流道坚固、完整，无冲蚀、龟裂、脱壳现象
		测压管疏通和除锈刷漆处理	用低压气吹扫疏通管道，管路畅通、无堵塞，流道内取水口完好；按要求对管路进行除锈刷漆工作
3	导水机构检修	导水叶立面、端面间隙测量	导叶间隙符合要求：外配水环端面间隙为 0.9～1.62mm，内配水环端面间隙为 1.28～2.30mm，操作导叶全行程，导叶与配水环无刮擦现象。 导叶立面间隙：90%测点≤0.04mm；100%测点≤0.14mm，总长度不超过导叶长度 25%
		调速环检修	压板螺栓、顶丝紧固，间隙均匀，调速环滚珠、拐臂、连杆及推拉杆球轴承完好、灵活、无卡涩现象，润滑脂适量
		配水环检修	配水环各结合面螺栓按扭力矩数值紧固，伸长值符合要求，外环焊缝、筋板无裂纹，内环表面完好，无空蚀、裂纹。组合面间隙用 0.05mm 塞尺检查，不能通过；允许有局部间隙，用 0.10mm 塞尺检查，深度不应超过组合面宽度的 1/3，总长不应超过周长的 20%；组合螺栓及销钉周围不应有间隙。螺栓、销钉、螺帽应按设计要求锁定或点焊牢固

续表

序号	检修标准项目	分 项 目	验 收 质 量 标 准
3	导水机构检修	转轮室检修	转轮室各结合面螺栓按扭力矩数值紧固，伸长值符合要求；各焊缝、筋板无裂纹，转轮室表面完好，无空蚀、裂纹；合缝间隙用 0.05mm 塞尺检查，不能通过；允许有局部间隙，用 0.10mm 塞尺检查，深度不应超过组合面宽度的 1/3，总长不应超过周长的 20%；组合螺栓及销钉周围不应有间隙；螺栓、销钉、螺帽应按设计要求锁定或点焊牢固；转轮室测厚、应力检测、焊缝无损探伤检测合格
		导叶轴套检修	导叶轴套球轴承、Y 形密封完好、无渗漏，导叶轴套间隙符合要求，螺栓、销钉、螺帽应按设计要求锁定或点焊牢固
		导叶拐臂、连杆检修	调速环、拐臂、连杆及铰链完好无卡涩，螺栓、顶丝紧固无松动；导叶连杆偏心销、球轴承体防松螺栓紧固，弹簧螺栓无松动，相对位置正常，无碰撞、刮擦现象
		外配水环限位块检查及限位块间隙测量	拐臂与限位块位置正确、无碰撞现象，限位块完整、牢固，焊缝无裂纹，拐臂完好，间隙合理
		转轮室人孔门检修	人孔门、铰链及底座完好无裂纹，螺栓紧固后组合面间隙≤0.05mm，局部间隙≤0.10mm；螺栓、销钉、螺帽应按设计要求锁定或点焊牢固，无渗漏；螺栓经无损探伤检测合格
		调速环推拉杆检修	推拉杆完好，推拉杆两端球轴承体完好，圆柱销限位块点焊牢固，推拉杆限位螺钉正常
		导叶检修	导叶轴颈完好无变形、裂纹及磨损；导叶无空蚀及磨损，导叶之间闭合处不锈钢嵌条平整完好，无脱落、损坏现象
		伸缩节检修	伸缩节座环螺栓、销钉紧固，按设计要求锁定或点焊牢固，压环螺栓及顶丝紧固；压环间隙均匀，压缩余量足够（1.5～3mm）；楔型密封完好无老化、破损，伸缩节无渗漏
		转轮室楼梯检修	楼梯与平台连接牢固，螺栓完整紧固，焊缝完好，符合安全规程相关要求。螺栓、螺帽应按设计要求锁定或点焊牢固，栏杆完好
4	转轮及主轴部分检修	检修前、后主轴上抬量测量	高压油顶起，主轴上抬量在设计值范围内（0.15～0.30mm）
		桨叶间隙测量	盘车定点测量，每扇叶片在全开、全关位置分别测量 3 点间隙。间隙符合设计要求 4.5mm（85%～135%）
		主轴及主轴法兰、螺栓无损检测	按 NB/T 47013.1—2005《承压设备无损检测 第 1 部分：通用要求》进行，检测合格
		轮毂检修	螺栓按扭力矩数值紧固，伸长值符合设计要求，轮毂、泄水锥组合面无渗漏，表面无空蚀，组合面间隙≤0.03mm，局部间隙≤0.09mm，螺栓、销钉、螺帽应按设计要求锁定或点焊牢固。轮毂耐压试验压力为 0.25MPa，12h 无渗漏
		D 形密封及压板检修	密封完好无渗漏，压板螺栓紧固并用工业修补剂固定，压板无空蚀（密封压紧量由垫片调整，压紧量为 1.0825～1.86mm）
		轮毂充、排油	检修前排尽旧油，检修后注满新油，油质合格，堵丝应紧固锁定，无渗漏现象
		主轴及保护罩检修	主轴表面无锈蚀，无损检测合格，保护罩螺栓紧固无渗漏，清洁、完整

续表

序号	检修标准项目	分　项　目	验 收 质 量 标 准
5	水导轴承检修	水导轴承检修	轴承体各组合缝间隙在0.09mm内；径向间隙（与主轴轴颈间，左右侧间隙）为0.4～0.54mm；轴承与轴承座配合面接触面积为80%，各紧固件完好，管路完好无渗漏，呼吸器清扫干净；梳齿密封上部间隙为0.6～0.74mm，下部间隙为0.2～0.34mm，螺栓紧固
6	主轴密封检修	主轴密封支架检修	组合面螺栓、销钉紧固无渗漏；合缝间隙用0.05mm塞尺检查，不能通过；允许有局部间隙，用0.10mm塞尺检查，深度不应超过组合面宽度的1/3，总长不应超过周长的20%；组合螺栓及销钉周围不应有间隙；螺栓、销钉、螺帽应按设计要求锁定或点焊牢固
		集水箱检修	集水箱清洁无锈蚀、无堵塞，疏齿密封间隙均匀，在1.3～1.5mm范围内
		水封轴颈磨损量测量	水封轴颈抗磨环磨损量检查测量平整、完好，抗磨环磨损深度超过1mm时应进行修复或更换
		主轴工作密封检修	工作密封接触面清洁、完好，间隙在±20%实际平均间隙内，水封间隙均匀
		供排水管道检修	供排水管道连接螺栓紧固、管内通畅，无渗漏
		灯泡体及竖井底仓疏通	灯泡体清洁完好，组合面螺栓紧固无渗漏、无锈蚀，底仓无积水、无积油，排水管、孔畅通无堵塞
		密封检修	空气围带间隙为1.5（1±20%）mm；空气围带在装配前，通0.05MPa的压缩空气，在水中作漏气试验，应无漏气现象；安装后，应作充、排气试验和保压试验，压降应符合要求，一般在1.5倍工作压力下保压1h，压降不宜超过额定工作压力的10%；空气围带工作面无磨损、老化现象
		主轴工作密封通水试验	润滑水流量符合机组运行要求（35～80L/min），工作密封漏水量小于10L/min
		主轴检修密封通气试验	检修密封工作正常，投入时严密不漏，退出时间隙均匀，间隙要求在1.5×（1±20%）mm以内
7	机组辅助设备检修	轴承油箱及管路检修	油泵完好，电动机同心度、同轴度偏差≤0.15mm，联轴器完好；止回阀动作灵活可靠；过滤器清洗干净，滤芯清洁完好；呼吸器清扫干净；管路阀门完好，操作灵活可靠、无渗漏
		事故油箱及管路检修	呼吸器清扫干净，箱体、管路、阀门密封完好、无渗漏，阀门操作灵活、可靠；箱体内部清洁完好、无锈蚀，油位计清洁、完好
		轴承油冷却器检修	解体清扫，0.4MPa水压试压0.5h合格、无渗漏；管路阀门完好，操作灵活可靠、无渗漏，阀门更换盘根
		顶轴油压装置检修	油过滤器解体清扫；滤芯清洁完好，油泵、联轴器清洁完好，安全阀动作灵活可靠，压力为12～13MPa
		技术供水装置检修	管路及阀门完好、动作灵活可靠、畅通、无渗漏
		供气装置检修	管路及阀门完好、动作灵活可靠、畅通、无渗漏
		轴承油处理	滤油精度要求为120μm，符合GB/T 7596—2017《电厂运行中矿物涡轮机油质量》规定

续表

序号	检修标准项目	分 项 目	验 收 质 量 标 准
8	螺栓检测	≥ϕ32 连接螺栓无损检测	按 NB/T 47013.1—2015《承压设备无损检测 第 1 部分：通用要求》要求，检测合格无裂纹
9	整机试验	检修后试验	空载和额定负荷下分别测量振动，摆度，主轴密封漏水量，调速器油泵打压时间和频率，记录轴承油流量、冷却水流量，高压油泵运行电流、工作压力，循环油泵运行电流、出口压力，循环水泵运行电流、工作流量，空冷器冷却水进口、出口压力值，并与检修前数据比对
		甩负荷试验	25%*Ne* 时转速升高率不超过 39%，50%*Ne* 时不超过 43%，75%*Ne* 不超过 50%，100%*Ne* 不超过 60%；导叶前的压力升高不超过 3m
10	设备防腐	全面防腐	介质流向标示正确、清晰

表 4-6　水轮机 C（D）级检修标准项目及验收标准

序号	检修标准项目	分 项 目	验 收 质 量 标 准
1	水轮机检修	导叶操作机构检修	导叶轴套及紧固件完好无泄漏。配水环组合面螺栓紧固完好，焊缝完好无裂纹。控制环、拐臂连杆及铰链完好无卡涩，螺栓、顶丝紧固无松动。连杆轴承体、偏心销、弹簧螺栓无松动，相对位置正常，无碰撞、刮擦现象
		转轮室楼梯检修	楼梯、平台连接螺栓紧固无松动；阶梯板、支撑焊接牢固；栏杆完好，符合安规要求；防腐着色清洁、完整
		转轮室检修	转轮室组合螺栓紧固无松动；焊缝及筋板无损探伤检测，完好无裂纹；人孔门螺栓紧固，止动螺栓牢固，各密封面无渗漏
		主轴密封检修	主轴密封支架组合螺栓、销钉完好、紧固；组合面无渗漏；水、气管路畅通，无渗漏；阀门灵活可靠
		伸缩节检修	压环、座环组合螺栓完好紧固，组合面无渗漏，压环螺栓、顶丝紧固，无松动、断裂，压缩间隙均匀，无渗漏
		测压管路检修	测压管路完好，接头紧固无渗漏，支撑、管卡完好紧固，管路疏通
2	辅助设备	轴承油箱及管路检修	油泵完好；过滤器清洗干净，滤芯清洁完好；呼吸器清扫干净；管路阀门完好，操作灵活、可靠、无渗漏；阀门更换盘根
		事故油箱及管路检修	油箱内部清洁、完好，无脱漆、锈蚀现象；呼吸器清扫干净；箱体管路阀门完好；阀门操作灵活、可靠、无渗漏
		轴承油冷却器检修	解体清扫，0.4MPa 水压试压 0.5h 合格、无渗漏；管路阀门完好、操作灵活可靠、无渗漏；阀门更换盘根
		顶轴油压装置检修	油泵组完好，压力整定为 12～13MPa；各过滤器清洗干净，滤芯清洁完好；管路阀件完好、动作灵活可靠、无渗漏，装置无锈蚀（水导、发导流量根据大轴上抬量进行调节）
		技术供水装置检修	管路阀门完好、动作灵活可靠、畅通、无渗漏，阀门更换盘根
		供气装置检修	管路阀件完好、动作灵活可靠、畅通、无渗漏
		轴承油处理	取样化验，油质合格，符合 GB/T 7596—2000《电厂运行中矿物涡轮机油质量》的规定
3	设备防腐	防腐处理	除锈刷漆，介质流向正确、清晰

第五节　转　轮　检　修

转轮是水轮机的主要部件，机组A级检修时，需进行全面检查，对金属部件的疲劳损伤进行修复，对磨损大的轴承部件进行更换，对紧固件松动情况进行检查和紧固。B级检修时，对重大缺陷部位进行检修。C级检修时，对设备作一般性检查和消除缺陷。

灯泡贯流式水轮发电机组转轮按叶片操作方式分为活塞套筒式、操作架式、缸动式三种，其中缸动式应用较为广泛。缸动式转桨叶片操作机构又分为拐臂＋键（锥销）＋传动链传动和枢轴＋传动链传动两种方式。现对两种结构的转轮检修过程介绍如下。

［例4-1］　拐臂＋键（锥销）＋传动链传动转轮结构

某电站转轮直径为6900mm，质量为87t。转轮由四片桨叶、轮毂、泄水锥、桨叶密封装置及桨叶操作机构构成，如图4-1所示。桨叶采用高等抗空蚀、耐磨损的不锈钢整铸。转轮长度为4.09m，轮毂为球形，轮毂直径为2760mm，轮毂材料为Q235-A。

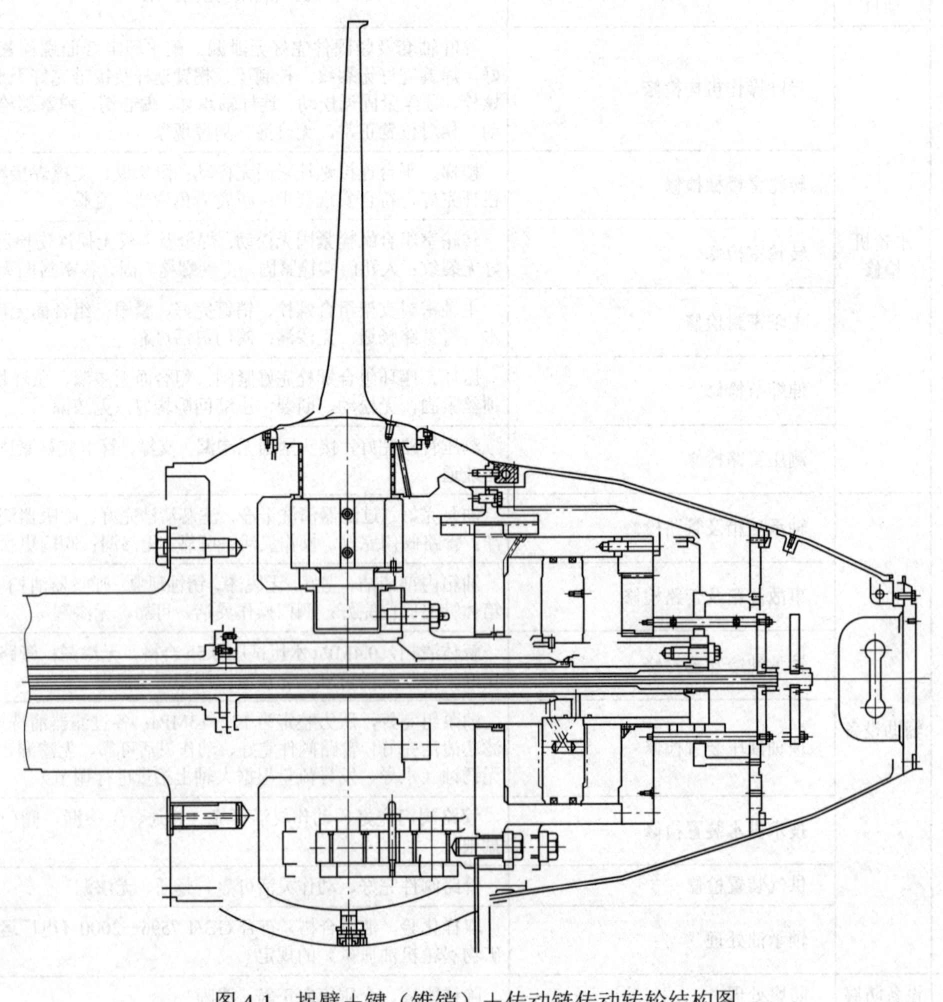

图4-1　拐臂＋键（锥销）＋传动链传动转轮结构图

桨叶接力器位于泄水锥中，采用活塞不动、活塞缸作往复运动的结构。桨叶接力器行程为376mm。接力器包括活塞环、油缸、油缸盖，活塞、活塞支撑和连杆等部件。桨叶接力器油缸上游侧与下游侧（油缸密封盖）均有接力器油缸制导轴承，轴承配有 2 层 U 形密封。

转轮室由上、下两瓣组合而成。从上游侧至下游侧分别为收缩段、球面段、过渡段、扩散段。转轮室下半部扩散段布置有ϕ600 的人孔门。收缩段进口直径为 7314mm，扩散段出口直径为 7271mm。球面段直径为ϕ6900。球面段与过渡段为 0Cr13Ni5Mo 不锈钢，其他部位为 Q235，转轮室总质量为 42t。上游侧法兰与外配水环相连，下游侧法兰与伸缩节相连。

一、水轮机转轮拆卸

（一）转轮拆卸组织措施

（1）总指挥 1 人，电站生产技术负责人担任，全面负责转轮起吊的各项工作。

（2）安全员 1 人，负责转轮起吊的现场安全工作。

（3）起重指挥 1 人，负责转轮起吊的起重指挥工作。

（4）起重助手 3 人，协助起重指挥完成现场各项起重配合工作。

（5）桥机司机 2 人，主司机负责操作，副司机负责监护。

（6）电源监视 2 人，负责监视桥机各部电源。

（7）主钩抱闸监视 2 人，负责监视主钩抱闸是否工作正常，出现异常及时采取措施。

（8）水轮机检修 3 人，负责起吊过程中的机械检修工作。

（二）转轮拆卸安全措施

（1）转轮起吊前应对桥机进行一次全面检查，重点检查主起升制动装置，包括主起升卷扬机构、荷重装置、高度限位装置以及保护装置等；副起升机构，大、小车行走机构，电气控制设备等，及时消除检查中出现的缺陷。

（2）水轮机转轮悬挂好钢丝绳后，由总指挥牵头组织相关人员，对吊装的各项技术措施进行全面检查，及时消除不安全因素。

（3）禁止在机组与机组段之间上方进行水轮机轮毂翻身工作。

（4）禁止长期将水轮机轮毂放置在机组与机组段之间。

（5）对起吊通道进行全面检查，清理干净通道内障碍物，做好保证起吊通道照明措施。

（6）对钢丝绳的完好性进行检查，严禁使用超过使用寿命的钢丝绳。

（7）对手拉葫芦进行完好性检查，不准使用有卡阻现象的葫芦。

（8）检查吊装转轮的专用吊具丝扣全部旋入，止口紧贴，方向正确。

（9）水导轴承、发导轴承和推力组合轴承完好。

（10）水轮机层（廊道）搭设的脚手架应不妨碍转轮室拆卸及安装，须预留转轮室下放安全距离（约 500mm），脚手架上的竹夹板必须用铁丝绑扎牢固。

（11）转轮室下放后必须用专用检修支墩固定好，支墩之间用钢管通过焊接连成一体，可靠固定。

（三）转轮拆卸前准备工作

（1）泄水锥Ⅰ段拆除。将泄水锥Ⅰ段拆出后在尾水管内固定好。

（2）摆放转轮支撑。在安装场将支撑按位置摆放好，调整标高至同一水平后将支座固定。

（3）检查转轮翻身工具后搬运到安装场。

（4）测量桨叶与转轮室间隙。在转轮室内搭设脚手架测量间隙，与设计及上次检修间隙数据进行对比，是否符合要求。

（5）拆卸测压管。按顺序对转轮室各部位测压管进行编号，并做好明显标记。拆卸后的测压管接头用布包好。

（6）拆除转轮室检查楼梯及平台，将拆卸的楼梯和平台吊出廊道放到指定地点。

（7）拆除转轮室的伸缩节，伸缩节结构如图4-2所示。

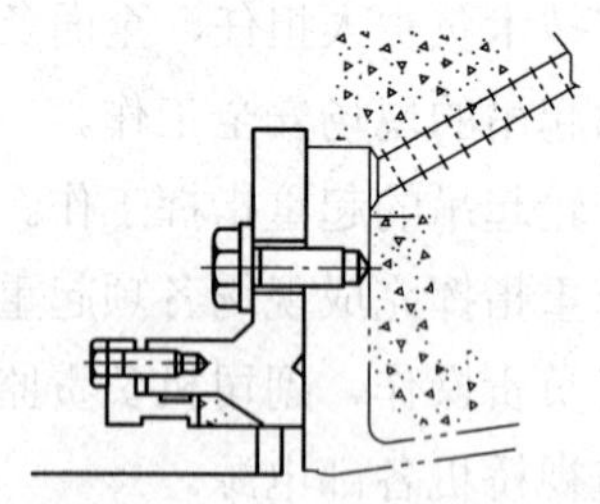

图4-2　伸缩节结构图

1）测量伸缩节中心及水封压板间隙。

2）拆除转轮室伸缩节密封。

3）在压环及法兰各分瓣结合面用钢字码进行编号。

4）松开压环顶丝螺杆及分瓣压环连接螺栓，先将顶部压环往上游侧退出法兰，用桥机将压环吊出廊道放于指定地点。

5）拆卸楔形密封，锲形密封回装使用。

6）测量伸缩节法兰与转轮室间隙，然后拆卸并用桥机吊出放到指定地点。

（8）转轮室拆卸。

1）将检修支墩按支撑位置摆放到转轮室下部廊道，安装36t机械千斤顶。

2）在转轮室下部廊道搭设检修脚手架。

3）拆除转轮室及伸缩节偏心销。

4）拆除转轮室水平组合法兰和上部外配水环连接螺栓，待桥机钢丝绳均匀受力后，将转轮室上半部分吊运至安装场。

5）转轮室下半部分由桥机吊起，钢丝绳均匀受力后拆除与外配水环的连接螺栓，采用主钩下降与机械千斤顶交替传递方式将排轮室下降300～500mm后支撑固定，如图4-3所示。

6）拆除桥机起吊钢丝绳，在转轮室上、下游两侧分别用20t手拉葫芦将转轮室下半部分的四角分别固定在外配水环以及伸缩节基础法兰面。

（9）拆卸主轴密封。

（10）拆卸主轴密封支架。

（11）水轮机轮毂排油。

1）将轮毂排油孔盘车至 $+Y$ 方向，清除排油孔内环氧树脂填料，磨除螺塞焊点，松开螺塞，安装轮毂排油管及阀门。

2）将轮毂排油孔盘车至 $-Y$ 方向，接好排油管、齿轮油泵及阀门。

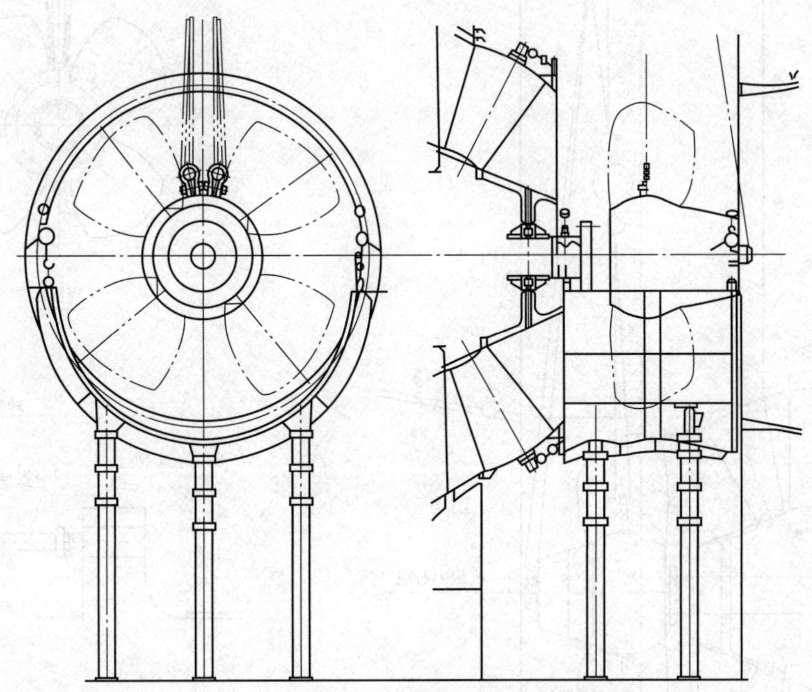

图 4-3　转轮室下半部分拆卸放置图

3）开启轮毂排油阀，将轮毂油排至油桶后用油泵将油收回油库。

（12）拆除受油器上机组齿盘测速装置、桨叶反馈装置、主轴补油管引导瓦和导向块及受油器浮动瓦等。

（四）转轮拆卸

（1）采用流道内人力推动桨叶或在发电机风洞内装设手拉葫芦转动转子的方式盘车，将轮毂的起吊点朝垂直向上方向，分 2 次盘车，分别拆卸轮毂主吊点螺纹堵头，并装设主吊点。主吊点吊耳孔与上、下游方向成垂直状态。

（2）安装转轮起吊工具。在转轮室下半部分内搭设脚手架，安装轮毂吊装钢丝绳。用 1 根 $\phi60\times40$m 钢丝绳、5 根 $\phi60\times7$m 钢丝绳、2 个 40t 手拉葫芦及专用吊具，如图 4-4 所示，将轮毂悬挂在主厂房桥机主钩上。

（3）装设转轮下游侧专用起吊吊耳板，紧固好固定螺栓。

（4）起吊钢丝绳承重。钢丝绳的选择计算见下述（8）。操作桥机主钩，缓慢点动上升，密切观察钢丝绳受力情况，使钢丝绳和葫芦均匀缓慢受力。钢丝绳及手拉葫芦受力达到总重量约 80%后停止桥机主钩上升。

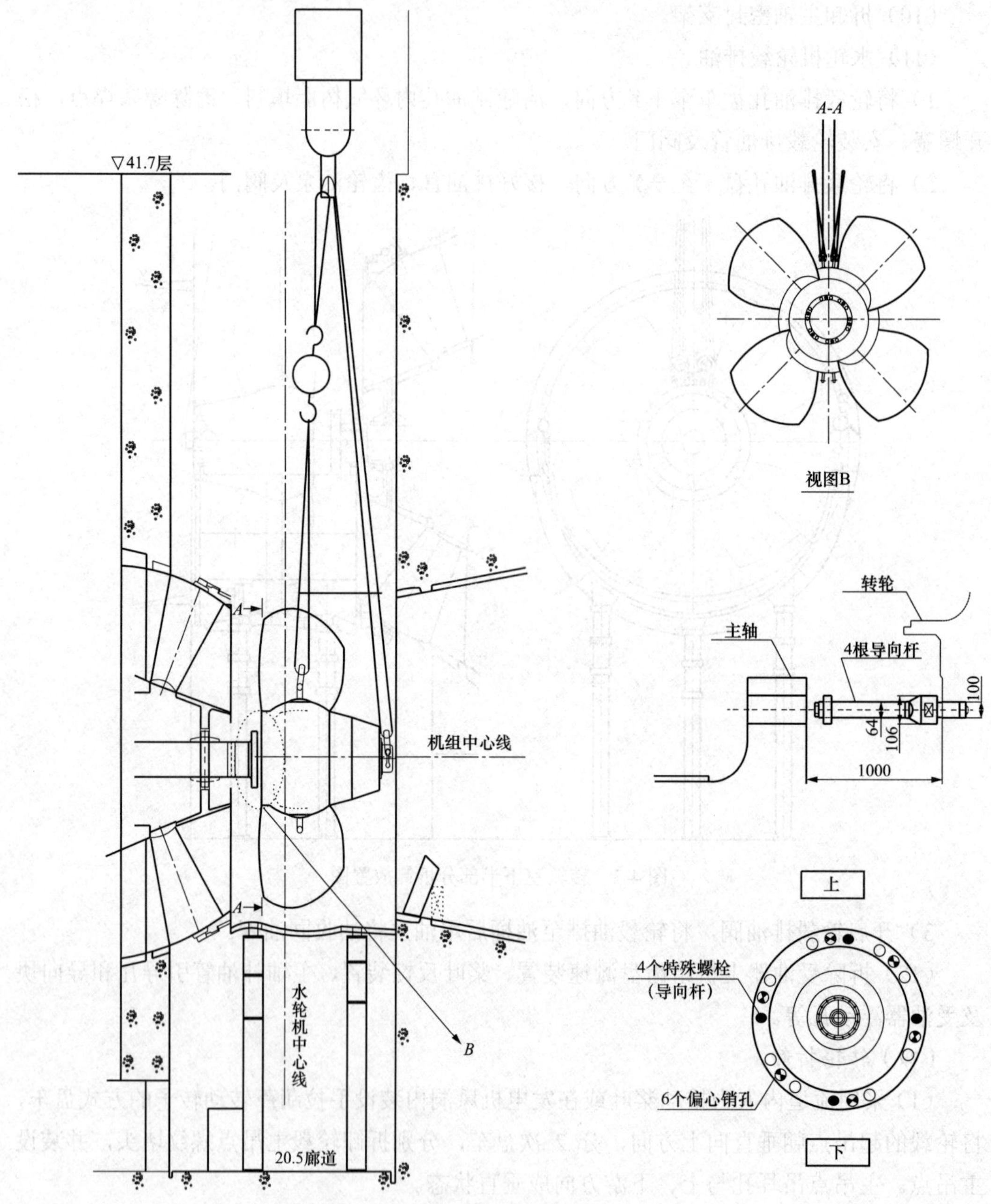

图 4-4　转轮起吊示意图（单位：mm）

（5）拆卸连轴法兰的偏心销和主轴连接螺栓。

1）钢丝绳及手拉葫芦充分受力后，利用液压扳手松动主轴连接螺栓。分次拆卸主轴连接偏心销压板。在数量上多于一半的主轴连接螺栓处于受力状态时，拆卸主轴法兰偏心销，并在拆卸过程中随时调整钢丝绳和葫芦的受力以及起吊中心。全部拆除主轴法兰偏心销后，对称安装 4 根导向杆。然后对称松动另一半主轴连接螺栓。拆卸过程中要随时观察钢丝绳和葫芦的受力情况，防止转轮因受力不均发生翻转或下降，必要时调整葫芦以及桥机钢丝绳受力，直至水轮机转轮与主轴分离。

2）采取边松动主轴连接螺栓，边使桥机小车配合移动的方式将水轮机转轮向下游方向与主轴分离 300～350mm。

3）在水轮机转轮与主轴之间利用千斤顶等做好防止转轮向上游移动的安全措施后，解开桨叶操作油管。

（6）所有连接部件完全拆除后，机械检修人员和起重负责人到现场共同做好转轮起吊前的检查工作。

（7）检查桥机各部位无异常后，由起重总指挥一人负责，缓慢将转轮平稳吊至副安装场。在起升过程中安排专人对桥机起升机构和电源进行监护，转轮吊放示意图如图 4-5 所示。

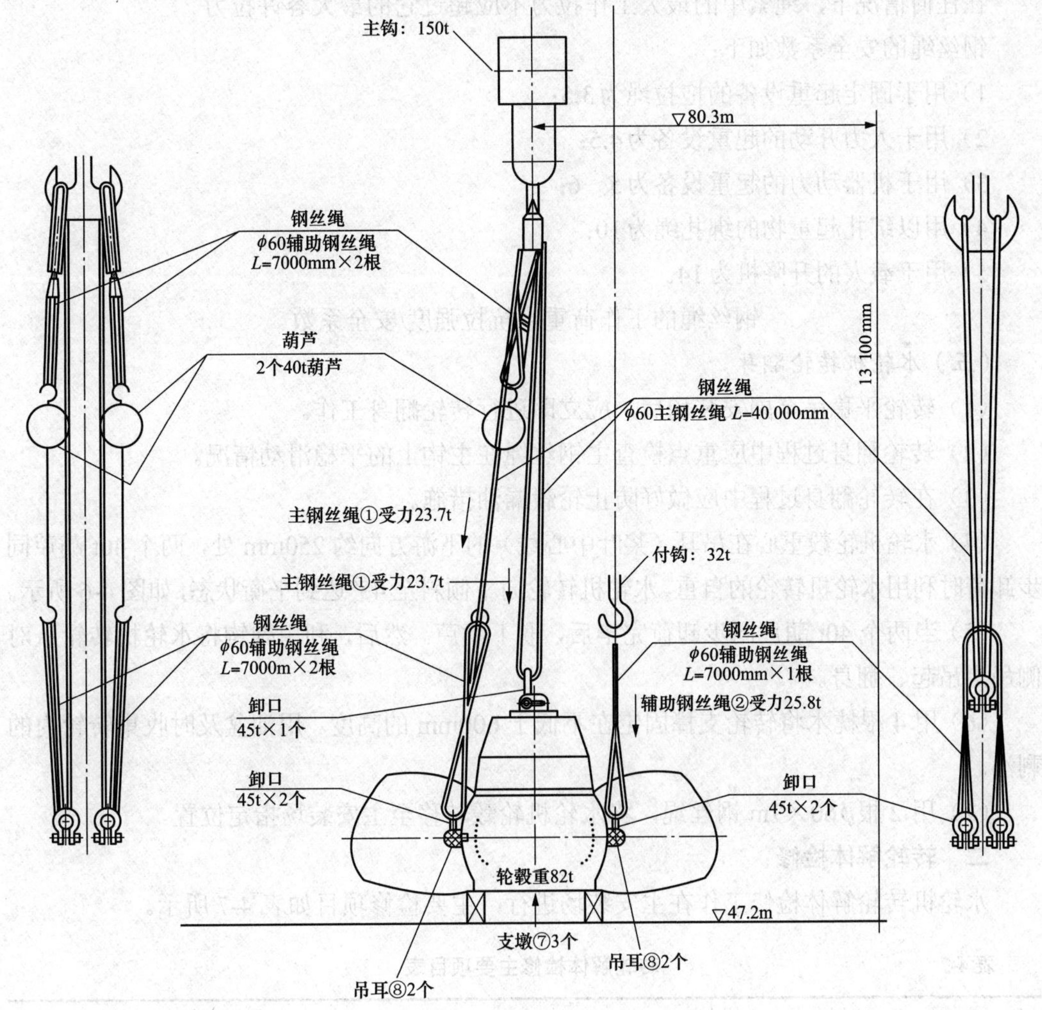

图 4-5 转轮吊放示意图

（8）起吊钢丝绳选择。转轮起吊时的质量等于转轮质量加吊具质量，选择怎样的钢丝绳进行起吊按相关标准进行。

使用钢丝绳时，荷重能力的选择应按照制造厂家技术规范的规定。没有技术规范时，应从钢丝绳上切下约 1500mm 长度的一段，作单丝的抗拉强度试验；单丝抗拉强度总和的 83%作为整条钢丝绳的抗拉强度数据。钢丝绳必须进行定期检查，达到使用寿命期后，外观完好的钢丝绳也应报废。其他绳索使用也应遵循上述规定。

利用吊车起吊重物时，拴系物件的绳索所承受的拉力可按下式进行计算，即

$$S=Q/(M\cos\alpha)$$

式中 S——每根绳索的拉力，N；

Q——起吊荷重，N；

M——拴系的绳索分支根数；

α——拴系的绳索与垂直方向所成的角度。

在任何情况下，绳索中的最大工作拉力不应超过它的最大容许拉力。

钢丝绳的安全系数如下：

1）用于固定起重设备的拖拉绳为3.5；

2）用于人力开动的起重设备为4.5；

3）用于机器动力的起重设备为5～6；

4）用以绑扎起重物的绑扎绳为10；

5）用于载人的升降机为14。

钢丝绳的工作荷重＝抗拉强度/安全系数

（五）水轮机转轮翻身

（1）转轮平稳吊至副安装场后，应立即进行转轮翻身工作。

（2）转轮翻身过程中应重点检查主钢丝绳在主钩上的平稳滑动情况。

（3）在转轮翻身过程中应做好防止轮毂漏油措施。

（4）水轮机轮毂重心在吊耳（桨叶中心线）的下游方向约 250mm 处，两个 40t 葫芦同步卸荷时利用水轮机转轮的自重，水轮机转轮向下倾斜至45°达到平衡状态，如图 4-6 所示。

（5）当两个 40t 葫芦同步卸荷完毕后，取下葫芦。然后，利用副钩将水轮机转轮从对侧吊点吊起、翻身。

（6）用 4 根枕木将转轮支撑固定在不低于 600mm 的高度。用油盆及时收集转轮内的剩油。

（7）用 2 根ϕ60×7m 钢丝绳，将水轮机轮毂转移至主安装场指定位置。

二、转轮解体检修

水轮机转轮解体检修工作在主安装场进行，主要检修项目如表 4-7 所示。

表 4-7　　转轮解体检修主要项目表

序号	检修项目	子项目
1	水轮机轮毂	桨叶铜轴套磨损量测量或处理

续表

序　号	检　修　项　目	子　项　目
2	桨叶	桨叶叶柄轴磨损量检查及处理
3	桨叶连杆拐臂	桨叶连杆铜套磨损量检查及处理
4	桨叶接力器	桨叶接力器活塞、活塞环、活塞杆、油缸铜瓦以及Y形密封等
5	其他	桨叶接力器导轨、反馈、延伸轴轴密封等
6	试验项目	桨叶接力器动作试验、桨叶接力器密封及耐压试验、水轮机轮毂渗漏试验

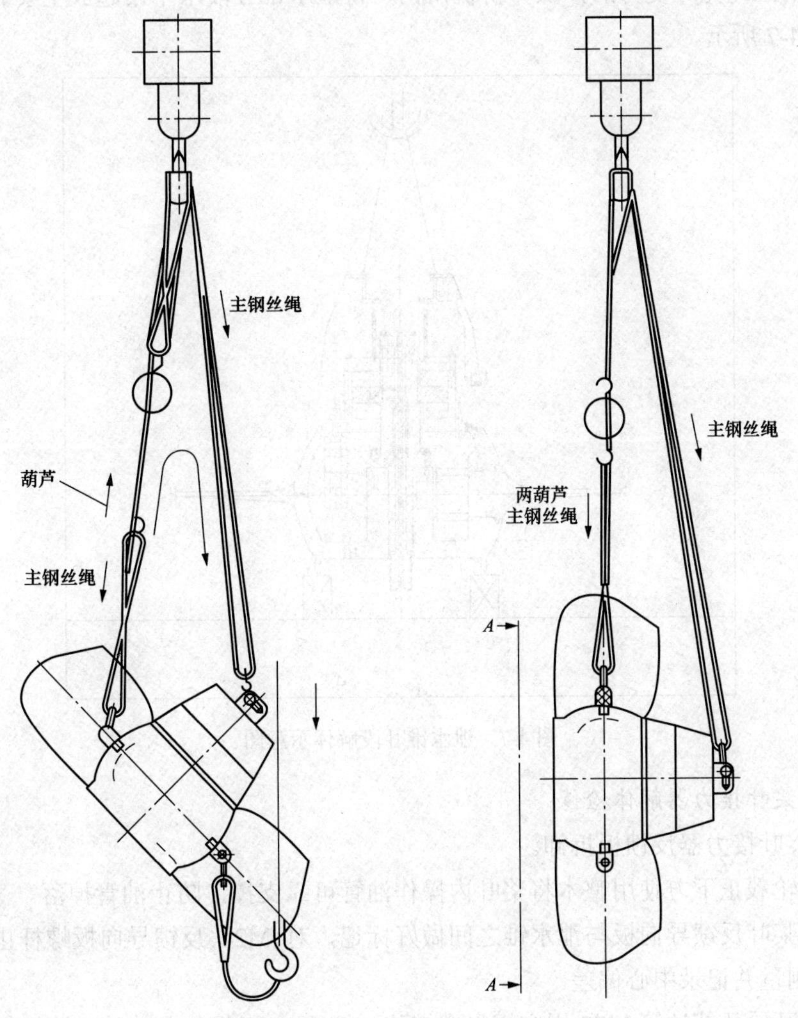

图4-6　转轮翻身示意图

（一）检修安全措施

（1）调整好水轮机转轮水平后，用角钢将3个专用支墩连接在一起，增加转轮支撑的稳定性。

（2）拆装水轮机桨叶必须采取对称拆装的方法，以防水轮机轮毂发生倾斜。

（3）吊装桨叶时，必须采用 3 点水平吊装专用工具进行，且 3 吊点必须装设限位钢丝绳，防止在起吊、装配过程中发生侧翻和滑脱。

（二）泄水锥Ⅱ段解体

（1）利用气割割除泄水锥Ⅱ段上的弧形护板焊缝，将护板内填料清除干净，割除泄水锥Ⅱ段与轮毂连接螺栓止动块。

（2）全部拆除泄水锥Ⅱ段与轮毂连接螺栓，用桥机将泄水锥Ⅱ段按 4 个点挂起，配合顶丝对称顶开泄水锥Ⅱ段与轮毂组合面止口。通过手拉葫芦调整泄水锥Ⅱ段的水平和受力，待钢丝绳充分受力后，操作桥机吊钩，将泄水锥Ⅱ段水平吊起放至安装场指定位置，如图 4-7 所示。

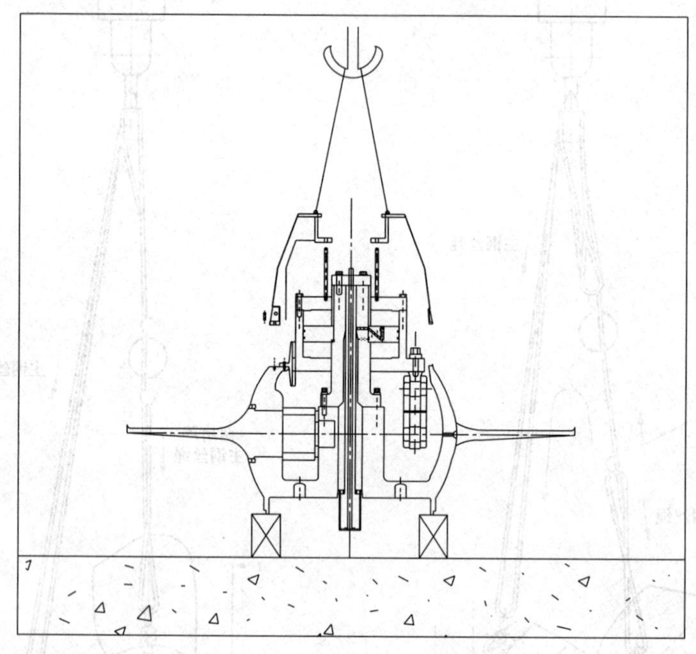

图 4-7　泄水锥Ⅱ段解体示意图

（三）桨叶接力器解体检修

（1）桨叶接力器反馈板拆卸。

1）在轮毂正下方使用整木将桨叶内操作油管可靠支撑，防止油管掉落。

2）在桨叶反馈导向板与泄水锥之间做好标记，对 M24 反馈导向板螺杆止动螺栓进行编号，测量并记录中心偏差。

3）松开轮毂补油管 M72 固定螺母锁锭片，卸下 M72 螺母及垫片，注意做好防止损伤油管螺纹和法兰面安全措施，油管底部用枕木垫好固定。

4）松开 M24 止动螺栓止动垫片，松开螺母，用 2 个 M12 吊环将导向板水平吊出，然后分别拆除导向杆用白布包好放于指定地点。

（2）桨叶接力器与桨叶拐臂连接螺栓拆卸。

1）在桨叶接力器活塞杆的下部对称方向各安装一台 16t 千斤顶，将桨叶接力器支撑牢固，如图 4-8 所示。

2）用专用液压扳手分别松开接力器耳柄螺栓 M100，桨叶接力器与桨叶分离。

3）对桨叶接力器与桨叶拐臂连接螺栓间的调整垫片做好标记，不得混放。

（3）桨叶接力器油缸拆卸。

1）解体桨叶接力器工序：油缸套筒压板→拆卸接力器油缸盖→拆卸接力器套筒→拆卸接力器活塞→活塞定位销→松开桨叶接力器耳柄螺栓 M100→拆卸接力器油缸体→油缸导向座。

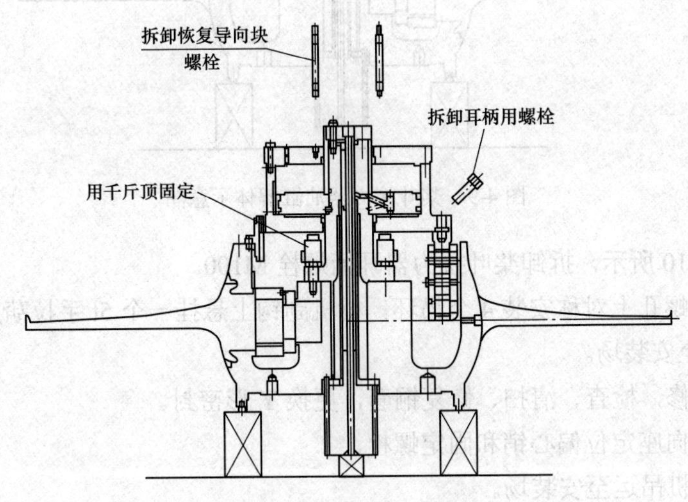

图 4-8　桨叶接力器千斤顶固定示意图

2）拆卸油缸套筒压板固定螺栓，安装吊耳，用桥机吊运至安装场。

3）拆卸接力器油缸缸盖。

a．用扁铲松开接力器缸盖 M56 螺栓的锁锭垫片，松开接力器缸盖的 M56 螺栓。

b．在接力器缸盖上安装 4 个 M24 吊环，用桥机副钩将接力器缸盖吊起使钢丝绳充分受力，借用铜棒震开接力器缸盖，然后缓慢吊出桨叶接力器缸盖。

4）拆卸油缸活塞杆套筒。在活塞套筒顶部对称圆周方向安装两个 M12 吊环，在桥机副钩上悬挂一个 2t 手拉葫芦，葫芦下端用钢丝绳分别挂在吊环上，借用铜棒，缓慢拆出桨叶接力器活塞杆定位套筒，检查清扫，更换 O 形密封。

5）拆卸油缸活塞。

a．如图 4-9 所示，在活塞环上安装 4 个 M30 吊环，桥机副钩上悬挂一个 5t 手拉葫芦，调整水平，利用铜棒拆下桨叶接力器活塞。

b．拆卸过程中注意保护活塞环和定位销，用金相砂纸或毛毡抛光片修磨受到损伤的活塞杆及活塞环。

c．检查活塞密封环，如有损伤进行更换，在活塞上抹好透平油后用白布将活塞包好放平。

6）拆卸油缸及导向座。

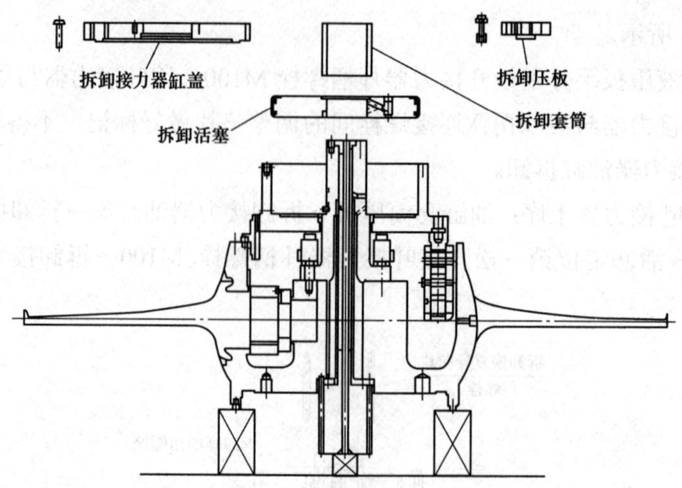

图 4-9 桨叶接力器油缸解体示意图

a．如图 4-10 所示，拆卸桨叶接力器耳柄螺栓 M100。

b．在油缸螺孔上对称安装 4 个吊环，桥机副钩上悬挂一个 5t 手拉葫芦，调整水平，均匀提升吊运至安装场。

c．油缸检修，检查、清扫、修复铜套，更换 Y 形密封。

d．取下导向座定位偏心销和固定螺栓。

e．使用桥机吊运至安装场。

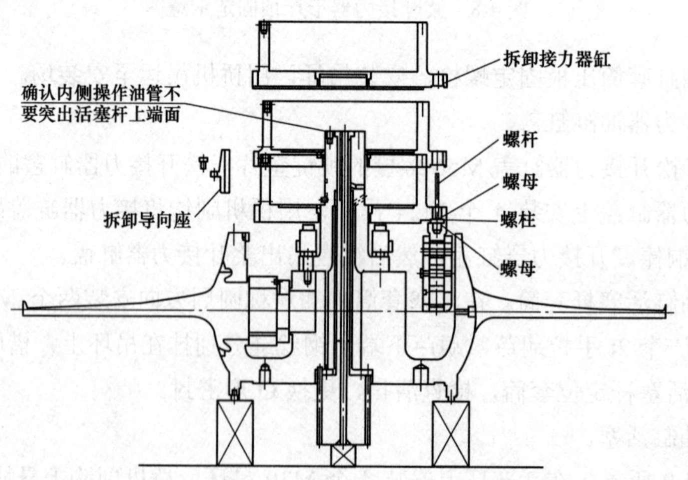

图 4-10 桨叶接力器油缸与导向座解体示意图

（四）桨叶解体

（1）松开桨叶叶柄根部吊装孔，安装 M50 吊耳。

（2）用 3 点水平吊装专用工具吊装桨叶叶片，待桨叶挂装受力后，拆卸桨叶限位卡环，如图 4-11 所示。

（3）在桨叶接力器活塞杆顶部安装一个 150mm×100mm×6t T 形工字钢专用工具，

工字钢用 M36 螺杆固定，并在工字钢专用工具上安装 M16 吊环、螺母及垫片，如图 4-12 所示。

（4）分别对桨叶推力卡环、桨叶拐臂及连杆进行编号。

（5）在工字钢的吊环上安装两个 2t 手拉葫芦，其中一个葫芦与桨叶拐臂连接，另一个手拉葫芦与桨叶连杆连接，调节两个手拉葫芦使桨叶转臂处于水平位置。

（6）在桨叶限位卡环位置安装分离式液压千斤顶，将桨叶缓慢顶出。同时桥机配合向外侧移动，直到桨叶与拐臂及轮毂完全分离，然后将桨叶平放于指定地点，做好桨叶叶柄轴颈保护措施，如图 4-13 所示。

（7）用桥机将桨叶拐臂及连杆吊出放于指定地点。

（8）以同样的方法拆卸其他桨叶。为防止桨叶拆卸过程中转轮倾倒，拆卸桨叶时应对称进行，同时在未拆桨叶下用千斤顶做好临时支撑。

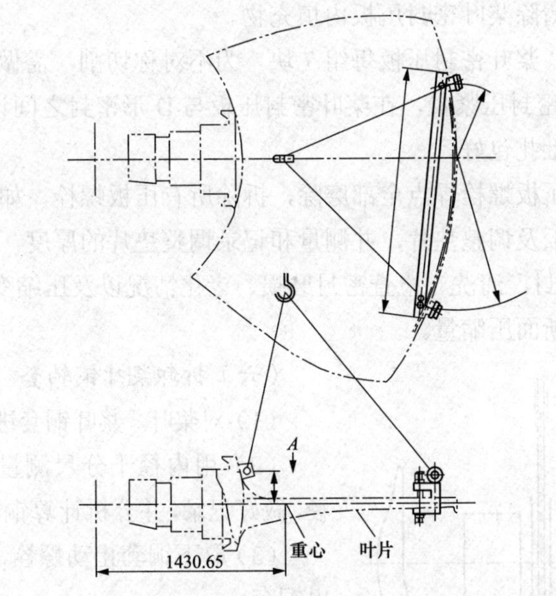

图 4-11　桨叶解体专用吊具安装示意图（单位：mm）

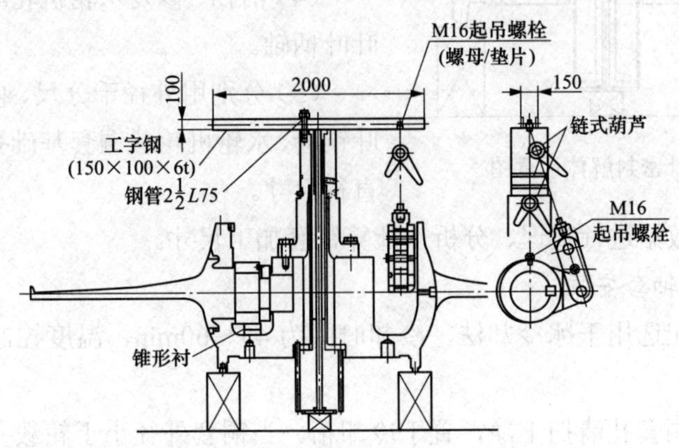

图 4-12　T 形工字钢专用工具安装图（单位：mm）

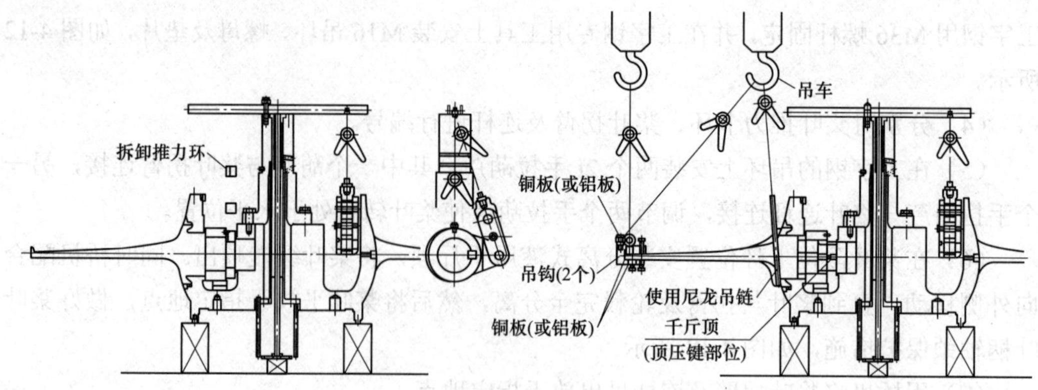

图 4-13　桨叶解体示意图

（五）桨叶密封解体

（1）用机械方法清除桨叶密封压板内填充物。

（2）为便于检修，桨叶密封压板每组 7 块，为不对称切割，需做好记录、编号。

（3）为保证 D 形密封压紧量，在桨叶密封压板与 D 形密封之间设有不锈钢调节垫，拆卸时需分组测量，捆扎包好。

（4）用直磨机将压板螺栓焊点全部磨除，拆除所有压板螺栓，如图 4-14 所示。

（5）拆卸桨叶压板及调整垫片，并测量和记录调整垫片的厚度，分组包好。

（6）取出 D 形密封，清洗、检查密封磨损、老化情况以及压缩变形值，记录密封的几何尺寸，计算密封断面压缩量。

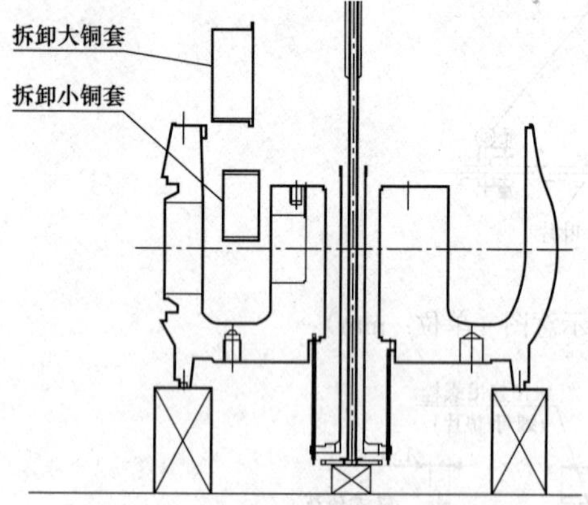

图 4-14　桨叶密封解体示意图

（六）拆卸桨叶铜轴套

（1）对桨叶、桨叶铜套进行编号并做好记录。

（2）用内径千分尺测量轮毂桨叶轴套孔内径，做好记录，并分析计算铜套的磨损量及方位。

（3）取下铜套止动螺栓，用专用工具分别拉出铜套。

（4）清扫、修复水轮机轮毂铜套基础孔和桨叶叶柄轴。

（5）分别用外径千分尺、内径千分尺测量桨叶铜套、水轮机轮毂铜套基础孔和桨叶叶柄轴颈直径尺寸。

（6）对以上数据进行整理、分析，计算铜套加工尺寸。

（七）桨叶铜轴套安装

（1）铜套装配选用干冰冷却法，冷却时间为 45～60min，温度控制在－60～－80℃之间。

（2）将轮毂铜套孔清扫干净，置于冷却箱。当铜套外径小于轮毂孔径并有间隙余量时，用专用吊具按编号分别将铜套吊起对正套入基孔，并采用千斤顶加外力压住铜套，如图 4-15 所示，保证铜套止口与基孔面接触良好。

（3）当铜套恢复常温后，复测铜套尺寸。

（4）验收合格后，用磁性电钻钻止动螺栓孔定位，攻丝装配止动螺栓。

（5）安装好定位螺栓后打样冲眼止动。

（6）常温下复测铜套装配后数据。

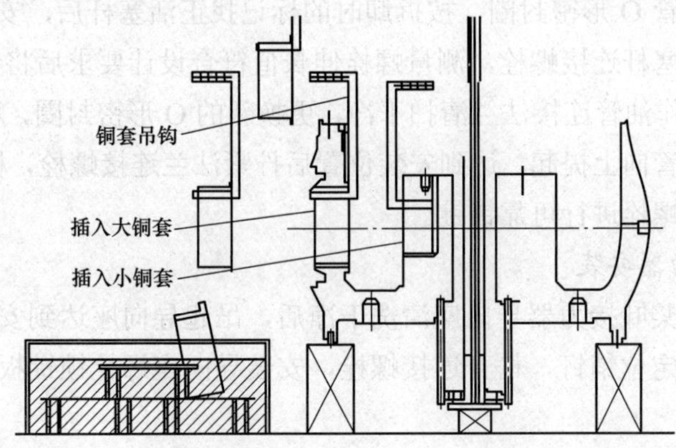

图 4-15　桨叶铜轴套安装示意图

（八）桨叶安装

（1）吊入桨叶拐臂，找正固定。

（2）吊入桨叶叶柄组装。

（3）安装、测量桨叶止动卡环间隙。

（4）在活塞杆顶部安装转臂工字钢专用吊装工具，工字钢的方向应与待安装的桨叶方向一致，用桥机吊起桨叶拐臂及连杆，达到安装位置后在工字钢上挂手拉葫芦将拐臂及连杆吊起，找正、微调拐臂孔后垫好枕木，以便于桨叶安装。

（5）对正拐臂键位置后缓慢推入桨叶叶柄，当桨叶与 D 形密封接触后，利用葫芦水平拉紧，直至桨叶安装到位，如图 4-16 所示。

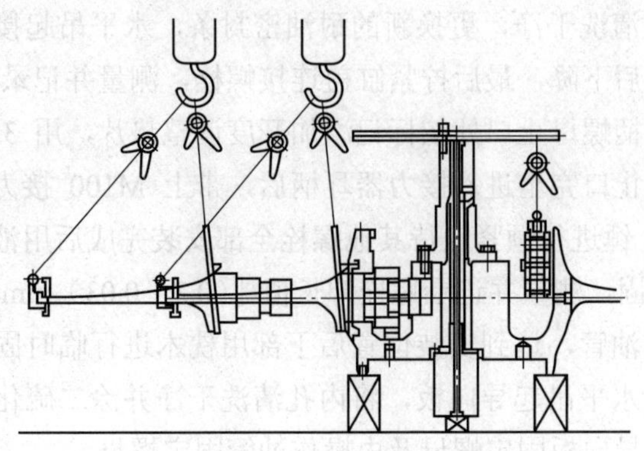

图 4-16　桨叶安装示意图

（6）安装桨叶固定卡环，测量并记录转臂及卡环各配合间隙，点焊分瓣螺栓锁锭块，并重新刷耐油漆。

（九）活塞杆及中间操作油管安装

（1）用楔子板调整转轮体水平度，并用方框水平仪进行测量，使转轮体与活塞杆连接法兰面水平度不超过 0.05mm/m。

（2）利用桥机副钩将活塞杆吊起，将活塞杆的内、外表面及连接法兰清洗干净，更换新的中间操作油管 O 形密封圈，按拆卸时的标记找正活塞杆后，安装活塞杆连接螺栓及锁锭片，拧紧活塞杆连接螺栓，测量螺栓伸长值符合设计要求后将锁锭片锁死。

（3）将中间操作油管连接法兰清扫干净，更换新的 O 形密封圈，利用 M20 长螺杆均匀地将中间操作油管向上提起，达到安装位置后拧紧法兰连接螺栓，检查法兰面无间隙，然后用錾子将法兰螺栓进行可靠锁锭。

（十）桨叶接力器安装

（1）按标记将桨叶接力器导向座清洗干净后，吊起导向座达到安装位置后带好连接螺栓，安装导向座定位销钉，松开连接螺栓，安装导向座螺栓锁锭板后拧紧连接螺栓并点焊螺栓锁锭块。

（2）将桨叶接力器油缸清洗干净并更换新的 Y 形密封圈及密封条，在活塞杆上应涂干净透平油进行润滑，挂 10t 手拉葫芦吊起接力器缸，达到安装位置并找正后缓慢下降手拉葫芦，直到接力器缸完全就位，用两个 16t 千斤顶支撑在接力器缸下方进行临时固定。

（3）将活塞清洗干净，更换活塞杆与活塞的 O 形密封圈，水平吊起活塞，在接力器缸内壁均匀地涂敷透平油进行润滑，活塞达到安装位置后对正定位销钉孔，缓慢下降手拉葫芦，同时检查活塞密封环无变形，必要时可采用抱箍配合安装，直到活塞完全就位。

（4）将活塞套筒清洗干净并更换 O 形密封圈，水平吊起套筒，移动桥机达到安装位置后缓慢下降 2t 手拉葫芦，直到套筒完全就位。

（5）清洗干净活塞压盖并更换新的 Y 形密封及 O 形密封圈，在密封圈上涂抹二硫化钼进行润滑，吊起压盖对正后下降，就位后拧紧压盖螺栓，测量并记录螺栓伸长值，用錾子将螺栓可靠锁锭。

（6）接力器缸盖清洗干净，更换新的耐油密封条，水平吊起接力器缸盖，移动桥机达到安装位置并对正后下降，最后拧紧缸盖连接螺栓，测量并记录螺栓伸长值。

（7）在接力器耳柄螺母止口处按标记添加开度调整垫片，用 3.2t 千斤顶分别调整桨叶开度，当耳柄螺母止口完全进入接力器耳柄后，带上 M100 接力器耳柄螺栓并用 10P（磅）大锤轻敲 2～3 锤进行预紧，待其他螺栓全部安装完成后用液压螺栓专用紧固工具对 M100 螺栓进行紧固，测量并记录螺栓伸长值［（0.3±0.03）mm］。

（8）提升内操作油管，达到安装位置后下部用枕木进行临时固定，按标记安装桨叶导向板的固定螺杆，水平吊起导向板，将内孔清洗干净并涂二硫化钼润滑脂，对正后下降导向板，临时拧紧导向板固定螺母及内操作油管固定螺母。

（十一）桨叶接力器动作与耐压试验

（1）按试验要求安装接力器试验工具、油管及试压泵。

（2）桨叶接力器动作试验。使用 0.3～0.4MPa 低压空气反复操作桨叶接力器全开至全关，检查接力器动作灵活性。

（3）桨叶接力器耐压试验。用高压试压泵将接力器油缸压力升至 7.5MPa，耐压 30min 后，检查无渗漏现象。

（4）接力器活塞泄漏试验。桨叶接力器开启腔、关闭腔分别在 6.4MPa 压力下耐压 1min，漏油量应小于 30L/min。

（十二）泄水锥安装与轮毂渗漏试验

（1）用枕木垫好内操作油管，松开内操作油管固定螺母及导向板固定螺母，吊起导向板并放于指定位置。

（2）清扫干净转轮体与泄水锥连接法兰并粘好ϕ6.4 耐油橡胶条，吊起泄水锥Ⅰ段并将其法兰及内部清洗干净，移动桥机达到安装位置并找正后下降，先用不装 O 形密封圈的螺栓将泄水锥拧紧到位后，松开螺栓安装 O 形密封圈，在密封圈上涂抹二硫化钼润滑脂，最后拧紧所有泄水锥连接螺栓。

（3）清扫干净泄水锥Ⅰ段、Ⅱ段连接法兰并粘好ϕ4.8 耐油橡胶条，吊起泄水锥Ⅱ段并将其法兰及内部清洗干净，移动桥机达到安装位置并找正后下降，拧紧所有泄水锥Ⅰ段、Ⅱ段连接螺栓。

（4）将泄水锥Ⅱ段上部法兰清洗干净并粘好ϕ4.8 耐油橡胶条，将转轮体试压法兰水平吊起并清扫干净，移动桥机到达安装位置后下降，然后拧紧所有连接螺栓。

（5）轮毂渗漏试验在安装场进行。安装试压油管后，对转轮体进行整体试压，试验压力为 0.35MPa，耐压 12h 无渗漏，如图 4-17 所示。

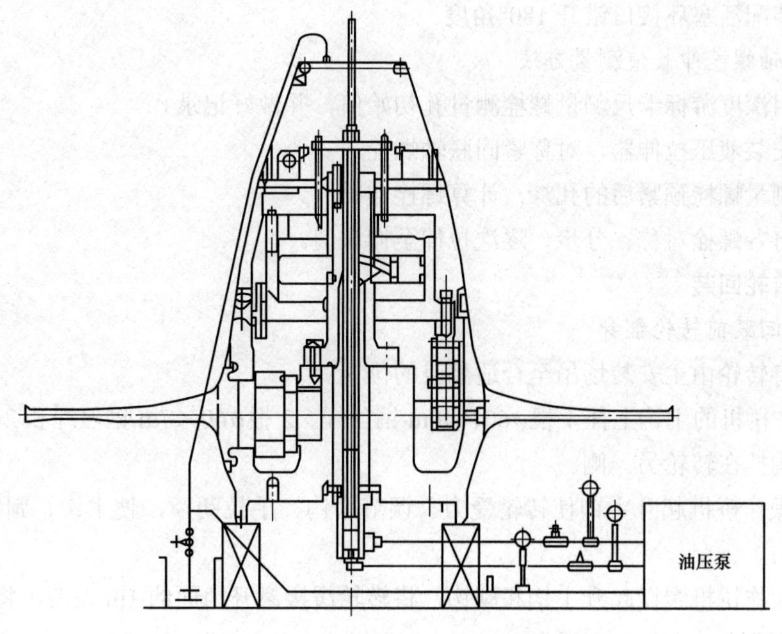

图 4-17　轮毂渗漏试验示意图

（6）试验合格后，排掉转轮内试验用油，拆卸试验用品及泄水锥Ⅱ段，安装吊具。

（7）进行卸水锥Ⅰ段螺栓焊接止动块、灌浆、密封板焊接。

（十三）转轮解体检修其他工作

1. 桨叶铜套更换

轮毂基孔清扫验收后复测铜套配合数据，利用干冰冷却至－60～－80℃，恒温1h后进行装配。使用干冰数量为150kg。

2. 桨叶D形密封安装

（1）每个桨叶设两道D形密封，调整板压紧量为2%～3%，径向压缩量为3%～10%。

（2）D形密封不得有气孔、渣孔、裂纹及其他损伤缺陷，装配D形密封时涂敷透平油。

（3）调整压紧量装D-PKG密封，用样板检查验收密封压板与轮毂的弧度。

（4）拧紧密封压板螺栓，点焊以防松动，然后用克赛新 TS111 填补剂将螺栓孔填平。

3. 桨叶接力器检查与修复

（1）桨叶接力器解体检查项目有活塞杆、活塞缸是否存在明显划痕，活塞环毛刺情况，桨叶接力器铜轴套偏磨现象和密封件磨损情况。

（2）桨叶接力器检修：用油石对活塞杆、活塞缸划痕、活塞环毛刺进行表面过渡、抛光性处理。按要求更换Y形密封，注意Y形密封方向不能装反。

（3）装配活塞环接口错开180°角度。

4. 主轴螺栓伸长值测量方法

（1）用深度游标卡尺测量螺栓测量孔初始值，并做好记录。

（2）安装液压拉伸器，对称紧固联轴螺栓。

（3）测量螺栓预紧后的孔深，计算螺栓伸长值。

（4）将各螺栓对称、分步、逐次拉伸至伸长值。

三、转轮回装

（一）回装前转轮翻身

（1）将转轮由主安装场吊至合适翻身的位置。

（2）在桥机的主钩上挂1根$\phi60\times40$m钢丝绳、2根$\phi60\times7$m钢丝绳和2个40t手拉葫芦，副钩挂在转轮另一侧。

（3）操作桥机起升主钩使转轮受力。调节副钩、手拉葫芦，使主钩、副钩和手拉葫芦荷载均匀。

（4）操作桥机缓慢起升主钩和副钩，将转轮缓慢离开地面约1m左右，将副钩脱开，转轮呈30°倾斜，如图4-18所示。

（5）在副钩上挂滑轮组，用于缓慢提升转轮。先用副钩缓慢提升转轮后，将手拉葫芦拉紧。反复进行上述调节过程，直至转轮完全翻身成垂直状态，如图 4-19 所示。

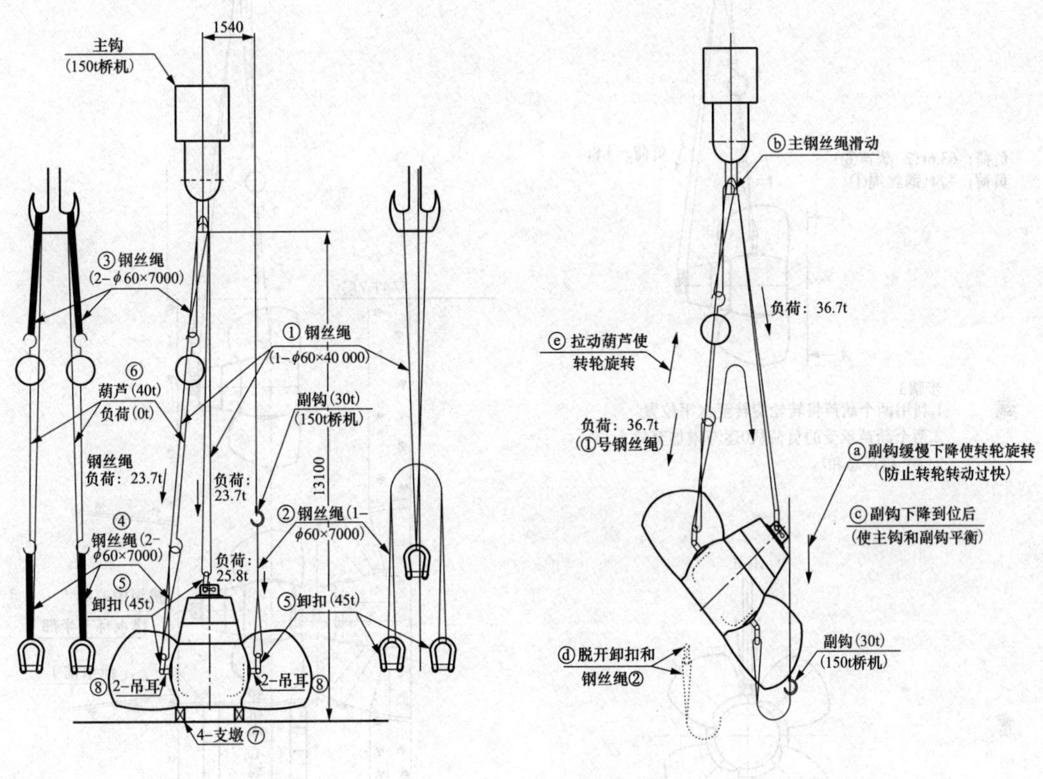

步骤 1

1.将钢丝绳①和钢丝绳②连接到转轮上，2个葫芦⑥不受力。

2.主钩将转轮缓慢吊起，副钩保持转轮垂直。

步骤2

1.将副钩缓慢放松。

2.钢丝绳①在主钩上滑动。

3.当副钩不受力之后，脱开卸扣和钢丝绳②。

4.在这一步骤中葫芦起到保持平衡的作用。此过程中葫芦受力几乎为零。

图 4-18　转轮翻身图 1（单位：mm）

（6）用桥机将翻身后的转轮吊入机坑，做好与主轴连接工作。

（二）转轮与主轴连接

（1）安装转轮导向螺栓，如图 4-20 所示。

（2）操作桥机小车向上游移动，直到转轮与主轴连接法兰相距约 600mm 停止。

（3）用两个 5t 的千斤顶保护在两连接法兰面之间。安装内操作油管和中间操作油管。

（4）操作油管连接好以后，继续操作桥机小车向上游移动，直到两法兰面接触停止。在上述过程中，应经常检查法兰面密封圈是否脱落、出槽。

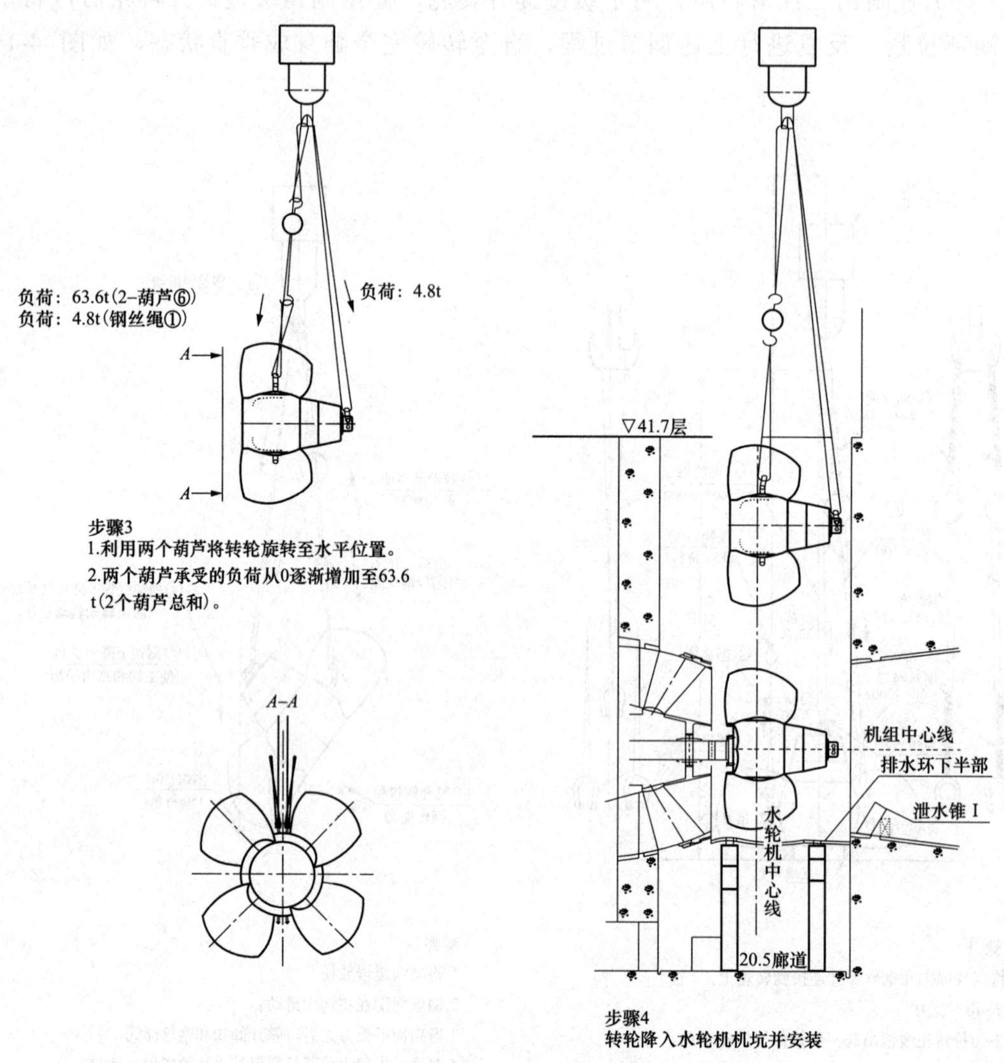

图 4-19　转轮翻身图 2

（5）两法兰接触后，对称安装所有螺栓，用塞尺检查两法兰面之间应无间隙。

（6）安装偏心销和偏心销套。

（7）使用液压扳手，按图 4-21 所示的顺序先将所有螺栓拧紧至设计扭矩值的 50%，再按原顺序拧紧至设计扭矩值的 100%。

（8）拆除转轮吊装工具。

（9）拆除泄水锥端盖吊具，安装泄水锥和端盖。

四、专用工器具与备品备件

在水轮机转轮检修工作中，应准备的检修专用工器具及备品备件如表 4-8 和表 4-9 所示。

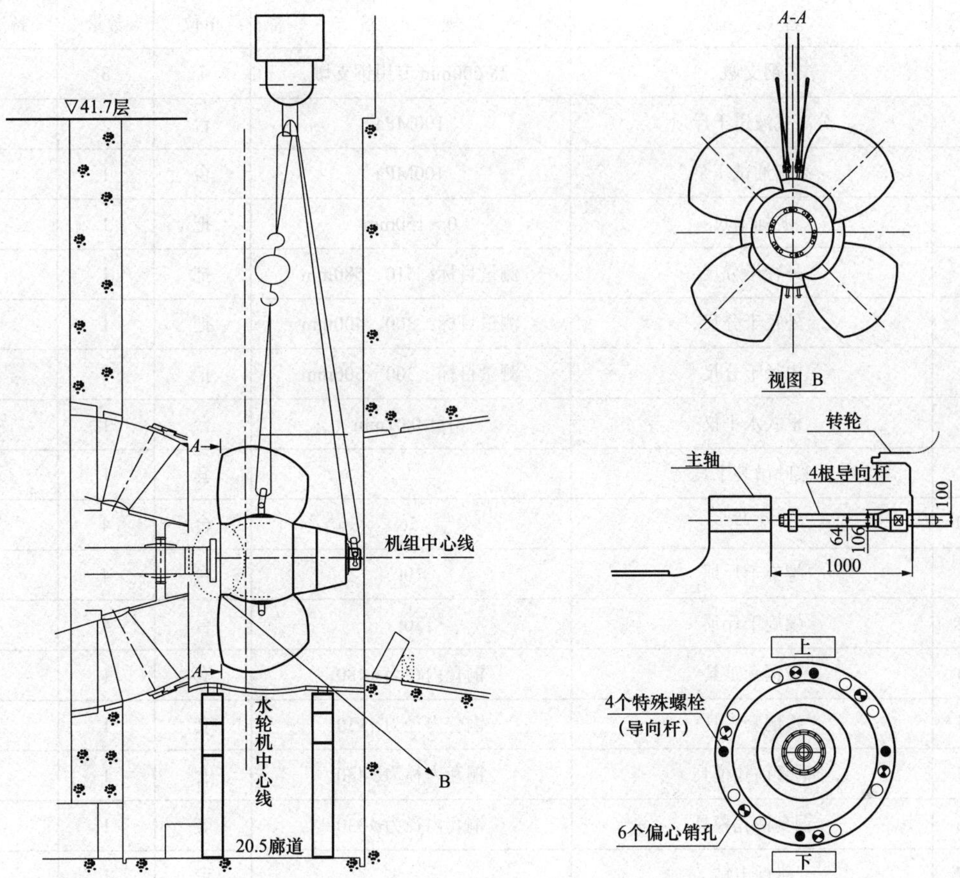

▽41.7层
A
A
机组中心线
水轮机中心线
B
20.5廊道
A-A
视图 B
转轮
主轴
4根导向杆
100
64
106
1000
上
4个特殊螺栓
（导向杆）
6个偏心销孔
下

图 4-20　转轮导向螺栓安装图

主轴螺栓
L
L
910
160
O形密封圈
偏心销
L-L
6-腰板
偏心销 6-φ130×115mm
偏心套 6-φ140×115mm
1
2
3
4
5
6
7
8
9
10
11
12
主轴螺栓及锁定块
12-M100×6

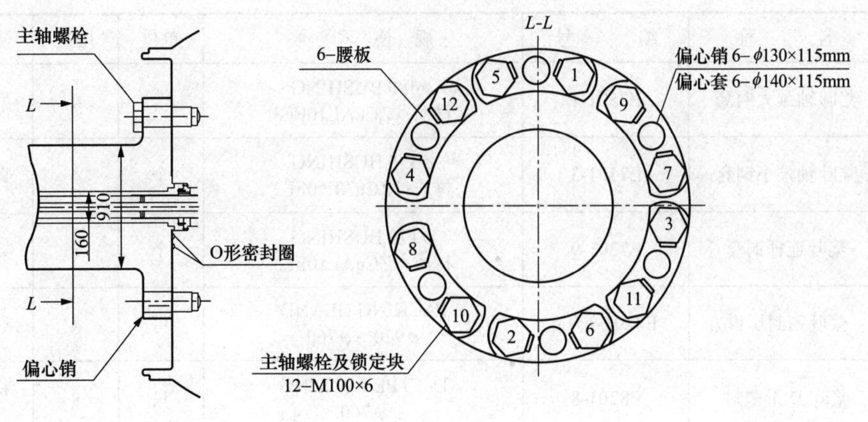

图 4-21　螺栓紧固顺序图

表 4-8　　转轮检修专用工器具清单

序号	名　　称	规　　格	单位	数量	备注
1	钢支墩	高 600mm 专用钢支墩	个	3	
2	分离式液压千斤顶	100MPa	台	2	
3	高压油试压泵	100MPa	台	1	
4	游标卡尺	0～150mm	把	1	
5	外径千分尺	测量目标：510、580mm	把	1	
6	外径千分尺	测量目标：300、400mm	把	1	
7	内径千分尺	测量目标：300～500mm	把	1	
8	框式水平仪	精度 0.02mm	台	1	
9	桨叶吊装工具		套	1	
10	葫芦	5t	台	4	
11	螺旋千斤顶	10t	台	4	
12	螺旋千斤顶	20t	台	4	
13	拔铜套工具	铜套内径为$\phi 480$	套	1	
14	拔铜套工具	铜套内径为$\phi 330$	套	1	
15	铜套钻孔模具	铜套内径为$\phi 480$	套	1	
16	铜套钻孔模具	铜套内径为$\phi 330$	套	1	
17	磁性电钻		台	1	
18	D 形密封维修模具		套	1	

表 4-9　　转轮检修备品备件清单

序号	名　　称	编　　号	规 格 型 号	单位	用量	使用部位
1	桨叶轴颈大铜套	E7501-1	$\phi 480$ BUSHING 材质：ZCuAL10FE3	个	4	桨叶轴套
2	桨叶轴颈小铜套	E7501-3	$\phi 330$ BUSHING 材质：ZCuAL10FE3	个	4	桨叶轴套
3	桨叶连杆铜套	E7201-9	$\phi 170$ BUSHING 材质：ZCuAL10FE3	个	8	桨叶轴套
4	桨叶密封压板	E8201-1～7	PACKING GLAND $\phi 920 \sim \phi 760$	付	4	密封压板
5	桨叶 D 形密封	E8201-8	D-TYPE PACKING $\phi 760$	只	8	桨叶 D 形密封
6	调节板	E8201-9	ADJUSTING PLATE $\phi 760$ $\delta=3$	只	8	桨叶密封调整垫

续表

序号	名　　称	编　　号	规 格 型 号	单位	用量	使用部位
7	调节板	E8201-10	ADJUSTING PLATE $\phi760$ δ=1	只	8	桨叶密封调整垫
8	调整垫片	E8201-11	ADJUSTING SHIM $\phi760$ δ=0.5	只	8	桨叶密封调整垫
9	调整垫片	E8201-12	ADJUSTING SHIM $\phi760$ δ=0.2	只	8	桨叶密封调整垫
10	调整垫片	E8201-13	ADJUSTING SHIM $\phi760$ δ=0.1	只	8	桨叶密封调整垫
11	内六角螺栓	E8201-14	HEX.SOCKET HEAD BOLT M20L35M	个	96	桨叶密封
12	克赛新	E8201-15	TS111	kg	10	
13	Y-PKG 密封圈	E3101-4	SKY-100（Y-SHAPE LIP SEAL PACKING）	只	2	主轴油管
14	Y-PKG 密封圈	E3201-4、E4201-4	SKY-460（Y-SHAPE LIP SEAL PACKING）	只	4	桨叶接力器Y 形密封
15	O 形密封条		ϕ3.2 ROUND RUBBER GASTET	m	100	
16	O 形密封条		ϕ4.8 ROUND RUBBER GASTET	m	100	
17	O 形密封条		ϕ6.4 ROUND RUBBER GASTET	m	200	
18	O 形密封条		ϕ8.5 ROUND RUBBER GASTET	m	200	
19	O 形密封条		ϕ9.5 ROUND RUBBER GASTET	m	300	
20	O 形密封条		ϕ10 ROUND RUBBER GASTET	m	300	
21	O 形密封条		ϕ10.5 ROUND RUBBER GASTET	m		
22	泄水锥弧形密封护板			套	1	

［例 4-2］　枢轴＋传动链传动转轮结构

某电站转轮直径为 6300mm，转轮总重约 70t，转轮由 4 片桨叶、轮毂、泄水锥、桨叶操作机构和桨叶密封装置等组成，如图 4-22 所示。桨叶接力器的操作采用活塞不动而活塞缸作直线往复运动的结构，活塞由一个锁紧螺帽固定于活塞杆上，活塞与活塞杆间用平键连接，以防活塞产生周向滑移。活塞上设有两道密封环，防止接力器开启腔、关闭腔串油。桨叶开度反馈由 6 根固定于缸体上的螺杆及反馈板带动轮毂供油管随活塞作直线往复运动，从而使桨叶开度位置信号经反馈变送器送到调速器，在受油器上游端设有桨叶开度指示。

这种转轮结构的特点是转轮吊出前，必须在转轮室将桨叶拆除，轮毂的渗漏试验在转轮室完成。

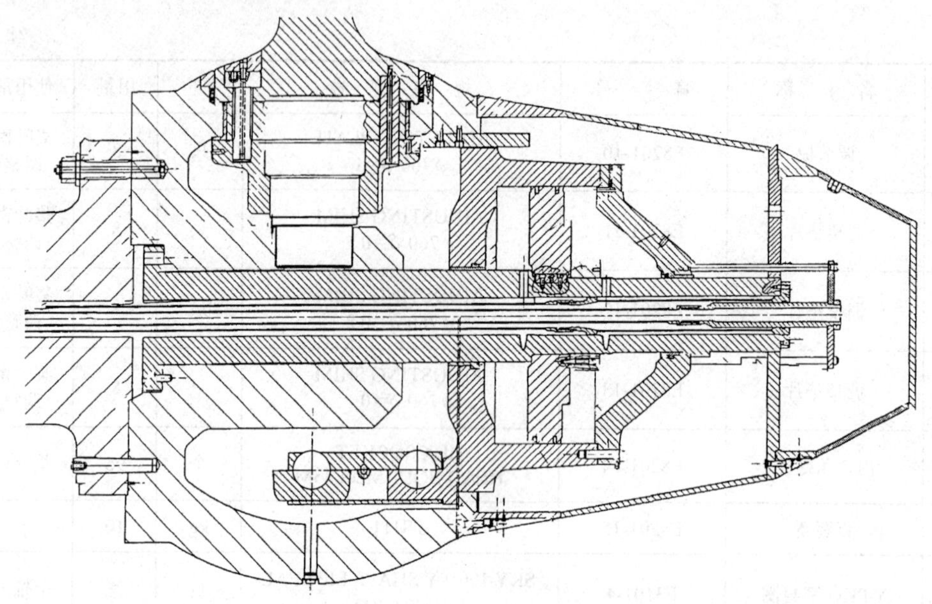

图 4-22　枢轴＋传动链传动转轮结构图

一、水轮机转轮拆卸

（一）转轮拆卸组织措施

参考［例 4-1］（一）。

（二）转轮拆卸安全措施

参考［例 4-1］（二）。

（三）转轮拆卸前准备工作

参考［例 4-1］（三）。

（四）转轮拆卸

1. 泄水锥Ⅰ段拆卸

（1）操作桨叶全关，在泄水锥Ⅰ段上方尾水管上焊接 1 个吊耳，在泄水锥Ⅰ段上焊接 3 个吊耳，悬挂 1 个 3t×6m 手拉葫芦。

（2）清理干净泄水锥Ⅰ段螺孔内填充物，使用内六角扳手取出泄水锥Ⅰ段连接螺栓。

（3）使用手拉葫芦将泄水锥Ⅰ段放下，落在尾水管内，并固定好。

2. 操作油管拆除

（1）拆油管前，拆除影响管道拆卸的设备。

（2）对于螺纹连接的管道，应分清楚螺栓连接的方向。第一次拆除时，应防止旋反方向越旋越紧。

（3）螺纹为反丝时，使用链条钳，顺时针方向拆出操作油管，做好丝口保护措施。

3. 桨叶拆卸

（1）操作调速器将桨叶全关，清理干净桨叶密封压板螺孔内的填充物，拆除全部压板固定螺栓，取出大部分密封压板。

（2）操作调速器将桨叶全开，取出剩余桨叶密封压板后再次全关桨叶。

（3）把流道内搭设的脚手架延伸到上部桨叶位置，在轮毂上焊接 4 个盘车吊耳，在转轮室中部安装吊耳，挂上 5t 手拉葫芦。

（4）拆除桨叶连接螺栓上部的马蹄铁，使用螺栓加热器对称拆除全部桨叶连接螺栓。

（5）在主厂房桥机副钩上挂 4 根吊带，安装桨叶吊装专用工器具。

（6）为防止桨叶定位销憋劲，在副钩上挂 10t 手拉葫芦作为桨叶主吊点。

（7）操作主厂房桥机，将副钩点动上升，待钢丝绳受力后手动调整葫芦受力，使桨叶与轮毂平稳脱离，检查各部件无异常后进行起吊。

（8）起吊过程中，密切监视葫芦的受力和副钩的荷重情况，用千斤顶作为辅助工具将桨叶拔出。

（9）桨叶与轮毂彻底分离后，将桨叶吊运至安装场，摆放在枕木上，松开桨叶定位销固定螺栓，拆下桨叶定位销，做好记号后放入指定地点。

（10）利用盘车方式对称拆除 4 片桨叶。利用焊接在轮毂上的吊耳和手拉葫芦进行盘车，第一片桨叶拆除后，盘车转动轮毂，拆除对称侧的桨叶，然后依次拆除全部桨叶。

4. 轮毂吊出

（1）安装轮毂起吊专用吊具，如图 4-23 所示。用 3 个桨叶连接螺栓将吊具与转轮轮毂把合，在厂房桥机主钩上挂 1 根环形钢丝绳（整圈环形）；在主钩上另挂两根钢丝绳（双联），在泄水锥Ⅱ段吊装孔上安装 2 个吊耳；用 2 个链条葫芦与主钩钢丝绳连接，调整好钢丝绳受力。

图 4-23 轮毂吊装图

（2）拆去主轴连接螺栓锁定片和每个螺栓加热孔的堵头，清理干净螺栓上锈渣，再用压缩空气吹扫干净。

（3）拆下 6 个主轴连接法兰定位销钉压板，用专用拔销工具拔出销钉，用钢字码做好标记与记录，回装时销钉不得互换。

（4）联轴螺栓拆卸前，让主钩受力。

（5）采用对称加热拉伸螺栓的方法拆除螺栓，把加热棒插入主轴连接螺栓加热孔内，对螺栓进行加热拉伸，加热时间为 10min，用百分表测量拉伸值约为 0.15mm 时，用铁锤敲击螺母是否松动，否则继续加热拉伸直至松动。拆除螺栓时必须先断开加热器电源并拔出加热器，再松开连接螺栓。

（6）按先单数再双数的顺序拆除螺栓，在拆卸时注意主钩与吊具受力情况，发现异常立即停止，并将螺栓装回。

（7）松联轴螺栓时应监视轮毂与主轴法兰组合缝的间隙，根据情况及时通过葫芦进行调整。

（8）若全部螺栓松开后组合缝仍没有间隙，可在主轴法兰上安装 3 个顶丝将轮毂顶开。

（9）轮毂与主轴法兰脱开后，操作桥机向下游移动。

（10）在轮毂前后左右 4 个方向各拴挂 1 根拉旗绳，人为将轮毂方向旋转 90º，调整绳索使轮毂处于静止状态，然后缓慢起升主钩，将轮毂吊运至安装场指定位置。

5. 水轮机转轮翻身

（1）将轮毂吊至安装场后放置在枕木上，轮毂两侧用枕木固定好，在泄水锥Ⅱ段法兰处安装专用翻身工具，将主钩钢丝绳挂至翻身工具吊耳上。

（2）在轮毂安装法兰面方向铺垫枕木，使枕木呈斜坡状态，便于翻身时轮毂支撑受力。

（3）缓慢起升主钩，轮毂由卧式向立式方向翻转落到枕木上，同时大车配合，使钢丝绳保持垂直状态。

（4）待轮毂翻身成立式状态后，将轮毂吊运放至指定地点摆放。

（5）轮毂在地面放置平稳后，进行轮毂内部设备拆卸工作，拆卸完成后，将轮毂吊起，放置在钢支墩上，并用铜垫调整水平。

二、转轮检修

（一）泄水锥Ⅱ段拆除

为方便轮毂解体，需先拆除泄水锥Ⅱ段。

（1）拆除泄水锥Ⅱ段端盖与轮毂连接螺栓。

（2）使用吊耳吊出泄水锥Ⅱ段，摆放到指定地点。

（二）桨叶接力器解体

（1）在桨叶接力器缸体底部用 4 个千斤顶将缸体顶起。

（2）敲开桨叶接力器油缸螺栓的锁定片，松开桨叶接力器油缸端盖螺栓，将端盖吊出摆放到指定地点。

（3）测量锁定螺母与活塞端面距离，测量锁紧螺母外露丝扣长度，做好记录，便于回装。

（4）拆除锁定螺母的圆锥销堵头。

（5）拆除锁定螺母圆锥销，用白布包好。

（6）用液压拉伸器拆除油缸活塞锁定螺母，当加压泵压力升至4MPa，拉伸器百分表读数为1.15mm左右时，松动锁紧螺母。

（7）厂房桥机副钩挂一个链条葫芦，操作链条葫芦使活塞环慢慢上升，脱离油缸后吊出放置在指定位置的枕木上，取出活塞环键，拆除活塞环。

（8）在厂房桥机副钩上挂2根合适的吊带，在桨叶接力器缸体法兰上对称装4个吊耳。

（9）缓慢上升电动葫芦，把桨叶接力器油缸缸体拉出轮毂，将2块150mm工字钢垫于缸体下方，下降电动葫芦，放下吊起重物。

（三）桨叶枢轴及桨叶拐臂拆除

（1）将2根导向杆对称插入轮毂桨叶螺栓螺孔中，在导向杆中心孔放置一撬棍，并悬挂一个链条葫芦。

（2）在桨叶枢轴上方就位电动葫芦，电动葫芦上悬挂一个葫芦，在桨叶拐臂中心3个螺口中安装吊耳，将葫芦轻轻带力；拆卸取出桨叶枢轴与桨叶拐臂的定位销钉及桨叶枢轴与桨叶拐臂的固定螺栓。

（3）用2组葫芦配合将桨叶枢轴水平拉出放置至指定区域。

（4）在桨叶拐臂吊孔上安装2个吊耳，在轮毂体的法兰面上安装吊耳，用2t手拉葫芦挂于法兰面吊耳上，吊钩拉住桨叶拐臂。

（5）拆卸桨叶拐臂双连板与桨叶接力器缸体的连接销压板螺栓的锁定片，取下双连板的连接销压板螺栓，用手扳葫芦配合进行脱销。

（6）将双连板连同拐臂下放至轮毂底部，然后吊出桨叶接力器缸体和拐臂。

（四）轮毂检修

1. 桨叶拐臂双连板DEVA双金属自润滑轴承更换

（1）更换时使用专用的引导套、压装工具进行压装。

（2）压装时需注意合缝线不得在受力位置（保持与原位置一致）。

（3）安装后测量内孔直径，需符合图纸要求。

2. 桨叶枢轴DEVA双金属自润滑轴承更换

（1）桨叶枢轴DEVA双金属自润滑轴承为大型轴承，一般采用液氮冷装工艺。

（2）将L形铜套用橡皮及白布包好。

（3）拆卸时注意不要损伤轴承座孔。

（4）用老虎钳夹持缺口，用铁柄将自润滑轴承合缝线翘起，将轴承拆除。

（5）将轴承座孔内毛刺、高点部分用金相砂纸轻轻打磨，使轴承座孔光滑。

（6）用内径千分尺测量轴承座孔孔径，分 90°及 180°方向和内、外两处测量，检查孔径是否符合图纸公差要求。

（7）止口上用铜棒锤击，需保证导向套下部止口均匀进入轴承座孔止口，并用刀口尺在座孔内部检查，保证间隙均匀，在导向套和轴承座孔内涂少量透平油。

（8）将液氮罐放置在轮毂旁，在轮毂两侧均放置一移动式脚手架，脚手架上分别安排 2 人进行相关操作，轴承座孔处安排 1 人。

（9）将液氮倒入液氮罐内，操作时需小心谨慎，需穿专用防护面罩、工装靴和带防寒手套。将自润滑轴承用打包带扎好，小心放入液氮罐内；并检查液氮是否已全部将轴承淹没；盖好液氮罐盖子，5min 后检查液氮液位，如液氮下降裸露轴承则再加入适量液氮至自润滑轴承以上，轴承需冷却 15～20min，取轴承时液氮需全部淹没轴承，并不得有沸腾现象，如依然出现沸腾，需继续冷却。

（10）小心取出轴承，将轴承上的打包带用剪刀剪断，将轴承放入导向套中（注意合缝线方向与原轴承方向一致），用压装心轴将轴承压入轴承座孔中，如在压入过程中有卡涩导致无法压入，立即用铜棒敲击心轴，使其受力均匀，当轴承完全压入后，立即拆卸导向套，用木块压入轴承合缝线，防止合缝线错位及变形。

（11）10min 后轴承冷却恢复，用内径千分尺测量轴承内孔尺寸，分 90°及 180°方向，应符合图纸要求，如合缝线有错位及变形，可用锉刀和油石修整，其余位置不得进行修理。

3. 桨叶前后端盖铜套更换

（1）检查端盖铜套内孔直径与配合轴段外圆直径，计算是否符合图纸要求，如不相符应更换。

（2）将铜套上锁定螺栓拆卸，敲出铜套。

（3）桨叶端盖铜套为厚壁铜套，其外周为间隙配合及过渡配合。

（4）铜套外圆与轴套孔相关尺寸复核。

（5）检查轴孔并对毛刺进行处理；在轴承孔内均匀涂乐泰 601 圆柱面固定胶，待铜套用干冰冷却 1h 后将铜套进行安装。

（6）安装冷却复位后测量铜套内孔尺寸，检查轴间隙是否符合图纸要求。

（7）安装完成后需重新对紧固螺栓进行配孔攻丝安装。

4. 桨叶枢轴 L 形铜套更换

（1）检查端盖铜套内孔直径与配合轴段外圆直径；计算是否符合图纸要求，如不符合应进行更换处理。

（2）拆卸铜套，将铜套锁定螺栓拆卸后敲出铜套。

（3）铜套与轮毂轴孔为过盈配合，采用液氮冷装工艺进行安装。

（4）根据铜套冷装技术要求，铜套冷却温度根据下式计算，即

$$T=T_1-(A_1+A_2)/D\times a$$

式中 T——需冷却到的温度值；

T_1——室温，取 10℃；

A_1——最大过盈量；

A_2——冷装时必要的间隙值，一般取 $D/1000$；

D——配合直径；

a——铜冷却时的线性膨胀系数，取 0.000015。

（5）根据体积不变原则，薄壁铜套外圆压缩多少，内圆尺寸就减少多少，在安装时需根据各方尺寸进行优化组合，达到最佳配合关系。

（6）安装时先对轮毂进行翻身，使得安装孔水平。

（7）将铜套放入液氮存放槽冷却，待液氮不冒泡时进行安装。

（8）将铜套放入轴孔中，待冷却后重新车削内圆，分八个点测量其内径值，与轴间隙需符合图纸要求；如轴间隙过小，需用砂纸打磨抛光，使得间隙符合要求。

（9）安装完成后需重新对紧固螺栓进行配孔攻丝安装。

5. 轴端限位板与导向块更换工艺

（1）检查轴端限位板与导向块表面无明显磨损痕迹，无需更换处理。

（2）轮毂内螺栓按图纸标注力矩紧固。无力矩要求时，按强度等级最大扭矩值的 70%紧固。

（3）轮毂内螺栓涂乐泰螺纹锁固胶。

（4）M32 以上轮毂螺栓做超声波探伤检测。

（5）不得随意改变轮毂内螺栓的强度性能等级。

6. 桨叶接力器检修工艺

（1）用汽油清洗缸体及活塞。

（2）检查活塞及缸体内壁有无磨损及硬头等情况，记录好分布位置，必要时做拓印或摄像。

（3）检查活塞环磨损情况，测量活塞环的张量，检查两活塞开口应在对应的 180°方向；必要时取出活塞环检查，测量及修磨。

（4）将缸体内分 4～8 等分，测量内径，公差需在设计标准范围内。

（5）必要时测量活塞的外径符合设计规范要求。

（6）测量总行程符合图纸要求。

（7）更换桨叶接力器油缸端盖密封。

（五）轮毂部件回装

（1）主体回装前轴端垫板、导向块等小部件应全部安装到位。

（2）在转轮体上设置一龙门架，龙门架需固定牢固，回装拐臂，按照桨叶枢轴拆除方法，将桨叶枢轴装复。

（3）按照桨叶接力器油缸缸体拆除起吊方法进行装复，在接力器油缸法兰处用框式水平仪检查水平；葫芦慢慢下降，待接近轴上台阶位置时，注意观察端盖密封情况，不要让倒角刮坏密封；桨叶接力器导向块入导向槽时，要小心观察调整导向块、导向槽位置，防止相互刮擦；把接力器油缸降到油缸销孔和双联板销孔同一个水平，对正销孔，用铜棒把连接销轴打到位，用专用的夹板将双联板固定，拆下双联板的连接螺栓；调整两个连接销的方向，使连接销上槽的位置都垂直向下，在同一个方向上，装上连接销压板，再装上 2 个连接销压板螺栓，装上双联板的连接螺栓，用 2t 的葫芦把双联板的连接螺栓拉紧，再锁定片锁好，取下固定双联板的夹板；圆柱销压板螺栓涂螺栓紧固胶，装好锁定片，轻微锁紧螺栓（螺栓不得用大锤敲击）；锁定片锁定方向平行于压板长度方向；紧固螺栓涂螺纹胶后打紧，焊好锁定板并探伤。

（4）用同样的方法装复其他 3 片桨叶的双联板；桨叶操作机构双联板装复完毕后将接力器油缸放到最底部。

（5）在活塞杆键槽上安装键及螺栓。

（6）接力器活塞装复：先将活塞环键槽内清理干净，检查键有无挤压或磨损，键处理完后，放入键槽，装上键，固定螺栓；将活塞按起吊拆除的方法吊起，把活塞环密封槽用 755 清洗剂清洗干净、活塞环清扫干净，将 2 道活塞环装复后，用自制抱箍把活塞环箍紧，将活塞往接力器油缸内下降，注意对准键与键槽位置，用铜棒对称敲击活塞环，使活塞缓慢降落，待活塞环基本进入油缸内壁时取出抱箍，再将活塞下降到位。

（7）把活塞环锁定螺母装上，用葫芦拉动接力器缸体，检查有无发卡现象，不卡时开始拉伸装复活塞环锁定螺母；安装锁紧螺母时与拆卸时要求一致，待拉伸器手压泵至 4MPa 时将锁紧螺母手动扳紧，在拉伸器活塞的百分表读数为 1.15mm 时将拉伸器缓慢泄压，间隔 15min 再次进行打压拉伸至 4MPa，将锁紧螺母再次扳紧，最后将拉伸器缓慢泄压后退出拉伸器，安装锁定螺母锁定销钉，销钉孔对不上时重新钻孔。

（8）更换接力器油缸法兰密封，在法兰面涂平面密封胶。

（9）按桨叶接力器油缸拆除方法进行端盖装复，装上接力器端盖螺栓，对称打紧后，用扭力扳手检查无松动后锁上锁定片。

（10）接力器打压试验。在开启腔、关闭腔分别打压至设计试验压力，保压 30min 后，活塞缸与活塞端盖处应无渗油、机械变形等现象。

（11）活塞环渗漏试验。分别在开启腔、关闭腔打压至设计试验压力，解开一端油管，测量其漏油量应符合设计值，在 50%设计试验压力下重复此项试验，漏油量应符合设计值。

（12）接力器功能试验。在接力器上安装百分表，从关闭腔进行打压，记录接力器动作时的压力，动作压力应符合设计值。

（13）按照泄水锥Ⅱ段拆卸方法，将泄水锥Ⅱ段装复。

三、转轮回装

1．轮毂回装

（1）清扫检查上、下两组合面（主轴法兰与转轮法兰）及连接螺栓孔，组合面用刀口尺检查，无高点、毛刺并验收合格。

（2）将轮毂翻身，水平放置在枕木上。

（3）分别清洗轮毂主轴组合法兰面和配合止口，用刀口尺检查应无高点和毛刺并验收合格。用黄油将O形密封圈安装在密封槽中，连接法兰面、销钉和止口涂敷一层润滑油。

（4）预先在轮毂上套装6根螺栓并用白布包裹保护，将轮毂吊运至安装位置。

（5）灯泡体内安排2～3人准备对装螺栓及销钉。

（6）指挥桥机司机将轮毂靠近主轴法兰面，左、右两侧各安排1人手持枕木抵住法兰面，以防桥机速度过快导致轮毂与主轴法兰面发生碰撞。

（7）指挥桥机司机及利用葫芦配合操作将6个螺栓全部与主轴法兰面对装，灯泡体内工作人员对称将2个螺栓螺母套紧。

（8）灯泡体内工作人员将销钉打入孔内，若有偏差则联系流道内人员少许调整葫芦，使其完全对正后打入。

（9）将6个销钉全部打入到位后，测量转轮与主轴法兰面间隙，用敲击扳手将螺母均匀地打紧。

（10）采用对称加热拉伸的方法，将螺栓伸长至设计要求范围内，确保法兰面紧密接触，用0.05mm塞尺检查无法完全塞入。

（11）按上述方法将其余螺栓全部拉伸紧固后，慢慢松钩，拆下吊具。

（12）将销钉压板全部安装就位。

2. 桨叶安装

（1）轮毂装复后准备安装桨叶，用水平尺测量转轮安装法兰面处于水平状态，清洗干净桨叶法兰、桨叶连接螺栓、密封装置及定位销，桨叶密封已具备安装条件。

（2）将桨叶定位销插入桨叶销孔，用螺栓固定到桨叶上，螺孔需清洗干净后涂乐泰锁固胶，紧固力矩适当。安装时对定位销抹白凡士林，安装前应对定位销孔进行预装，确保桨叶无卡滞现象。

（3）安装桨叶吊装专用工具。将桨叶垂直起吊至安装位置，利用葫芦调整桨叶法兰面与轮毂法兰面平行，慢慢下降，快接近转轮法兰面时套上转轮法兰面O形密封及桨叶密封装置，并在桨叶轴及转轮法兰面、桨叶密封上均匀涂抹一层白凡士林，移动调整桨叶位置，对正销孔，将桨叶插入轮毂中。拧上连接螺栓，用敲击扳手轻轻敲击将螺栓打紧即可，测量螺栓伸出值做好记录。

（4）安装桨叶密封，清理干净密封条，在密封条上涂抹一层白凡士林。

（5）将密封条从不同角度同时压入密封槽中。被桨叶遮挡的部位地方使用专用工具将其压入。

（6）安装桨叶连接螺栓。

（7）安装密封压环（被桨叶遮挡的压环延后装），把压环螺栓拧紧，装上桨叶连接螺栓压盖。

（8）安装完1片桨叶后，按拆除桨叶时盘车方法将安装好的桨叶盘车到底部，再安装对称位置的桨叶，盘车时按面对下游顺时针方向进行。

（9）当垂直位置的桨叶安装完毕后，将桨叶盘车至水平位置。

按上述方法继续安装其余桨叶。

3. 桨叶密封更换

转桨式叶片与轮毂设有桨叶密封，密封形式有“人”字形、D 形、X 形、U 形等，桨叶密封的主要作用是防止轮毂漏油。更换灯泡贯流式转轮桨叶密封一般可考虑在不吊转轮、不拆桨叶的情况下进行。施工步骤如下：

（1）轮毂排油完成，压油槽泄压至能够操作桨叶最低压力。

（2）保证调速器油箱内留有足够油量。

（3）将需更换密封的桨叶，盘车至水平方向。

（4）使用风铲铲去密封压环紧固螺栓孔洞内的填充物。

（5）检查密封压环拼接位置，调整桨叶开度，使桨叶刚好遮盖在接口处的一侧；压环依次编号。

（6）根据桨叶位置搭设脚手架作业平台或焊制专用作业平台，平台应便于拆除或不影响桨叶转动，方便拆除另一侧被遮盖的密封压环；密封压环螺栓拆除后，可根据松紧情况在压环上焊接附件，方便顶出或撬出，分别取出后进行切割修磨，恢复原样。

（7）安排人员配合调整操作桨叶位置，漏出被遮盖部分压环，铲除填充物，拆下紧固螺栓，按上述方法拆除剩余压环。

（8）注意观察轮毂排油管内积油，及时排除轮毂内从桨叶接力器中渗出的透平油，防止积油从桨叶密封处渗出。

（9）切断取出桨叶密封，注意整理、记录拆出几道密封及密封安装方向，检查密封渗漏原因。

（10）桨叶根部及螺栓孔卫生清扫。

（11）新密封制作安装。新密封制作多根据现场实际放样，放样过程中注意适当留取余量，使密封与轮毂孔洞内圈接触严密。密封接口应光滑、平齐；粘接后，用力拉扯确认粘接牢固。每道密封接口注意错口 180°互相压紧。

（12）密封压环根据拆除时位置原样装复，紧固螺栓螺纹上应适量涂抹螺纹紧固胶，稍稍带紧，确认不会影响桨叶转动，然后装复另一半压环。待所有压环全部回装后对称均匀紧固所有螺栓。

（13）待轮毂注满油后，操作桨叶检查密封是否渗漏。确认桨叶密封无渗漏后，使用可赛新 TS112 修补剂进行封堵，自然固化 24h。

四、桨叶连接螺栓及主轴连接螺栓检修

现以加热棒进行拆卸和安装的螺栓为例进行讲解。

（一）桨叶连接螺栓拆卸

（1）对螺栓孔进行检查，确认无异物。使用多功能万用表 PT 探头插入螺栓头部测温孔中，监测螺栓头部温度。再使用两套百分表，表针指向螺栓头部，用来监测螺栓伸长量。

（2）在加热装置加热棒上均匀涂上少量螺纹防卡剂，将加热棒吊置或立放在螺栓中心加热孔内。

（3）启动装置进行加热，设定加热温度目标值为安装指导温度。当百分表检测到螺

栓有一定的伸长量时即可进行拆卸。将专用三爪扳手安装到螺栓头部孔中，用大锤轻轻敲击，进行螺栓拆卸。拆卸时记录加热的时间、螺栓伸长量和万用表测量的螺栓头部温度等，方便统计和分析，为下一次检修作参考和借鉴。

（4）拆卸的螺栓按编号进行存放，螺栓丝口采用白布和泡沫做好保护。堵头与螺栓要一一对应，按编号摆放好，并记录好螺栓的各自安装位置。

（5）拆卸螺栓时应对称进行，先拆两边，后拆中间。即先拆1、6号或3、4号，再拆2、5号，拆卸顺序如图4-24所示。

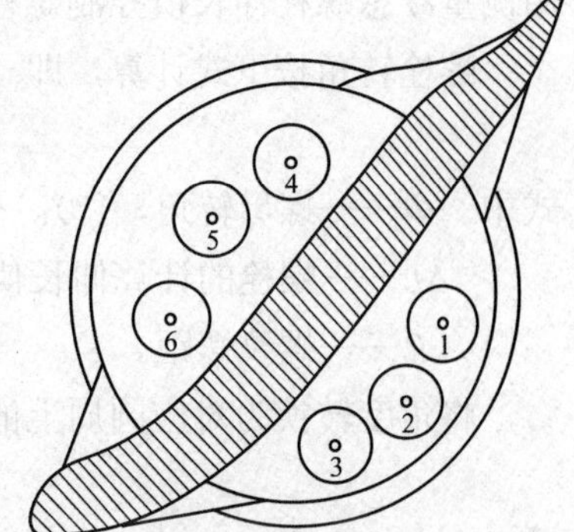

图4-24　螺栓拆卸编号示意图

（二）桨叶连接螺栓检修工艺

1. 螺栓检修

（1）用汽油将螺纹表面和螺栓中心内孔清洗干净。

（2）检查螺纹外观。对锈蚀和毛刺，用三角油石进行研磨，用电动砂轮机带多层纱布轮，抛光内螺纹。修磨后，用手摸螺纹，应感觉光滑。用牙规对螺栓及螺孔螺纹进行检查。

2. 螺栓试装配工艺

（1）用酒精白布将螺纹清洗干净，将丝扣脂涂敷在螺纹表面，按照厂家编号将螺栓旋入和旋出螺孔，螺孔与螺栓以轻松旋入和旋出为合格。禁止用大锤和扳手敲击。

（2）用手将螺栓旋出后，检查螺纹，不应有拉毛现象，不符合要求时，应及时更换。

3. 无损探伤检测

无损探伤检测在螺栓清扫、研磨后进行。采用CT探伤方式检测螺栓内部缺陷；采用MT探伤方式检测螺栓的螺杆、螺纹部分表面。同时对于受力最大的第一圈螺纹、螺杆倒圆角应力集中区域，用MT探伤方式进行重点检测。

由于不同批次螺栓在材料的化学成分、热处理时的工艺存在差异性，不同批次螺栓的力学性能存在一定的区别。根据厂家要求，为保证安装后螺栓受力均匀，对同一连接部件，即一片桨叶上的6颗螺栓，如存在缺陷应全部更换。

为保证螺栓头部受力均匀，防止出现金属面压溃而导致受力发生变化，需对螺栓头部及桨叶通孔上接触面进行平面度检查，不得有高点、毛刺等。采用红丹粉检查接触面积应大于80%，否则应进行研磨处理。

（三）螺栓安装工艺

1. 安装准备

安装前对所有螺栓进行检查，确认全部合格。螺栓预装到位后，用百分表测量所有螺栓的初始间距值，并做好记录。测量时应注意，必须随时检查测量杆上百分表安装牢固情况，并用一颗备品螺栓做校验。即在测量螺栓初始间距值前，将测量杆放入备品螺栓中心孔中测量其间距值，做好记录。所有螺栓初始间距值测量完毕后，再测备品螺栓，确认百分表无松动。

2. 螺栓预紧力控制

通过控制螺栓的转角来控制螺栓的伸长量。用测量外圆玄长的方法确定转动角度，用测量冷态螺栓伸长值控制螺栓预紧力。

螺栓转角按下式计算，即

$$\Phi=(\Delta L\div P)\times 360°$$

式中 Φ——螺母转角，(°)；

ΔL——螺栓的计算伸长值，mm；

P——螺纹螺距。

将角度转换为对应圆周上的玄长，则

$$S=2R\sin(0.5\Phi)$$

式中 S——玄长，mm；

R——外圆半径。

3. 螺栓安装

（1）桨叶安装就位后，对桨叶根部用铜棒进行锤击，尽量消除法兰面间隙。

（2）加热时，应先对称加热两边螺栓，后加热中间螺栓，测量螺孔内法兰间隙，并做好记录，螺孔内涂上螺纹防卡剂。

（3）穿入两侧螺栓，用大锤和扳手轻微打紧，用专用测量杆复测间距值。

（4）确定玄长。伸长值计算式为

伸长值＝螺栓设计伸长值＋法兰面间隙值

一般取法兰面间隙的平均值，根据伸长值计算玄长。用圆规在钢板尺上截取玄长，在桨叶螺孔外圆上做好标记。

（5）分别将加热控制装置超温报警保护和控制温度设定为安装指导温度，并在加热棒上均匀涂抹一层螺纹防卡剂，将加热棒插入螺栓中心孔中。

（6）如图 4-24 所示，加热紧固第一组螺栓 1 号和 6 号，加热完毕后，继续加热紧固第二组螺栓 3 号和 4 号，待螺栓完全冷却后测量冷态下的螺栓紧固间距值，计算出螺栓伸长值应为设计伸长值，如存在差异，应根据偏差重新加热调整至合格值。

（7）螺栓紧固完成后，测量中间处螺孔法兰面间隙，用 0.02mm 塞尺检查无法完全通过。

（8）加热第 3 组螺栓 2 号和 5 号，待螺栓完全冷却后测量冷态下的螺栓紧固间距值，计算螺栓净伸长值应为设计伸长值，如存在差异，应根据偏差重新加热调整至合格值。

（四）主轴连接螺栓

采用加热方式进行主轴连接螺栓拆卸及安装，其工艺与上述（一）（二）（三）相同。

五、空蚀处理

灯泡贯流式水轮发电机组的空蚀主要为间隙空蚀，空蚀破坏区域主要在桨叶出水侧轮毂上，成带状分布。空蚀破坏区域由于分布不规则，面积量化常常采用将破坏区域着色，然后使用标准坐标纸拓印的方法估算。空蚀深度测量一般使用探针和钢板尺进行粗略测量取平均值。

轮毂空蚀的修复主要采用修补剂修补法和不锈钢焊条堆焊法。

非金属材料修补法适用于空蚀面积较小、深度较浅的区域。常用的修补剂有贝尔佐纳（Belzona）1311、可赛新 TS112 钢质修补剂，也可使用环氧树脂胶和水泥进行修补。

不锈钢焊条堆焊法适用于空蚀面积较大、深度较深的情况。先用打磨或者碳弧气刨的方法将空蚀区域刨除直至露出金属基底，清除毛刺和高点，然后使用 A307 不锈钢焊条堆焊，最后对堆焊处进行打磨，形成适当的弧度。如果空蚀区域靠近桨叶根部，动火作业时可能会破坏桨叶密封，修复时应采取可靠的防护措施。

第六节 主 轴 检 修

某厂主轴为空心轴，内装桨叶接力器及操作油管和轮毂充油管。轴外径为 910mm，长度为 8760mm，水轮机法兰直径为 1600mm，发电机转子法兰直径为 1450mm，锻钢制造。主轴与组合轴承及发导轴承一起起吊，起吊总重量为 98t。

主轴的拆卸和安装工艺介绍如下。

一、主轴起吊组织机构

（1）总指挥 1 人，负责整个起吊工作的人员安排和协调。

（2）起重指挥 1 人，负责现场起重总指挥。

（3）起重专业人员 3 人，负责配合起重指挥工作，如安装卸扣、挂钢丝绳等。

（4）桥机司机 2 人，主司机负责操作，副司机负责监护。

（5）垂直监视 2 人，负责监视转子法兰是否垂直，及时提醒起重指挥进行调整。

（6）电源监视 2 人，负责监视桥机各部电源的正常工作。

（7）主钩抱闸监视 2 人，负责监视主钩抱闸的工作情况，出现异常时及时采取措施。

（8）安全监督 2 人，负责检查起吊工具、操作、指挥及人员的安全监督。

（9）发电机检修 6 人，负责主轴拆卸及安装过程中的检修及配合工作。

二、主轴拆卸

（1）拆除并吊出灯泡体内主轴保护罩、水导轴承外壳等所有妨碍主轴吊装的部件。

（2）吊装主轴安装轨道，如图 4-25 所示。用桥机电动葫芦将两根主轴安装轨道分别吊入灯泡体指定位置，用螺栓连接牢固。

（3）安装主轴中部抱匝式吊具和吊具两侧滚轮，如图 4-26 所示。先将吊具用桥机电动葫芦分别吊入灯泡体内，再利用挂在灯泡体顶部安装吊具正上方的 5t 手拉葫芦将吊具和滚轮安装到位（先装抱匝式吊具，再装两侧滚轮）。

（4）用桥机电动葫芦安装主轴端部法兰式吊具，用液压扳手将连接螺栓对称拧紧。

（5）主轴起吊前，在主轴下游法兰面用 2 个 5t 手拉葫芦和 4 根 $\phi32\times4$m 钢丝绳做成两个对称的牵引点。

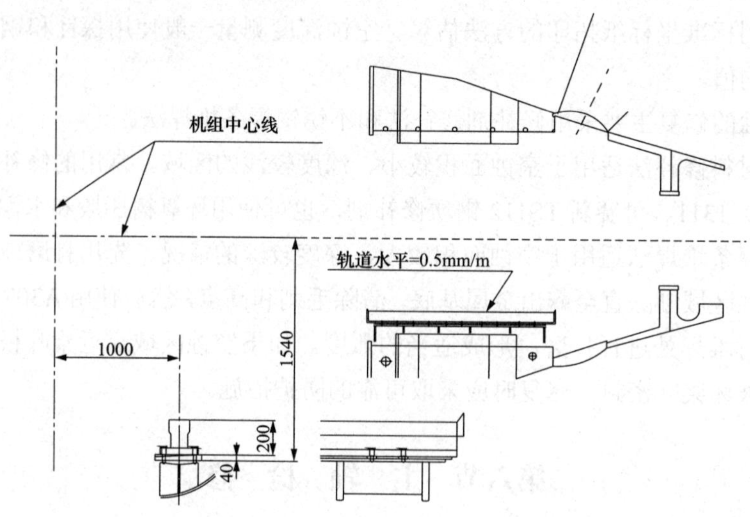

图 4-25　轨道组装（单位：mm）

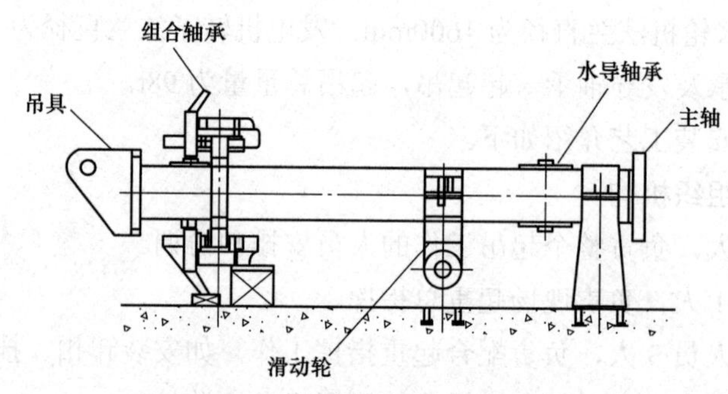

图 4-26　主轴吊具安装图

（6）如图 4-27 所示，将桥机开到机组主轴起吊位置，用主钩上悬挂的一根ϕ38×45.5m（6 股）钢丝绳与主轴端部法兰式吊具相连。

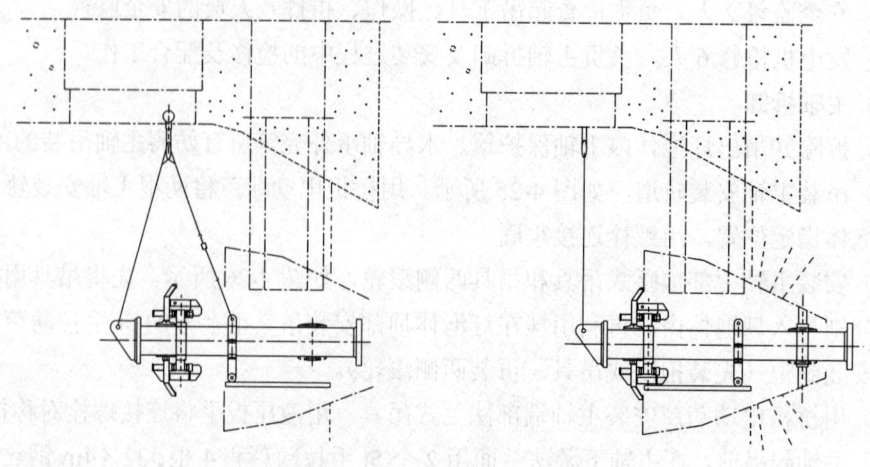

图 4-27　主轴起吊示意图

（7）操作桥机主钩上升，吊钩充分受力后，检查确认桥机承担了主轴的全部质量后静停 5min，检查桥机各项技术参数及制动器抱闸无异常现象。

（8）对称均匀拆除发导轴承支架与管型座连接螺栓。松开预先顶在主轴密封下方的 50t 千斤顶，并将对称挂在灯泡体内的两个 10t 手拉葫芦连接在主轴上。

（9）准备工作完毕后，利用灯泡体内两个手拉葫芦的牵引力将主轴向上游水平方向移动，桥机配合，根据主轴的移动速度预先放松牵引在主轴下游法兰面上的两个 10t 手拉葫芦，注意不能松动过快，否则主轴会失去保护。用上述方法将主轴水平移出至轨道上游侧端部后停止。

（10）将预先挂在主钩上的两根ϕ38×21.5m（4 股）钢丝绳挂上两个 40t 手拉葫芦，然后与主轴中部吊点连接，葫芦与吊点之间用两根ϕ38×21.5m（4 股）钢丝绳连接。连接好钢丝绳后，通过向下游移动桥机小车和降主钩，同时收紧两个 40t 手拉葫芦方式，将主钩移至起吊中心位置。

（11）拆除连接在主轴上的所有牵引葫芦。拆除后，先缓慢起升主钩，直到滚轮脱离轨道后停止，然后向上游移动桥机小车，直到遇到障碍物后停止，再同步放松两个 40t 手拉葫芦，直到下游法兰面接近管型座停止。重复上述操作，将主轴整体吊出管型座（主轴与水平面的夹角约 45°），如图 4-28 所示。

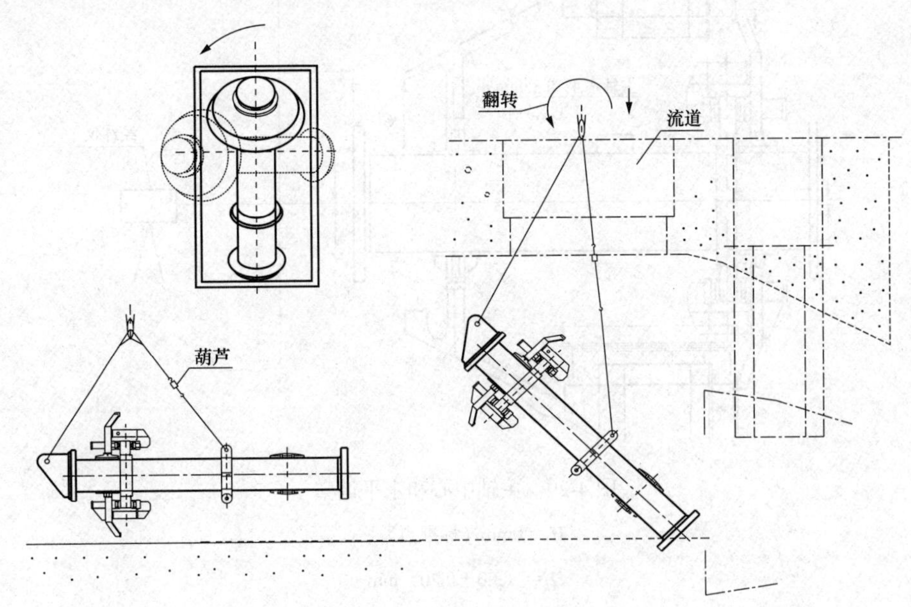

图 4-28 主轴吊装示意图

（12）将主轴按顺时针方向旋转 90°。

（13）检查清除妨碍主轴起吊的障碍物后，起升主钩，将主轴吊至主安装场指定位置。收紧两个 40t 手拉葫芦，将主轴调平，再拆除主轴中部吊点两侧滚轮。

（14）将主轴放置在安装支墩上，在水导轴承支架和组合轴承支架下面垫好枕木。

三、主轴安装

（1）主轴安装程序与拆卸程序相反。按拆卸时的方法悬挂钢丝绳，起升主钩，将主轴水平吊起，安装主轴中部吊点两侧滚轮。起升主钩，放松两个 40t 手拉葫芦，将主轴调整至与水平面夹角 45°位置。移动桥机大车，将主轴吊入安装位置。按拆卸时的相反步骤，将主轴落到安装轨道上。

（2）主轴落到安装轨道上后，挂好主轴下游侧法兰面上的两个牵引葫芦并将其收紧受力。同时，在主轴上游侧法兰式吊具与流道底部的地锚之间连接一个 2t 手拉葫芦，葫芦两端各挂一根$\phi 16\times 7$m（两股）钢丝绳分别与吊具和地锚连接，起到防止主轴移动过快的作用。

（3）放松连接在主轴中部吊点上的两个 40t 手拉葫芦，同时调整桥机小车和主钩，直到主钩与主轴法兰式吊具之间连接的钢丝绳呈垂直位置后停止。用框式水平仪检查主轴水平情况，如果不平则需继续进行调整，如图 4-29 所示。

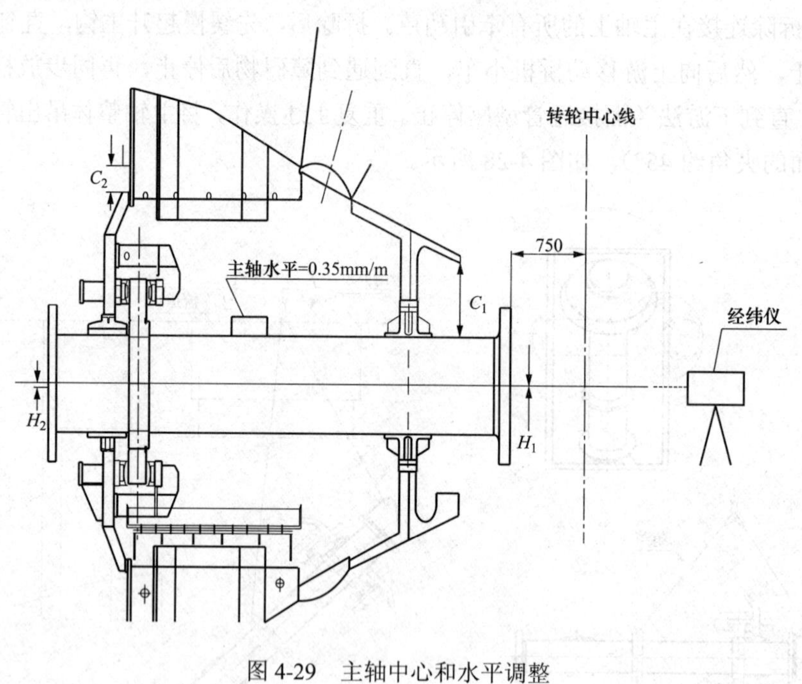

图 4-29　主轴中心和水平调整

H_1＝0mm（标准点）；

H_2＝（3.0±0.20）mm

（4）主轴水平检查完毕后，利用下游侧两个牵引葫芦将主轴向下游拉动，同时，配合松动上游侧保护用 2t 手拉葫芦，并指挥桥机小车向下游侧跟进，直到发导轴承支架到达安装位置后停止。在主轴密封下方用一个 50t 千斤顶和 V 形垫块顶起。

（5）用 4 个油压千斤顶分别放在发导轴承支架的$+X$、$-X$和$-Y$方向，用来调整主轴的安装中心，待中心调整完毕后，安装所有发导轴承支架与管型座连接螺栓，并用液压扳手对称均匀拧紧。

（6）拆除所有连接在主轴上的钢丝绳、手拉葫芦及吊具。

四、大件吊装安全注意事项

（1）起重必须有专人指挥、专人操作，并设专职监护人。

（2）起吊前检查所有拆卸部位是否与连接部分彻底脱离。

（3）指挥联系方式采用对讲机或口哨。

（4）起吊重物下，严禁站人。

（5）检查钢丝绳的受力情况与起吊重物的接触情况。

（6）桥机操作人员，在没有听清楚起重信号，严禁操作。

（7）起重指挥人员，指挥信号必须清楚响亮。

（8）桥机操作人员只允许单项操作，严禁采用双项或多项联动操作。

第七节　转轮室与伸缩节检修

转轮室通常由上、下两瓣组合而成。为便于检修人员进入流道，在转轮室下半部分设有人孔门。转轮室与下游基础之间通过伸缩节相连，伸缩节通过压紧的橡胶密封与转轮室相接触，伸缩节密封主要有 O 形和楔形两种形式。

转轮室常规检修项目有紧固件、焊缝探伤和螺栓紧固情况检查。转轮室解体通常是为起吊转轮做准备。伸缩节常规检修项目有密封检查、同心度检查及调整等。

一、转轮室解体检修应具备的条件

（1）机组停机并退出备用，流道积水已抽干。

（2）桨叶间隙、导叶间隙已测量完毕并做好记录，主轴上抬量、窜动量已测量完毕并做好记录，制动系统已投入。

（3）轮毂内透平油已全部排干净。

（4）盘车使 4 片桨叶分别位于 $\pm X$ 和 $\pm Y$ 方向，主轴止水端面密封、检修密封和疏齿密封已拆卸。

（5）已将关闭重锤拆卸并落至廊道地面。

（6）廊道内的检修脚手架已搭设牢固并验收合格。

（7）所有工器具已检查合格，检修用材料已准备到位。

二、转轮室吊装及检修

1. 转轮室拆卸

转轮室拆卸前，在转轮室下方及左右岸搭设施工脚手架平台，以便拆卸转轮室及伸缩节的固定螺栓，高度根据转轮室中心线的高度确定，下半部分转轮室的下降高度应能使转轮安全起吊。在转轮室支撑点正下方架设 3 个钢支墩，3 个钢支墩使用钢管焊接牢固。

测量伸缩节压环与座环之间的间隙并做好记录，拆卸伸缩节压环螺栓，取出伸缩节橡胶密封圈，拆卸伸缩节座环螺栓，在压环及座环上打上钢字码，用桥机吊出压环和座环至安装场指定位置。

在下半部分转轮室结合面的法兰左右岸两侧各焊接两根角铁，对上瓣转轮室进行导向，主要防止上半部转轮室吊出时碰撞桨叶。拆卸转轮室上部螺栓，先拔销钉再拆螺栓，用桥机吊出上半部转轮室至安装场指定位置，转轮室上升过程中重点监视转轮室上、下游的间隙，不得与墙体、O 形密封和外配水环发生刮擦。

上半部分转轮室就位后为防止刚性变形应做好相应的加固措施，如使用长度合适的钢管点焊连接转轮室下方两侧结合面法兰，以防止转轮室受自重影响产生变形。

拆卸下半部转轮室，并使用桥机将其下降至钢支墩支撑上，如图 4-30 所示，用手拉葫芦将下半部转轮室固定在导水机构上以防止转轮室倾倒。

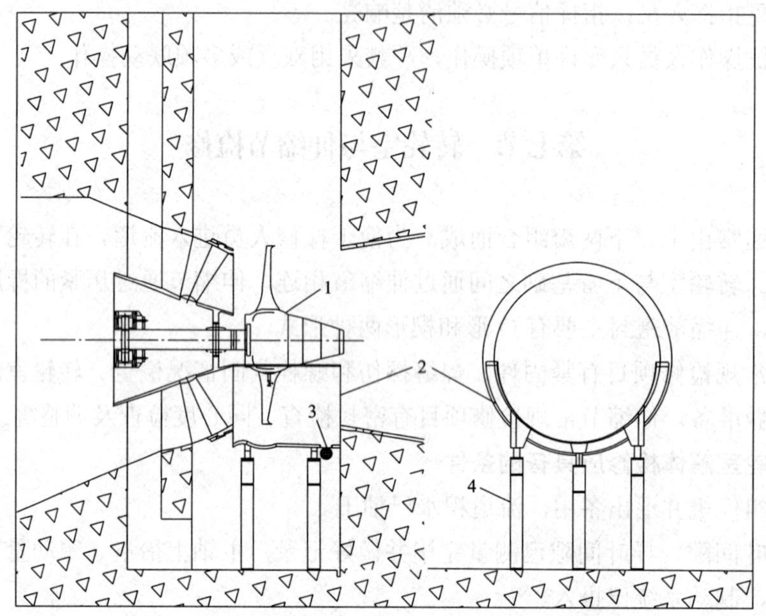

图 4-30　转轮室下半部安放图

1—转轮；2—下半部分转轮室；3—人孔门；4—钢支墩

2. 转轮室缺陷处理

转轮室吊出后检查是否出现空蚀及扫膛现象，如有则需处理。转轮室空蚀易发生部位为转轮室进口、转轮室出口与尾水管相接部位，空蚀的处理方法如下。

（1）使用磨光机清理空蚀区域直至露出基体金属。

（2）对于空蚀深度大于 8mm 的，可用与母材相近的焊条打底，再用不锈钢焊条堆焊两道面层。

（3）空蚀较浅的和呈单个孔洞的，可直接用不锈钢焊条堆焊。

（4）焊接时每一处以连续不超过两根焊条焊接为宜，采用较小电流，对称分块跳步焊接，以减少变形。焊接量大时可采用两人对称分块焊接，按一定方向转动。

（5）每处焊接后，在冷却的过程中用手锤连续锤击敲打焊缝，锤头应垂直于焊缝，每处至少锤击 4 个来回以上，以减小焊接的内应力。

（6）为防止大面积焊接时转轮室变形过大，可在焊接前对预见的变形区域加支撑杆，支撑杆可采用槽钢、工字钢、螺栓千斤顶和齿轮千斤顶等。

3. 转轮室回装

转轮室回装前，应将转轮室分瓣结合面及与导水机构连接的法兰面清理干净，用刀口平尺检查应无高点和毛刺，螺栓孔应用丝锥清丝，按图纸要求将密封条粘在外配水环的密封槽中。

利用 4 个手拉葫芦初步调整下半部分转轮室的水平度，使用桥机将下半部分转轮室起升至初始位置，在 3 个钢支撑上架设螺杆式千斤顶，调整转轮室的水平。

拧入下半部分转轮室与导水机构的全部连接螺栓，用胶带粘贴转轮室与导水机构法兰结合缝，以防异物掉入。

使用桥机吊起上半部分转轮室，先用框式水平仪初步调整转轮室水平，吊入水轮机机坑。

粘贴上、下半部分转轮室结合面密封条，密封条的端面切口要平齐且高出法兰面 0.5～1mm，并涂平面密封胶。将上、下半部分转轮室法兰结合，先打入销钉再对称均匀拧紧组合螺栓至设计扭矩值，将转轮室拼成一个整体，组合缝应符合 GB/T 8564—2003《水轮发电机组安装技术规范》的规定，设备组合面应光洁、无毛刺，合缝间隙用 0.05mm 塞尺检查，不能通过；允许有局部间隙，用 0.10mm 塞尺检查，深度不应超过组合面宽度的 1/3，总长不应超过周长的 20%；组合螺栓及销钉周围不应有间隙。组合缝处安装面错牙一般不超过 0.10mm，同时注意转轮室上游侧端部法兰在同一平面。

紧固转轮室与导水机构的连接螺栓，紧固螺栓时用塞尺监视桨叶与转轮室的间隙，每片桨叶测量 3 个点，间隙值应符合图纸要求，一般上部间隙约占总间隙的 2/3，左右间隙均匀，用千斤顶调整间隙。打紧与外配水环连接的螺栓，扭矩值应符合图纸要求，打紧后复测间隙。

机组盘车检查桨叶与转轮室间隙，数据符合设计要求后，装入转轮室与外配水环法兰面定位销，销孔错位时应进行处理，不得强行打入定位销，定位销配合面应涂润滑脂。

三、转轮室人孔门检修

打开机组转轮室人孔门前，必须确定机组进水口、尾水检修闸门已落下，流道内的水已排尽，打开流道试水阀，确认流道内无水后方可打开人孔门，否则有水淹厂房的危险。机组充水前，应检查上游流道和下游流道内确实无人、无遗留物后，立即关闭人孔门。

转轮室人孔门每次开启后都应检查其支铰，清理人孔门的法兰面，更换合适的密封条，连接螺栓经过探伤检查合格后方可使用，人孔门螺栓应符合技术要求。

四、伸缩节吊装及检修

将伸缩节的法兰清扫干净，安装座环与基础环结合面的密封条，按编号先吊起正底部伸缩节的座环，到达转轮室顶部后用手拉葫芦及桥机配合将座环转至最下方，并将座环固定在安装位置，初步拧紧法兰螺栓；侧面座环的吊装方法与最下方座环的吊装方法相同，到达安装位置后初步拧紧法兰螺栓，然后将 4 瓣座环组合成一个整体，打紧分瓣组合面销钉及螺栓，拧紧所有座环与基础环的连接螺栓，扭矩值应符合图纸要求。

在转轮室的下游侧按实际长度截取楔形密封并将接头修磨成45°斜角，用瞬间黏结剂将楔形密封粘成整圆，用小木棒将楔形密封压入密封槽。

用桥机将最下方的伸缩节压环吊起，移动桥机到达安装位置后下降，到转轮室侧面后用手拉葫芦配合将压环转入最下方，对正位置后安装连接螺栓及顶丝螺杆，侧面及顶部压环的吊装方法与底部大致相同，穿好螺栓后先将压环连成一整圆，然后均匀地将压环压紧，压环与法兰的间隙应和拆卸前的间隙相同，最后顶紧压环顶丝螺杆，装入伸缩节与基础环法兰定位销。

检查压环与座环之间的间隙，间隙应均匀，数据符合技术要求。

五、转轮室爬梯维护

转轮室吊装前，需将影响转轮室起吊的爬梯拆除并做好记号，将爬梯吊至安装场指定位置后进行防腐着色处理。

六、转轮室探伤检查

转轮室及其附属部件拆卸后，对螺栓应进行全面检查，其中伸缩节固定螺栓、外配水环与转轮室固定螺栓应经探伤检验，合格后才能使用。机组运行时转轮室长期处于振动状态，每次检修时转轮室的焊缝都应进行探伤检验，发现的缺陷及时处理好。

第八节 导水机构检修

导水机构包括控制（调速）环、接力器、导叶、导叶连杆和导叶轴承等主要部件，是引导和调节水流进入转轮室的水轮机重要部件。

一、调速环检修

调速环检修的主要内容有整体检查，间隙测量、调整，钢珠检查、更换，卫生清扫和密封更换。调速环检修后，调速环间隙应符合设计要求，润滑脂适量，钢珠完好，调速环动作灵活、无卡涩、无异响。某水电站调速环结构如图4-31所示。

（一）调速环检修条件

（1）关闭机组进水口闸门和尾水检修闸门。

（2）将流道排水至正常工作水位以下。

（3）在调速环上、下游侧圆周上各做16点标记，测量径向间隙并做好记录。

（4）调速器压油槽消压，接力器排油。

（5）卸下重锤。

（6）接力器与调速环分离。

（7）搭设好工作平台。

（8）相关工器具准备齐全。

（二）检修工艺流程

（1）使用专用工具或链条葫芦对调速环进行必要的固定措施。

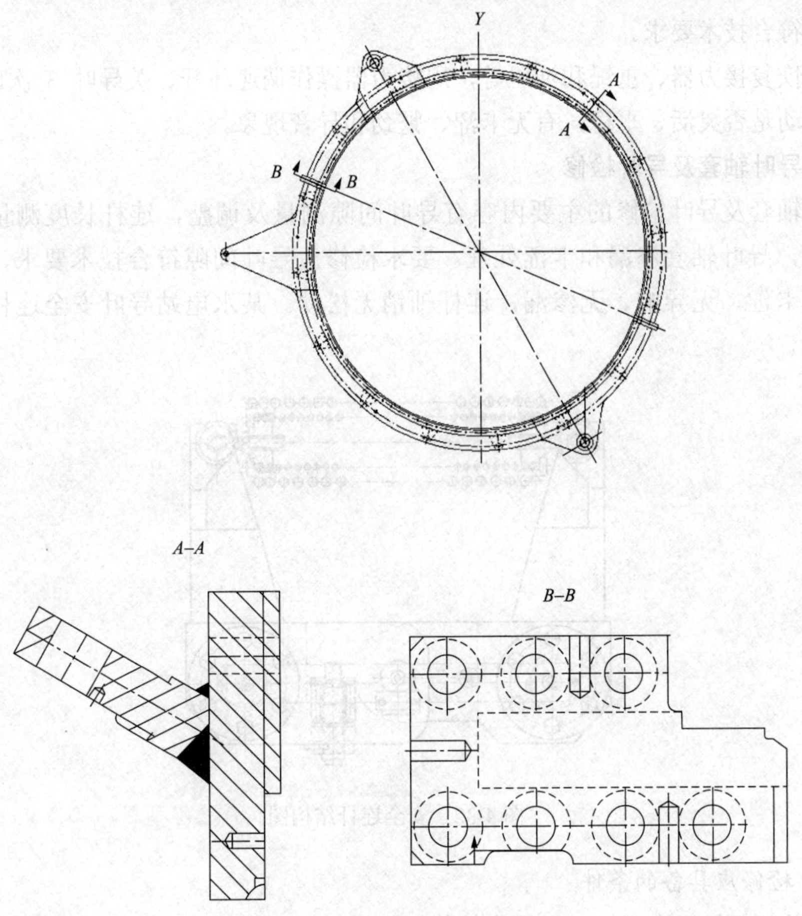

图 4-31 某水电站调速环结构图

（2）退出调速环压盖紧固螺栓，使用顶出螺栓或其他专用工具，退出调速环压盖，并放至指定位置。

（3）从上部开始，依次向两边拆除接口板，取出滚道内的钢球并放至相应的指定位置。

（4）清扫钢珠及轨道内的润滑脂，检查钢珠有无裂纹、变形和磨损严重等现象，根据情况进行更换。并对全部钢珠进行测量、记录后待装复。检查滚道有无异物、错位和凹痕，若发现异常则进行相应的处理。

（5）利用手拉葫芦或其他专用工具，将调速环动环向上游侧移动，直至方便取出密封条。全面清扫滚道、密封条槽和润滑油嘴孔。更换调速环静环上游侧和下游侧密封条。密封条的接口应设在 $-Y$ 方向，在槽内密封条每隔适当距离用胶水固结。密封条表面涂抹钙基脂后，将调速环动环移向下游复归。

（6）在轨道内底槽、内角和上角 3 个部位均匀涂抹钙基脂。将符合要求的钢珠从底部接口处开始装入，每装满一段即把接口板装复。

（7）恢复调速环压盖。

（8）根据检修前测量的数据，对调速环间隙进行调整，要求边调整边测量并做好记录，直至符合技术要求。

（9）恢复接力器、重锤和油压等，用接力器操作调速环开、关导叶 3 次以上，检查调速环转动是否灵活、平稳，有无卡涩、蹩劲和异音现象。

二、导叶轴套及导叶检修

导叶轴套及导叶检修的主要内容有导叶间隙测量及调整，连杆长度测量，限位块间隙测量，导叶轴套渗漏和卡涩处理。要求检修后导叶间隙符合技术要求，导叶动作灵活、无卡涩、无异响、无渗漏，连杆轴销无松动。某水电站导叶安全连杆结构如图 4-32 所示。

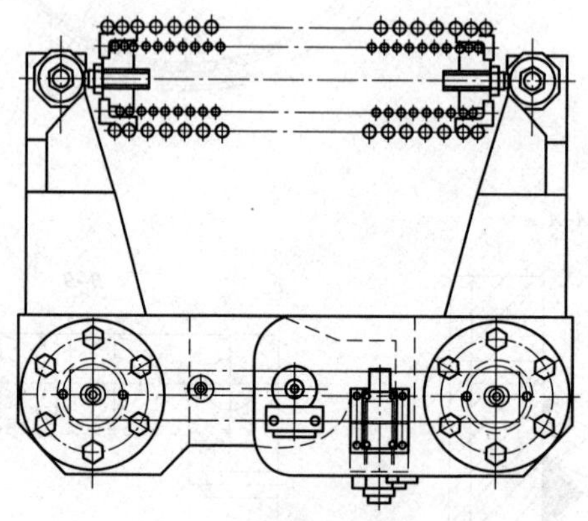

图 4-32　安全连杆结构图

（一）检修应具备的条件

（1）关闭机组进水口闸门和尾水检修闸门。

（2）将流道排水至正常工作水位以下。

（3）调速器压油槽消压至零，液压连杆消压。

（4）导叶在全关状态，做好防止导叶突然转动的相关安全措施。

（二）检修工艺流程

（1）解开导叶拐臂与连杆连接的一端。

（2）拆卸导叶与拐臂合缝定位销上的压紧螺钉，用专用拔销器拔出定位销。拆卸压盖上导叶和拐臂的紧固螺钉，卸下压盖。

（3）把拐臂拆卸专用工具装在拐臂上，使用千斤顶将拐臂顶出。拆卸拐臂的过程中做好防止拐臂突然转动的措施。

（4）退出导叶外轴承压盖螺栓，取出轴承压盖及挡环，导叶外轴承如图 4-33 所示。

（5）退出轴承基座紧固螺栓，使用顶出螺栓或其他专用工具，拔出轴承基座。轴承基座拔出后，做好导叶轴颈的固定。

（6）清扫、检查及测量导叶轴颈、轴承、衬套、保护套、密封环和拐臂等零配件，损坏或不合格的零配件应更换。

（7）调整导叶轴颈中心，装复轴承基座，安装基座时先把轴承压盖装好，以防基座在压入过程中轴颈将轴承带出。

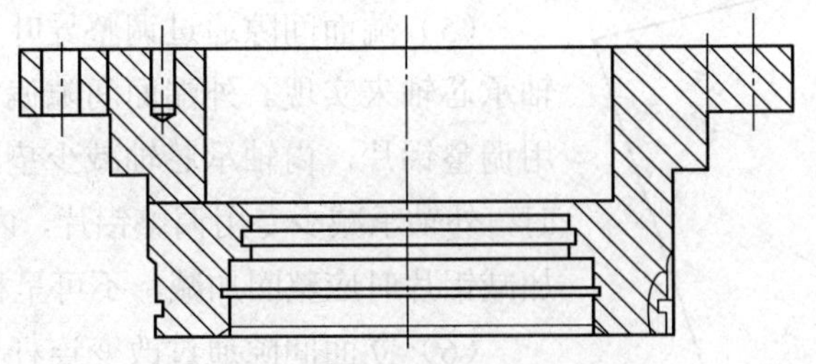

图 4-33　导叶外轴承基座结构图

（8）装复拐臂，用拐臂压盖和紧固专用丝杆将拐臂压入到位后，调整销钉孔位置，打入销钉。拧紧拐臂、导叶紧固螺钉和锥销压紧螺钉。

（9）利用链条葫芦调整拐臂，装复连杆，复测连杆长度。

三、导叶内轴套解体检修

（一）检修应具备的条件

（1）关闭机组进水口闸门和尾水检修闸门。

（2）流道排水至正常工作水位以下。

（二）检修工艺流程

（1）拆卸内轴承芯轴法兰紧固螺钉，然后用顶丝将芯轴法兰顶开。芯轴法兰离开结合面 20～30mm 时，在导叶下部打楔子板，防止导叶下沉。

（2）用顶丝螺钉或拉杆拔出芯轴。

（3）清扫、检查、测量芯轴轴颈的保护套、导叶内轴套、内密封环，凡损坏或配合超标的配件应更换。

（4）装复铜套时，利用导叶内孔的螺孔装设拉杆并配置堵板，利用铜套法兰螺孔装设导向杆，将铜套均匀压入到位。装复密封环，将密封环压到位后，将密封环外端与导叶端面调至齐平。

（5）装复导叶芯轴，拧紧法兰固定螺钉，同时调整导叶端部间隙，间隙调整符合要求后紧固螺栓。

四、导叶间隙测量及调整

（一）检修应具备的条件

（1）关闭机组进水口闸门和尾水检修闸门。

（2）将流道排水至正常工作水位以下。

（3）调速器压油槽压力正常，液压连杆压力正常。

（4）导叶在全关状态，在导叶下游侧搭设工作平台。

（二）检修工艺流程

（1）按照连杆序号对导叶进行编号。

（2）分别测量所有导叶的端面间隙和立面间隙，并做好记录，如图 4-34 所示。

（3）测量所有连杆的长度及拐臂限位块间隙，并做好记录。

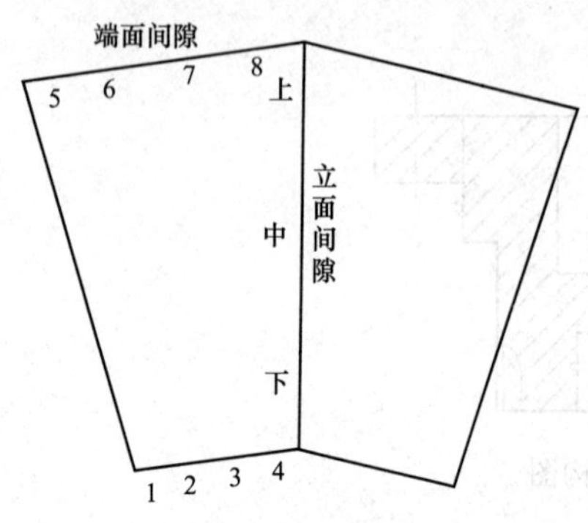

图 4-34　导叶间隙测量位置示意图

（4）分析数据，对照要求，找出需要调整的导叶。

（5）端面间隙通过调整导叶外轴承衬套法兰和内轴承芯轴来实现。外端面间隙偏大时，外轴承增加专用调整铝片，内轴承芯轴减少垫片；外端面间隙偏小时，外轴承减少专用调整铝片，内轴承芯轴增加垫片，加减铝片时应整圈加减，不可呈梯形状。

（6）立面间隙通过改变连杆长度来实现。局部间隙不符合要求时可采用打磨导叶的方式进行调整。导叶立面间隙应在端面间隙合格后才能进行调整。

（7）调整完成后，复测导叶间隙及连杆长度，应符合技术要求。

五、导叶接力器检修

导叶接力器检修的主要内容有接力器压紧行程检查及调整、接力器密封更换、耐压试验和动作情况检查，典型的接力器结构如图 4-35 所示。

（一）检修应具备的条件

（1）关闭机组进水口闸门和尾水检修闸门。

（2）将流道排水至正常工作水位以下。

（3）检修前测量接力器压紧行程，并做好记录。

（4）调速器压油槽消压至零并排油，接力器排油。

（5）卸下重锤。

（6）搭设好工作平台。

（7）相关工器具准备齐全。

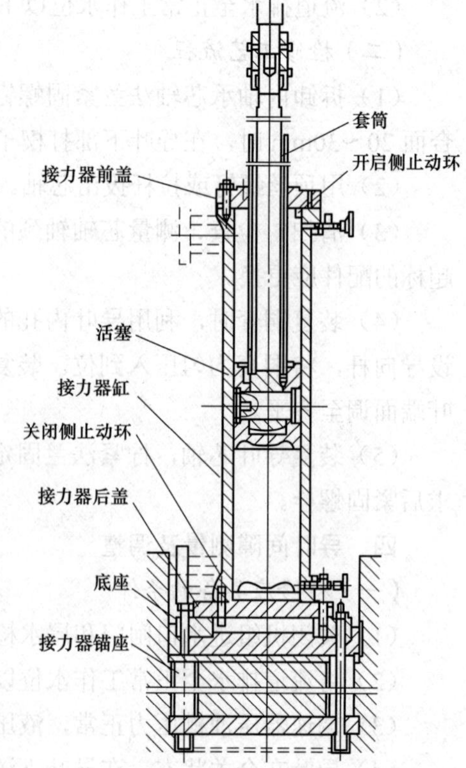

图 4-35　接力器结构图

（二）解体检修工艺流程

（1）用行车、钢丝绳和手拉葫芦等固定好需要解体的接力器。

（2）拔出接力器推拉杆与调速环的连接轴销。

（3）做好螺栓位置标记后，松开接力器底座固定螺栓。

（4）吊出接力器后搬运至指定检修区域，将接力器平放在枕木上。

（5）解开接力器前端盖，使用适当压力的压缩空气或其他人工方法将活塞杆拉出油缸。

（6）对油缸及活塞杆本体进行全面检查，及时修好发现的缺陷。

（7）对活塞与油缸进行清洗，检查磨损情况，使用内径千分尺和外径千分尺测量活塞及油缸尺寸并做好记录，与图纸进行比对，数据不合格时及时修复或更换零部件。

（8）检查各处密封垫和密封环，必要时进行更换。

（9）带有锁定装置的接力器，应对锁定装置进行解体清扫和检修。

（10）各项检查和密封更换完成后，将活塞杆推入油缸，装复前端盖。

（11）按照图纸要求，按 1.25 倍额定工作压力进行接力器严密性耐压试验，保持 30min 后，应无渗漏现象。

（12）将接力器吊入机坑，拧紧基座紧固螺栓，使用扭矩扳手检查扭矩应符合要求。

（13）装复接力器与调速环的连接轴销。

（14）回装重锤，调速器升压后，测量接力器的压紧行程，应符合技术要求。

第九节　受油器与操作油管检修

一、受油器检修

机组检修时，受油器的主要检修项目有密封更换，桨叶反馈机构检查，受油器各绝缘垫、绝缘套管及绝缘销检查，受油器充油，耐压和全行程动作试验，浮动瓦与受油器壳体间隙调整等。

灯泡贯流式水轮发电机组的受油器型号多种多样，但工作原理基本相同。某种受油器结构如图 4-36 所示。

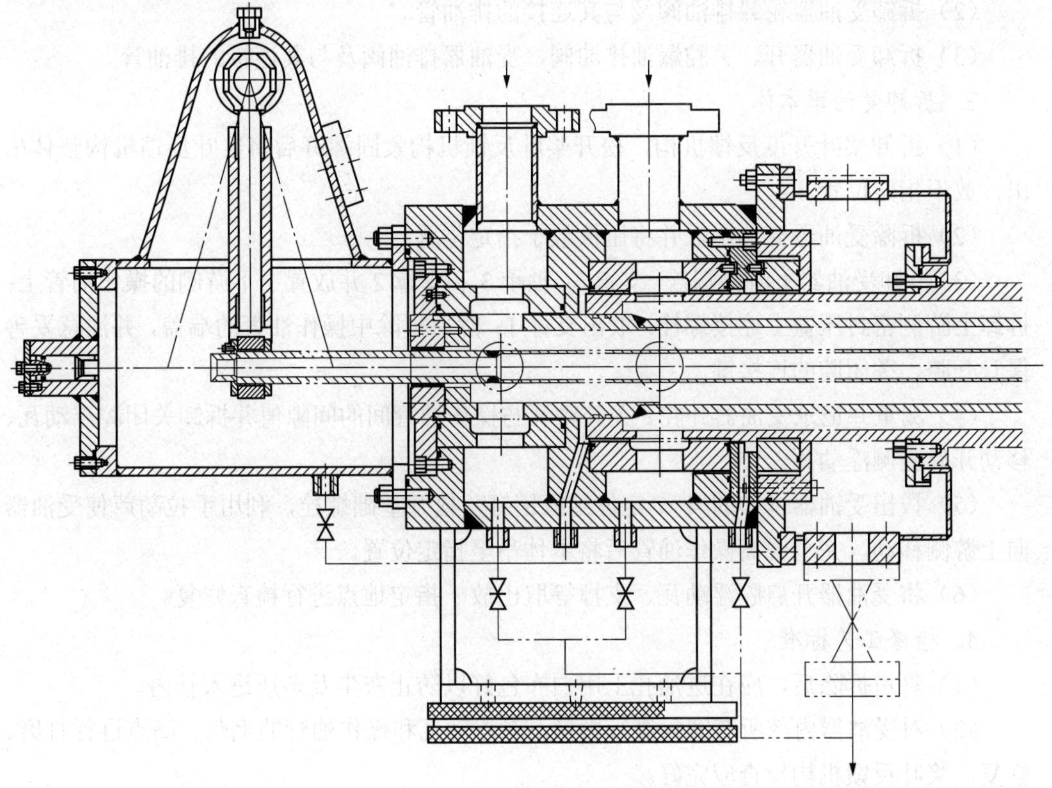

图 4-36　受油器结构图

（一）受油器检修条件

（1）机组已停机退出备用，桨叶开度在30%位置。

（2）关闭机组进水口闸门和尾水检修闸门。

（3）排空流道积水前测量灯泡头上、下浮动量。

（4）流道积水已抽干。

（5）调速器液压系统已排空。

（6）桨叶接力器油缸、受油器及操作油管已排油完毕。

（7）受油器上方平台及楼梯拆除已完成。

（8）主轴窜动量、主轴上抬量的测量已完成。

（二）受油器拆卸与检修工艺标准

1. 拆卸操作供油管及轮毂供油管

（1）拆卸桨叶开启腔操作油管、中间油管及绝缘法兰。

（2）拆卸桨叶关闭腔操作油管、中间油管及绝缘法兰。

（3）拆卸轮毂供油管、中间油管及绝缘法兰。

（4）在受油器上的进油孔用白布包好以防止灰尘及杂质进入管内。

2. 拆卸受油器排油管道

（1）拆卸桨叶接力器开启腔排油阀及排油管、桨叶关闭腔排油阀及排油管。

（2）拆卸受油器轮毂排油阀及与其连接的排油管。

（3）拆卸受油器开、关腔漏油排油阀，受油器排油阀及与其连接的排油管。

3. 拆卸受油器本体

（1）拆卸桨叶开度反馈机构，松开桨叶反馈机构紧固螺钉后将桨叶反馈机构整体吊出，放于指定位置。

（2）拆除受油器壳体压板并将压板放于指定位置。

（3）拆卸受油器下游侧端盖，支撑3、轴承3和支撑2并放置于下游侧的操作油管上；拆卸上游侧密封压盖上连接螺栓，取出支撑1，然后拆除中操作油管的端盖，并注意妥善保管开腔、关闭腔的连接键。

（4）测量并记录受油器开腔、关腔轴瓦与操作油管间的间隙值并拆卸关闭腔浮动瓦、移动开启腔侧浮动瓦。

（5）拔出受油器本体的 4 个定位绝缘销钉，松开基础螺栓，利用手拉葫芦使受油器向上游侧移动，完全脱离操作油管后将本体吊至指定位置。

（6）将受油器开启腔浮动瓦、支撑等取出放于指定地点进行检查修复。

4. 检修工艺标准

（1）管道拆除后，应在进油孔上用白布包好以防止灰尘及杂质进入管内。

（2）对受油器内部所有密封进行更换，对浮动瓦和操作油管的毛刺、高点进行打磨、修复，桨叶反馈机构检查应完好。

（3）受油器各绝缘垫、绝缘套管及绝缘销应无变形和破损，对有缺陷的应予以更换。

受油器对地绝缘电阻，在尾水管无水时测量，一般不小于 0.5MΩ。

（4）受油器装复后应通过充油、耐压和操作桨叶试验，所有接头、法兰应无渗漏，桨叶全开-全关全行程受油器不漏油，桨叶开度指示正确。

（5）重点把握浮动瓦与受油器壳体间隙调整，可通过在受油器本体基础螺栓添加垫片的方式进行间隙调整。

（6）受油器回装时顺序与拆卸过程相反。

二、操作油管检修

操作油管分外、中、内 3 根操作油管，3 者相互套合形成 3 个互不连通闭合的 3 个腔体，其中，外操作油管与中操作油管形成开启腔压力油管、中操作油管与内操作油管形成关闭腔压力油管，内操作油管即轮毂操作油管。中间操作油管分 3 节通过法兰连接。轮毂操作油管分 5 节管道，每根管道之间通过螺纹连接，从受油器一直延伸到转轮体内部。

（一）操作油管检修需先完成以下工序

（1）操作油管摆度测量。

1）在操作油管 $+X$、$+Y$ 方向，各装设一块百分表以测量操作油管的摆度。

2）在操作油管均分 8 等份并逆时针进行编号，盘车并记录各点百分表数值。

（2）机械过速与齿盘测速装置拆除。

（3）滑环罩、刷架拆除。

（二）操作油管拆卸与检修工艺标准

1. 拆卸工序

（1）拆卸外操作油管与大轴连接螺栓法兰，拆卸内轮毂操作油管第一节和第二节之间的螺栓连接，利用桥机将操作油管整体转运至厂房指定位置，如图 4-37 所示。

图 4-37 拆卸外操作油管示意图

（2）泄水锥、转轮拆卸，拆卸内轮毂操作油管第四节和第五节之间的螺栓连接，利用桥机将转轮整体转运至厂房指定位置。

（3）在尾水管内搭设检修作业平台。

（4）先拆轮毂操作油管，再拆中间操作油管，装复时顺序相反；拆除的油管应进行编号，管口使用白布包扎或塑料堵板封堵后隔离放置；对采用管螺纹连接结构轮毂操作油管，拆卸时应做好防止操作油管变形和螺纹损伤的措施；操作油管回装时应先调平后再装入；油管之间紧固螺栓应安装锁定片进行可靠锁定。

2. 检修工艺标准

（1）油管表面、法兰面和螺孔清扫，螺孔攻丝。

（2）油管焊缝应按 DL/T 1318—2014《水电厂金属技术监督规程》要求进行无损探伤检查。

（3）油管密封槽检查应完好。

（4）操作油管回装后应进行摆度测量，摆度值应符合操作油管摆度，其摆度值应不大于 0.1mm。

（5）测量受油器瓦座与操作油管同轴度，对固定瓦不大于 0.15mm，对浮动瓦不大于 0.2mm。

第十节　水导轴承检修

灯泡贯流式水轮发电机组的水导轴承一般采用筒式径向轴承，分上、下两瓣，由轴承支架及轴承体、上下游集油罩组成。筒式瓦水导轴承根据结构复杂程度又分为有球座轴承和无球座轴承，两种轴承的区别在于轴瓦是否为独立结构。有球座轴承轴瓦内侧由巴氏合金浇铸，外侧为凸金属球面与内球面轴承支撑配合，运行中允许转轮有较大摆度，如图 4-38 所示。无球座轴承结构简单，巴氏合金直接浇铸在上、下瓦托上，上、下瓦托组成轴承体，如图 4-39 所示。

一、有球座水导轴承检修

（一）拆卸前准备工作

（1）通过检查水导轴承的温升、间隙、主轴上抬量和主轴顶升高变化等情况判断是否修刮或更换水导轴承。

（2）解体前，测量转轮与转轮室间隙、主轴上抬量和主轴窜动量并做好记录。

（3）调速系统已泄压排油。

（4）拆卸受油器浮动瓦。

（5）退出制动系统。

（6）在主轴密封＋X和±Y方向架设百分表，监视主轴的径向变化；在转轮室＋X和＋Y方向架设百分表，监视桨叶端部径向间隙；在受油器支墩机座上架设百分表，监视操作油管＋X和＋Y方向径向变化。

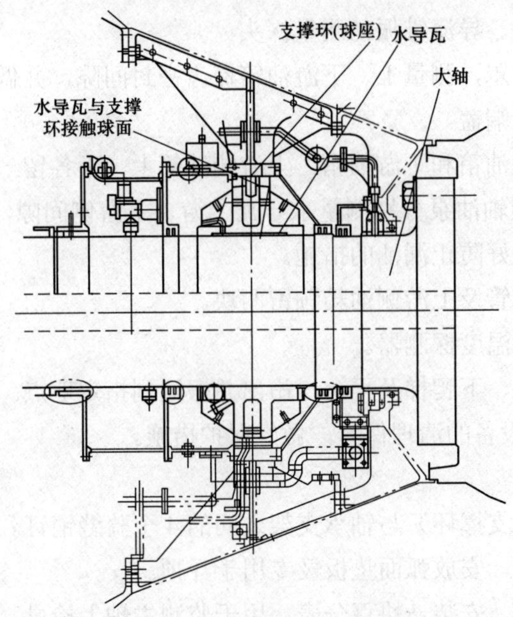

图 4-38　有球座水导轴承结构图

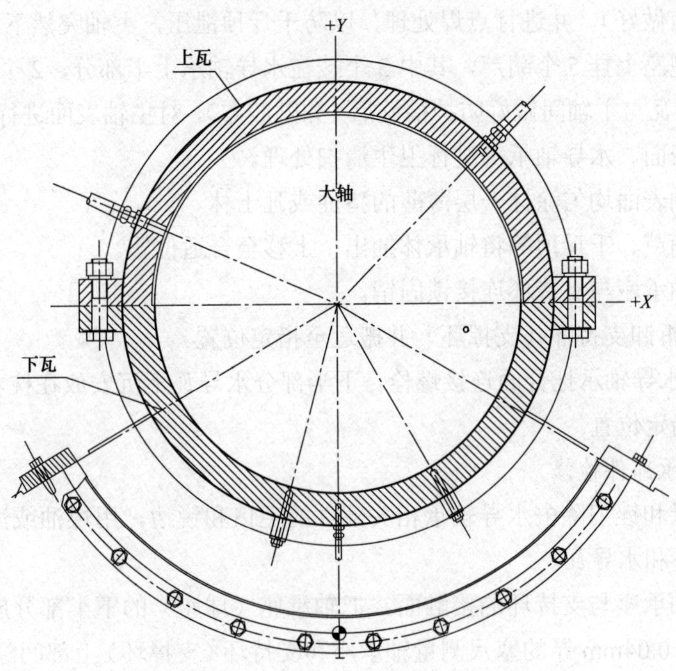

图 4-39　无球座水导轴承结构图

（二）水导轴承拆卸

1. 外围设备拆除

（1）拆卸前，做好各部件相对位置记号并做好记录。

（2）拆卸灯泡体内水导轴承供油管、主轴密封供水管、供气管和过速装置供油管；

拆卸主轴摆度测量探头、导流锥振动测量探头。

（3）拆除主轴保护罩，测量上、下游油箱梳齿密封间隙，并做好记录。

（4）拆卸上游油箱端盖。

（5）分瓣拆卸上游油箱和下游油箱，上游侧油箱上、下各留一块暂不拆卸。

（6）退、投高压顶轴油泵分别测量水导瓦上游、下游侧间隙，做好记录，投高压顶轴油泵测量数据时，做好防止漏油的措施。

（7）拆卸供、排油管及上游侧油箱预留两块。

（8）拆除水导轴承温度探测器。

（9）拆卸灯泡体上、下爬梯及平台，吊出并搬运到指定地点。

（10）做好已拆卸设备的清理保养，做好保护措施。

2. 水导轴承拆卸

（1）拔出支持环（支撑环）与轴承支架之间的 4 个骑缝销钉。

（2）在主轴正下方，安放弧面垫板及专用千斤顶。

（3）在主轴正上方，安装一块百分表，用于监测主轴上抬量。

（4）用千斤顶向上顶起主轴，保持主轴与水导瓦四周间隙均匀。安放刚性支撑及调整垫片（检修前做好），并进行点焊处理，以防千斤顶泄压，主轴突然下沉。

（5）在管型座上挂 5 个葫芦，其中 3 个挂在水导轴承上半部分，2 个挂在下半部分。

（6）在水导瓦与主轴间做好防护措施后（如贴胶布），对主轴表面进行修磨平滑处理，对葫芦、主轴表面、水导轴承等进行卫生清扫处理。

（7）在主轴表面均匀涂抹一层薄薄的猪油或凡士林。

（8）利用葫芦、千斤顶等将轴承体抽出，上移至合适位置。

（9）拔出轴承座与支持环连接锁固销。

（10）分瓣拆卸支持环（支撑环）并搬运至指定位置。

（11）拆卸水导轴承把合面连接螺栓，下半部分水导瓦下沉安放在枕木上，上半部分水导瓦搬运至指定位置。

3. 水导轴承部件检修

（1）用砂纸和锉刀除去水导轴承相关部件的毛口和锐边，用煤油或汽油清洗表面并彻底清扫支持环和水导瓦。

（2）检测轴承座与支持环的接触面，把轴承座（球座）的下半部分放在支持环的下半部分上，先用 0.04mm 厚的塞尺测量轴承座和支持环（支撑环）上部间隙；再用 0.12mm 的塞尺测量轴承座和支持环（支撑环）底部间隙，如果任一检查时塞尺插入深度大于 20mm，均应研刮接触面直至满足技术要求。

（3）径向轴承水导瓦检查，在主轴轴颈面上均匀涂抹一层很薄的红丹，把水导瓦下半部放在主轴有红丹的面上；吊起水导瓦，通过测量涂红丹的面积来检测它的平滑度；上半部下放在主轴有红丹的面上；涂料宽度少于主轴轴颈直径 1/3；如果涂料面积少于 75%，按照要求在巴氏合金面上刮去凸出的点。检查轴瓦表面合金层应无密集气孔、裂纹硬点、脱壳现象，轴瓦表面应无烧瓦变色痕迹；对轴瓦有烧瓦痕迹、裂纹、脱壳等严重缺陷者，应予以更换。检查轴瓦表面磨损情况，瓦面硬点可用刮刀挑除，把瓦面的接触点、亮点铲掉，对瓦面进行挑花处理，对经过检修的瓦面磨损情况应做好记录。

（4）轴承在修整前后及装复前都应清洗干净。残留的涂料固结块、结合面、螺杆和螺孔等都应清洗、修刮干净。轴瓦钨金面若需要修整，应由钳工技能水平较高的人员用刮刀和铲刀进行修刮，不准使用砂布、锉刀等切削工具。支承及支承座经探伤检查，如发现有裂纹等缺陷，应进行处理。轴颈的毛刺、划痕，应用天然油石醮抛光膏与机油、煤油的混合液进行研磨，研磨的纹路按“8”字形或仿“8”字形进行，不准轴向或周向直磨。

（三）水导轴承回装

1. 回装前准备工作

（1）拆卸零部件一般应用汽油清洗，但主轴轴颈、钨金瓦面用丙酮清洗，零部件上密封胶、紧固胶清除后用丙酮清洗。

（2）各部件密封面清洗擦拭干净。

（3）检查桨叶、主轴密封和受油器部位的百分表读数，如有变化应查明原因并处理，恢复拆卸前的读数。

（4）主轴涂抹凡士林或猪油等同类油脂。

2. 轴承体装复

（1）安装适合的密封条，参照拆卸前所作记号，按拆卸步骤反向操作，安装组合轴承座及支持环。

（2）安装锁固销。

（3）检查水导瓦间隙，用葫芦将轴承体上移嵌入轴承支架。

（4）装入支持环（支撑环）与轴承支架之间的4个骑缝销钉。

3. 油箱、主轴保护罩等部件装复

（1）移除顶主轴的千斤顶、支撑及调整垫片。

（2）安装适合的密封条，装复上、下游油箱及供排油管道，测量梳齿密封间隙做好记录。

（3）投、退高压顶轴油泵的情况下，分别复测水导瓦间隙，并做好记录。

（4）参照拆卸前所作记号。

（5）装复水导轴承温度探测器。

（6）安装适合的密封条，安装上游油箱端盖。

（7）安装适合的密封条，装复主轴保护罩。

（8）外围设备恢复，清理现场。

二、无球座水导轴承检修

（一）水导轴承拆卸前准备工作

详见有球座水导轴承检修中拆卸前准备工作。

（二）水导轴承拆卸

（1）拆卸水导轴承进、排油管、端盖和测温装置。

（2）测量水导轴承挡油环至水导瓦侧的轴向间距、挡油环合缝处间隙及径向间隙，拆卸挡油环。

（3）测量水导瓦侧至主轴密封支持环内法兰的间距，测量主轴至内管型壳法兰±*X*、±*Y* 方向间距。

（4）测量水导瓦上、下游顶端部，两侧间隙（合缝上、下两处间隙尤为重要）。拔出大盖销钉，拆卸组合螺栓，分解大盖并吊出竖井。

（5）在水导支持环的横筋板上，安装专用鞍座，水平按 0.1mm/m 调整，拧紧固定螺钉后即可在鞍座上安放专用液压千斤顶、活塞头和紫铜板，其轴线应对正主轴轴线，将手摇泵接头与液压千斤顶接头连接严实。

（6）监视主轴密封处百分表，用手摇泵向液压千斤顶升压，待－*Y* 处百分表变化 0.15～0.25mm 时，投入液压千斤顶锁定，同时用塞尺在水导下瓦底部测量间隙，校正主轴实际上抬量。与此同时要检查并记录桨叶、主轴密封和受油器处百分表的变化值。若主轴密封处＋*X* 方向百分表变化值大于 0.02mm，则用螺旋千斤顶（千斤顶头部应垫紫铜板，其轴线应对正主轴轴线）在±*X* 方向从内管型壳法兰上顶主轴，使主轴密封处＋*X* 方向百分表指示值回到 0。然后液压千斤顶卸压，落下主轴，主轴密封处＋*Y* 方向百分表应回到 0。按主轴密封处＋*X* 方向百分表变化值微调鞍座位置，再次升压顶起主轴，直至主轴上抬时主轴密封处＋*X* 方向百分表变化值小于 0.02mm，落下主轴时主轴密封处＋*Y* 方向百分表回到 0，且 3 次以上无变化，即可顶起主轴，待－*Y* 处百分表变化 1.5～2.0mm 时，投入液压千斤顶锁定，读取各百分表数值并记录，桨叶端部±*X*、－*Y* 方向间隙用塞尺测量记录。

（7）用塞尺检查扇形支座内、外圈径向间隙，拆卸内圈－*Y* 方向两边第三个销钉螺栓和其余十个螺钉。螺钉、销钉均有钢套，要注意应配对保存。

（8）用一台 2t 链条葫芦配吊环微吊水导下瓦，拆卸下瓦与扇形板定位销钉及紧固螺钉，然后用 M24 螺钉拧入顶丝孔，向下游顶水导瓦下部扇形体，使水导瓦退出扇形支座。

（9）将水导瓦吊出竖井放在专用瓦枕上。

（三）水导轴承部件检修

1. 大盖与下瓦

（1）外壳应完整、无裂纹，且两侧结合面接触严密，无渗漏。

（2）油孔、测温孔畅通，丝扣完好，无堵塞及渗漏。

（3）销钉及销钉孔应完好，无毛刺及剪切、撞击压痕。

（4）轴向两端面螺孔应完好平整、无毛刺、凹凸及渗漏痕迹。

（5）钨金表面、油孔、沟槽应完好，无变兰、硬结、脱胎、轴向划痕及电腐蚀斑点等，顶轴高压油洼应完好、无毛刺。

（6）支承孔应完好、无毛刺和喇叭口；钢套应完好、无破损；销钉孔与钢套的配合孔符合设计要求。

（7）大盖与下瓦预装时，两侧结合面配合应严密，要求 0.02mm 塞尺不能插入，钨金面合缝处不许错口，瓦内径最大尺寸符合设计值。

2. 轴颈

（1）轴颈段用刀口尺检查，应完好，无毛刺、裂纹、撞击压痕及电腐蚀斑点等。

（2）轴颈与轴瓦最大配合间隙符合设计要求。

（3）轴颈段三个断面的不圆度应符合设计要求。

（4）轴颈段三个断面中任何纵断面中的直径差应符合设计要求。

（5）轴颈检查前、后都应涂敷洁净透平油，贴描图纸，并用薄膜和毛毯包扎好。

3. 扇形板座及瓦体支承

（1）扇形板座及支承应完整、无变形，圆弧面无压凹伤痕，焊缝经探伤检查无缺陷，螺孔完好。

（2）销钉及螺钉应无滑丝、变形，螺杆与螺母配合应严密。销钉与钢套、钢套与孔的配合应严实；螺钉与钢套，钢套与孔有适当间隙，均为松动配合。

（四）轴承清洗与修理

参考本节一、（二）3. 水导轴承部件检修中（4）进行。

（五）大盖结合面铲刮

（1）轴瓦与轴颈的配合间隙符合设计值，若超标应通过铲刮大盖结合面进行处理，铲刮量取实测间隙与允许最大间隙、允许最小间隙平均值之差或允许最小间隙值。

（2）铲刮分两种。

1）轴承完全解体后铲刮。大盖与下瓦都吊出，铲刮大盖，装复时进行轴线检查和调整。

2）轴承部分解体后铲刮。下瓦不动，拆下大盖并铲刮后检查下瓦表面和轴线。

（3）铲刮时用红丹粉作显示剂，基准为下瓦结合面，校验基准为一级的 1m×0.75m 平板，铲刮用 T12 或 W18Cr4V 做刀片。

（4）再次铲刮前，均应将大盖与下瓦结合面推磨 3～5 遍，最大、最亮点先铲、多铲，次亮点适当少铲，然后均匀大面积铲刮。

（5）精刮。当预定铲刮量仅剩 0.02～0.03mm 时，应将下瓦、大盖与轴颈装复检测实际间隙值，采用压铅丝方法校验后进行精刮，主要作用是消除轴瓦孔的锥形现象。

（6）所压铅丝直径应比间隙值大 1/3 左右，在大盖轴向两端 50mm 宽的环带内各放 3 条长铅丝后，按对角线顺序、分步拧紧连接螺栓，不准用大锤敲击大盖表面。铅箔测量时应将每组铅箔分开，测量值取最小值，特别注意铅箔的厚度差及其方位。测量值小的一端不铲或少铲，测量值大的一端多铲，直到两端铅箔厚度平均值之差小于或等于 0.02mm 为止。

（7）铲刮平面接触要求。每平方厘米的接触点应在 3～4 点范围内（瓦面要求相同）；合缝间隙用 0.02mm 塞尺应插不进，结合面涂密封胶后应无渗漏。

（六）水导轴承的回装

1. 回装前的准备

（1）拆卸零部件一般应用汽油清洗，但主轴轴颈、钨金瓦面用丙酮清洗，零部件上密封胶、紧固胶清除后用丙酮清洗。

（2）检查桨叶、主轴密封和受油器部位的百分表读数，如有变化应查明原因并处理，恢复下瓦拆卸前的读数。

（3）检查$-Y$方向桨叶下端部应无杂物，机械制动系统阀门在关闭位置，制动气压表指示为0。

2. 回复顺序

（1）用两台链条葫芦微吊下瓦轻轻靠上轴颈，按拆卸前位置向下游移25～30mm，由两台链条葫芦相互配合，一升一降将下瓦转至轴颈下部。

（2）将下瓦向上游平移，使下瓦支承与扇形板座止口、销钉孔对正，依次装复销钉、螺钉。

（3）复核下瓦端部至主轴密封支持环法兰的轴向间距。

（4）监视百分表，用手摇泵向液压千斤顶升压，退出机械锁定，手摇泵慢慢泄压，主轴荷重由水导下瓦承受。检查桨叶端部实测间隙及各百分表读数与检修前相同后，装复轴承大盖并复测水导瓦间隙。

（5）检查水导瓦顶部间隙是否在标准范围内，如水导瓦两侧间隙不对称，差值大于或等于0.05mm时，应调整扇形板调整垫的楔形厚度，使水导瓦两侧间隙符合要求。

（6）退出液压千斤顶，装复轴承挡油环、端盖、进油管、排油管及相关设备。

（7）分别手动投入轴承油泵和顶轴油泵，检查管路及附属装置的渗漏情况，并测量主轴上抬量。

（8）投入顶轴油泵，盘车检查水导处、受油器操作油管同心度及主轴密封抗磨环座法兰不垂直度。

（9）一切正常后撤除所有仪表、工具和器材。

第十一节　主轴密封检修

水轮机主轴密封装置的密封性能好坏直接危及到机组的安全运行。水轮机主轴密封结构形式可分为平板密封、径向密封、盘根密封、端面密封和迷宫环密封几种。本节详细介绍径向工作密封和检修密封的检修方法和工艺。

一、检修前应具备的条件

（1）关闭进水流道检修闸门、尾水检修闸门。

（2）润滑水管和检修密封供气管路拆除前确认切断水源、气源并悬挂警示标牌。

（3）流道消压排水，开启尾水流道人孔门。

（4）流道内导叶侧搭设拆卸主轴密封支架的脚手架。

二、主轴密封拆卸

（1）拆除主轴密封供水管、排水管、润滑水压力表及检修密封供气管等附属部件。

（2）拆除主轴密封水箱盖梳齿密封上游侧环抱于主轴的挡水橡胶环。

（3）测量集水箱梳齿密封与主轴之间的间隙，分 8 个位置测量并做好记录。

（4）在集水箱分瓣面及水箱与密封支架上做好标记，对水箱（共 4 瓣）逐一进行解体拆卸，并将分瓣后的水箱放于管型座的固定导叶座处，便于进行清扫处理。

（5）在挡水环各分瓣面及挡水环与密封支架上做好标记，然后整体拆卸挡水环（共两瓣），并将挡水环放于管型座内指定位置。

（6）测量第二道工作密封（环氧树脂板）与密封衬套之间的间隙，分 8 个位置测量并做好记录。

（7）拆除第二道工作密封压紧弹簧，然后取出环氧树脂板（共 8 瓣）并放于管型座内指定位置。

（8）拆除第一道工作密封压板定位销，清洗干净，并用塑料袋装好放在指定地点。

（9）测量第一道工作密封及压板与密封衬套之间的间隙，分 8 个位置测量并做好记录。

（10）用手拉葫芦将不锈钢压板（共 4 瓣）拉出，拆除第一道工作密封压紧弹簧，然后取出环氧树脂板（共 8 瓣）并放于管型座内指定位置。

（11）将桨叶位置调整至 85%～90%开度，避免桨叶进水边妨碍主轴密封支架拆卸。

（12）在主轴密封支架与内导水环间做好标记，然后在密封支架分瓣件的正上方、斜上方及侧面各安装 3 个吊耳，如果主轴密封支架上没有吊点则要重新焊接吊耳。

（13）拆除主轴密封支架与轴承支架结合面的 4 颗偏心销。

（14）用桥机电动葫芦挂两个 2t 的手拉葫芦吊住主轴密封支架其中的一瓣，起升葫芦使两葫芦受力均匀。

（15）松开主轴密封支架两瓣组合螺栓，再松开桥机电动葫芦悬挂的主轴密封支架分瓣与轴承支架的连接螺栓，螺栓松开后桥机向远离主轴的方向移动，完全脱开后将密封支架吊出流道放于安装场指定位置。

（16）以同样的方法拆卸另一瓣密封支架。

三、主轴密封衬套更换

以某水电站主轴密封为例，其检修更换流程工艺如下。

1. 主轴密封衬套拆卸

（1）敲除主轴密封衬套上、下游两道贝尔佐纳填充物，用超声波探伤仪探出衬套上 8 个销钉的位置，然后确定衬套解体分瓣的位置。

（2）确定衬套分瓣位置后，分别在对称的位置轴向用气刨刨开宽 6mm、深 12mm 左右的缝，然后用角磨机对剩余 3mm 左右的焊缝进行打磨，直到将衬套分为两半，注意不要损伤主轴。

（3）当焊缝完全清除干净后，用手拉葫芦及吊带将下半部分衬套兜吊起，稍降手拉葫芦，配合铁柄起等工具将下半部分衬套整体下降，当衬套完全退出销钉孔后将其吊出流道；先在密封衬套上半部分适当位置焊接吊耳，利用手拉葫芦将上半部分吊起，采用铁柄起及焊接顶丝等工具将上半部分密封衬套顶出，待密封衬套上半部分完全脱离销钉孔后将其吊出流道。

2. 主轴密封衬套安装

（1）检查处理主轴上密封衬套安装部位并清洗干净后，将原来 8 个销钉孔中心位置用记号笔延伸至主轴上，避免重新钻孔时发生重叠，为以后更换衬套留有一定的裕度。

（2）密封衬套加工（外送工厂制作）。

1）用厚度为 10mm 钢板加工制作一道外径为ϕ870、内径为ϕ400 的圆盘，再制作一道外径为ϕ870 的圆盘（设计公差为 0～0.09mm），然后将两道圆盘固定在一起，高度为 200mm；两道圆盘要保持同心。

2）用手拉葫芦、钢丝绳将衬套上、下两瓣捆绑锁紧在圆盘上，检查间隙不得超过 0.10mm，并且将密封衬套上、下两瓣点焊，点焊应牢固。

3）按图纸技术要求将衬套外径加工至ϕ900（公差为 0～0.09mm），表面光洁度保证在 0.8μm。

4）用角磨机将衬套点焊部位磨除，运至工地清洗干净。

（3）在密封衬套安装部位正下方搭设一平台，并在该平台上放置一个 16t 螺旋千斤顶；把衬套的一半置于主轴下方安装位置，并用预置的千斤顶将轴套顶靠在大轴上；另一半从主轴上方吊至安装位置后，用手拉葫芦、钢丝绳将轴套捆绑锁紧，使其靠紧大轴；衬套安装时应将大轴上的销钉孔与衬套上准备钻销钉孔的位置错开 30°并做好记号，检查两半衬套组合缝间隙应为 0.2～0.3mm，上、下两瓣衬套组合缝不得贴死，检查合格后方可进行密封衬套的焊接。

1）焊前，采用氧-乙炔火焰加热方法将焊接处及其附近区域的母材均匀加热至 100～150℃，使用表面测温计进行检测并记录，预热温度的测量点位于坡口边缘 50mm 处。

2）采用钨极氩弧焊打底、电弧焊盖面、两人分段对称焊接方法，每段长度为 50mm 左右，进行多层多道焊接，焊接过程中除表层焊缝外采用锤击方法消除焊接应力，焊后对焊缝用石棉布将焊缝盖住缓冷。

3）焊接合缝面时，切勿使母材上产生焊接缺陷；焊后作 PT 探伤检查，合格后进行焊缝打磨，各焊缝应平滑过渡，打磨后合缝凸起量小于 0.05mm，表面粗糙度小于 0.8μm。

4）盘车安装百分表对更换后的密封衬套圆度进行检查，百分表跳动应小于 0.10mm。

5）焊接工艺规范要求如表 4-10 所示。

表 4-10　　焊接工艺规范

焊接电流（A）	焊接材料	电弧电压（V）	焊接速度（mm/min）	预热温度（℃）	焊接方法
100～120	HS367	22～23	230～300	150～200	钨极氩弧焊

3. 现场加工销钉孔及安装

（1）按照图纸上要求尺寸在密封衬套上用磁性台钻钻 8 个ϕ18、深 37.5mm 的孔，然后用ϕ19 铰刀铰成ϕ19 的销孔；销孔加工好后，在最外部进行 60°倒角，深度为 4mm；注意加工销孔时，不要涂抹油脂类物品。

（2）销孔加工好后，装入销钉并打紧。

（3）焊接锁销。

1）销钉与衬套焊接层采用氩弧焊进行焊接，8 颗销钉必须交替焊接，保证衬套受热均匀。

2）焊接ϕ19 销钉时，切勿使母材上产生焊接缺陷；焊后作 PT 探伤检查，合格后进行焊缝打磨，各焊缝应平滑过渡，打磨后合缝凸起量小于 0.05mm，表面粗糙度小于 0.8μm。

4. 无损探伤

用 PT 探伤剂对焊接部位进行无损检查，如有必要需重新修整处理。

四、主轴密封及管路安装

1. 主轴密封支架安装

（1）将主轴密封支架及轴承支架下游侧法兰清扫干净，在轴承支架下游侧法兰上粘好橡皮条及在密封支架分瓣面粘好橡胶条。

（2）利用手拉葫芦将主轴密封支架移至原位，先将一瓣主轴密封临时固定在轴承支架上，待另一瓣密封支架就位后进行两瓣密封支架组合，拧紧所有组合螺栓。

（3）将密封支架整体与轴承支架连接，测量并调整密封支架与主轴密封衬套之间的间隙应均匀，固定好定位销。

（4）拆除主轴密封支架起吊吊点、手拉葫芦，将转轮室焊接吊点打磨光滑。

2. 工作密封回装

（1）将第一道密封清扫干净，按拆卸时的标记安装第一道工作密封座，测量并调整工作密封座与主轴密封衬套的间隙应均匀且符合设计技术要求。

（2）将第一道工作密封压板清扫干净并按标记组合好，按标记将第一道工作密封压板固定在密封支座上。

（3）将第二道密封清扫干净，按拆卸时的标记安装第二道工作密封座，测量并调整工作密封座与主轴密封衬套的间隙应均匀且符合设计技术要求。

3. 水箱及管路回装

（1）将挡水环及主轴上的销钉孔清洗干净并将销钉安装好，按标记将分瓣挡水环组装好，安装挡水环时组合面不得有错位现象。

（2）将集水箱及密封支架与水箱连接法兰清扫干净，在密封水箱各分瓣面黏结好ϕ6.4 橡皮条，按标记将集水箱组合好，拧紧组合螺栓，然后在密封支架与水箱的连接法兰上黏结好ϕ6.4 橡皮条，按标记将集水箱固定在密封支架上，测量并调整记录水箱与主轴的间隙应均匀且符合设计技术要求。

（3）在水箱上游侧的主轴上按主轴的周长黏结一橡胶环使其环抱紧于主轴上。

（4）主轴密封安装完成后，恢复其外围管路及附件，全部合格后进行调试检测。

五、检修密封检修

（一）检修应具备的条件

（1）机组停机。

（2）关闭进水口检修闸门、尾水事故闸门。

（3）流道消压排水，开启尾水流道人孔门。

（4）流道内导叶侧搭设拆卸主轴密封支架的脚手架。

（5）主轴密封支架已吊开。

（二）检修密封拆卸

（1）在检修密封压板与主轴密封支架上做好记号；松开检修密封压板与主轴密封支架的连接螺栓，拆卸压板放到指定地点。

（2）拆卸旧检修密封围带，将检修密封槽和压板清理干净。

（三）检修密封安装

（1）检查新的主轴密封围带，表面应无龟裂、裂纹。

（2）安装新的主轴密封围带，紧固检修密封压板螺栓，螺栓必需涂螺纹锁固胶。

（3）用低压气给检修密封围带充气后，检查检修密封围带有无破损、漏气现象。

（4）主轴密封安装完成后，恢复其外围管路及附件，全部合格后进行调试检测。

第五章

灯泡贯流式水轮发电机组发电机检修

第一节　检修项目与质量标准

水轮发电机组检修时，应遵循“应修必修、修必修好”的原则，在发电机 A 级、B 级和 C 级检修中，推荐的检修项目如表 5-1 所示。

表 5-1　　机组检修项目表

标准项目	质量标准	检修等级		
		C	B	A
一、定子机械部分				
机舱排水孔、排水管检查疏通	（1）排水孔及排水管焊缝完好，各连接部位密封良好无渗漏 （2）排水孔及排水管通畅无阻塞	√	√	√
消防管道及喷嘴检查	消防管道连接部位密封良好，管道固定可靠，喷嘴连接牢固，喷角准确	√	√	√
上、下游法兰面渗漏检查处理	法兰间隙符合规范要求，法兰密封良好无渗漏	√	√	√
定子连接螺栓紧固	扭矩（伸长）值符合设计规定	√	√	√
齿压板检查	齿压板压指与定子铁芯间应紧固无间隙、无错位，接触紧密，无松动、裂纹，螺母点焊处无开裂		√	√
定子机座和铁芯检查处理	（1）定子机座组合缝间隙合格。 （2）焊缝符合规范要求。 （3）定子铁芯槽楔、定位筋及托板应无松动、开焊，铁芯外表面无污渍。 （4）定子铁芯上、下最外端铁芯片与相邻片之间相对无错动、内移		√	√
定子圆度检查	各实测半径与平均半径之差不应大于设计空气间隙值的±4%			√
二、定子电气部分				
定子绕组槽部、端部及整体检查、清扫、处理	（1）定子绕组端部及端箍绝缘应清洁，包扎密实，无过热及损伤，表面漆层应无裂纹、脱落及流挂现象。 （2）定子绕组接头绝缘盒及填充物应饱满，无流蚀、裂纹、变软、松脱现象。 （3）定子绕组端部各处绑绳及绝缘垫块应紧固，无松动与断裂。 （4）定子绕组弯曲部分的端箍无电晕放电痕迹。 （5）上、下槽口处定子绕组绝缘无被冲片割破、磨损现象。 （6）定子绕组无电腐蚀，通风沟处定子绕组绝缘无电晕痕迹	√	√	√
定子铁芯检查、清扫、处理	（1）铁芯齿槽无烧伤、过热、锈蚀、松动。 （2）合缝处冲片无错位	√	√	√
定子铁芯通风沟检查、清扫、处理	干净、清洁			√

续表

标 准 项 目	质 量 标 准	检修等级		
		C	B	A
定子槽楔检查、清扫、处理	（1）槽楔应完整、紧固，无松动、过热、断裂和脱落现象，并测量槽楔压紧力。 （2）槽楔斜口应与通风沟对齐，楔下垫实，防止上窜及下窜，下部槽楔绑绳应无松动或断股现象	√	√	√
定子引出线检查、清扫、处理	（1）引出线绝缘应完整，无损伤、过热及电晕痕迹。 （2）引出线应固定牢靠无松动，固定支架应稳定可靠，支架绝缘垫块应完好无破损、开裂。 （3）检查螺栓连接的各接头应牢固，接触应良好。 （4）检查引出线焊接连接部位，焊接处应表面光滑，无裂纹、气孔和夹渣；测量焊接连接部位的直流电阻值及包扎绝缘的表面电位均应符合要求	√	√	√
定子各紧固件检查、紧固	紧固可靠、无松动，锁定片锁定可靠	√	√	√
定子吹扫、绝缘检查恢复、干燥	干净清洁，绝缘合格	√	√	√
三、转子机械部分				
上、下游空气间隙测量	各实测间隙与平均间隙之差不应大于平均空气间隙值的±8%	√	√	√
制动环裂纹及磨损情况检查	（1）检查制动环磨损正常、无裂纹、无松动，固定制动环的螺栓应凹进摩擦面 2mm 以上，制动环接缝处应有 2mm 以上的间隙，错牙应不大于 1mm，且按机组旋转方向检查闸板接缝，后一块不应凸出前一块，制动环径向水平偏差应在 0.5mm 以内，沿整个圆周的波浪度不应大于 2mm。 （2）检查整体式制动环应磨损正常，无裂纹及龟裂现象，焊缝无开裂和开焊现象	√	√	√
机械锁锭检查	螺栓紧固无松动，锁定动作灵活可靠	√	√	√
转子与主轴连接螺栓无损探伤检查	符合 GB/T 8564—2003《水轮发电机组安装技术规范》规定	√	√	√
转子连接螺栓紧固检查	伸长（扭矩）值符合设计规定	√	√	√
转子支架焊缝无损探伤检查处理	符合 DL/T 5070—2012《水轮机金属蜗壳现场制造安装及焊接工艺导则》及 GB/T 8564—2003《水轮发电机组安装技术规范》规定		√	√
测量调整转子圆度及磁极标高	（1）分上、下两个部位测量转子圆度，各实测半径与平均半径之差不应大于设计空气间隙值的±4%。 （2）铁芯长度小于或等于 1.5m 的磁极，不应大于±1.0mm；铁芯长度大于 1.5m、小于 2.0m 的磁极，不应大于±1.5mm；铁芯长度大于 2.0m 的磁极，不应大于±2.0mm			√
四、转子电气部分				
转子磁极及其接头检查、清扫、处理	（1）检查磁极应固定可靠、无松动。 （2）检查磁极表面绝缘层应无开裂、脱落、变色、机械损坏现象，匝间绝缘垫、绝缘纸无位移现象。 （3）检查钎焊连接的磁极接头，应连接可靠，无松动、断裂和开焊现象。 （4）检查螺栓连接的磁极接头，固定螺栓应紧固、无松动并锁定牢靠。 （5）检查磁极接头部位绝缘包扎应完好，无破损、无过热变色现象。 （6）清扫磁极，应无灰尘及脏污	√	√	√

续表

标 准 项 目	质 量 标 准	检修等级		
		C	B	A
转子磁极阻尼条、阻尼环及其接头检查、清扫、处理	（1）检查转子阻尼环及接头应无松动、变形、裂纹和变色现象。 （2）检查转子阻尼条应无松动、断裂、磨损和变色现象。 （3）检查阻尼条与阻尼环应连接良好，无断裂、开焊和变色现象。 （4）检查各电气连接螺栓应紧固、无松动且锁定牢靠。 （5）清扫磁极，应无灰尘及脏污	√	√	√
转子励磁引线检查、清扫、处理	（1）检查转子引线绝缘应完好、无破损，引线接头处应无过热变色现象。 （2）检查转子引线固定夹板绝缘应完好、无破损，固定牢靠、无松动。 （3）检查转子引线应固定牢靠、无松动。 （4）清扫转子引线，应无灰尘、脏污	√	√	√
转子集电环、刷架检查、清扫、处理	（1）清扫集电环及刷架，应无灰尘、无碳粉和无异物。检查集电环表面应光洁、无麻点和凹痕，当凹痕深度大于 0.5mm 时，应对其表面进行修复处理，包括机械加工修理或更换。 （2）检查刷架、刷握及绝缘支柱、绝缘垫应完好无破损，刷握应垂直对正集电环。 （3）检查和调整刷握边缘与集电环表面之间的间隙，应保证间隙为 2～3mm。 （4）检查弹簧压力应均匀且符合设计要求，电刷在刷握里应滑动灵活、无卡阻，电刷和刷握之间的间隙应为 0.1～0.2mm。 （5）检查集电环及刷架上各电气连接螺栓应紧固、无松动。 （6）检查转子引线、励磁电缆及其接头和固定夹板应完好无破损。 （7）测量集电环、刷架、转子引线及励磁电缆绝缘电阻，应满足 GB/T 8564—2003《水轮发电机组安装技术规范》规定	√	√	√
电刷检查、更换	（1）检查电刷，符合下列情况之一者应当更换。 1）检查所有电刷应为同一型号，且均应完整、无缺损，对不同型号及损坏电刷应进行更换。 2）检查各个电刷和刷辫的连接应可靠、无松脱，对连接松脱电刷应进行更换。 3）检查各个电刷刷辫，对刷辫过热变色或有 1/4 刷辫断股的电刷应进行更换。 4）检查各个电刷磨损情况，对磨损长度大于原长度的 1/3 的电刷应进行更换。 （2）电刷更换，应符合下列要求。 1）每次更换新电刷的数量，不应超过每个集电环电刷总数的 1/3。 2）对于待更换新电刷数量较多时，应待新电刷磨合后，再更换其他电刷。 3）同一集电环应统一使用同一品牌型号电刷。 4）新电刷安装后检查其与集电环的接触面应不小于端部截面的 75%	√	√	√
转子各紧固件检查、紧固	连接紧固无松动、锁定完好可靠	√	√	√
转子吹扫、绝缘检查恢复、干燥	（1）转子清扫，应符合下列要求。 1）清扫应使用清洁、干燥的压缩空气或带电清洗液。 2）清扫喷嘴应使用软塑料或橡胶制品。 3）清扫气体压力应保持在 0.2～0.3MPa。 （2）转子绝缘检测应合格。 （3）转子干燥处理。 1）因转子受潮而使转子绝缘电阻降低时，应对转子进行干燥处理。 2）转子就地干燥时，应注意以下事项。 a. 如果干燥现场温度较低，应将转子整体封闭，必要时还可用热风或无明火的电器装置将空气温度提高。 b. 干燥时所用的导线绝缘应良好，应避免高温损坏导线绝缘。 c. 干燥时，应严格监视和控制干燥温度，不应超过限值。 d. 干燥过程中，应定时记录绝缘电阻及干燥温度	√	√	√

续表

标准项目	质量标准	检修等级		
		C	B	A
五、组合轴承				
各法兰渗漏检查及处理	密封良好、无渗漏	√	√	√
轴承焊缝及螺栓无损探伤	符合GB/T 8564—2003《水轮发电机组安装技术规范》规定	√	√	√
组合轴承连接螺栓紧固	螺栓扭矩（伸长）值符合设计要求	√	√	√
正、反向推力瓦磨损情况检查	（1）检查推力轴瓦应无裂纹、夹渣及密集气孔、脱落、剥离及过度磨损等缺陷，瓦面材料与金属底坯的局部脱壳面积总和不超过瓦面的5%，必要时可用超声波或其他方式检查。 （2）推力瓦与镜板的接触应均匀，每平方厘米的面积上应有2～3个接触点；每块瓦的局部不接触面积，每处不应大于轴瓦总面积的2%，其总和不应超过该轴瓦总面积的5%			√
镜板检查处理	（1）检查镜板工作面应无伤痕和锈蚀，镜板研磨后其粗糙度应符合厂家设计要求，必要时按图纸检查两平面的平行度和工作面的平面度。 （2）分瓣镜板装配到主轴上后，检查和测量镜板与主轴止口两侧及镜板组合面应无间隙，用0.05mm塞尺检查不得通过；分瓣镜板工作面在合缝处的错牙应小于0.02mm，沿旋转方向的后一块不得凸出前一块。 （3）镜板应按JBT 4730—2005《承压设备无损检测》要求进行无损检测			√
主轴轴向窜动量检查	总窜动量符合设计要求		√	√
发导瓦磨损情况检查	（1）轴瓦应无密集气孔、裂纹、硬点及脱壳等缺陷，瓦面粗糙度应小于0.8μm。 （2）轴瓦与轴装配后总间隙应符合设计要求，上、下游侧间隙之差、同一方位间隙之差均不应大于实测平均总间隙的10%。 （3）轴瓦与轴的接触应均匀，每平方厘米面积上应有1～3个接触点；每块瓦的局部不接触面积，每处不应大于2%，其总和不应超过该轴瓦总面积的5%。 （4）导轴瓦研刮，应按GB/T 8564—2003《水轮发电机组安装技术规范》的要求进行。 （5）检查轴瓦与轴颈间隙应符合设计要求。 （6）球面支撑的导轴承，球面与轴承壳、轴承壳球面与球面座之间的间隙应符合设计要求			√
轴颈检查处理	光滑，无毛刺、锈蚀及高点			√
推力瓦受力调整	正、反推力轴承总间隙符合设计要求，间隙偏差应在平均间隙的±0.03mm以内			√
六、灯泡头组合体				
灯泡头组合体法兰渗漏检查处理	密封良好、无渗漏	√	√	√
冷却系统管路、阀门检查	各连接螺栓紧固、无松动，阀门动作灵活、开关可靠，各连接部位密封良好无渗漏	√	√	√
灯泡头组合体焊缝无损探伤检查	焊缝符合GB/T 8564—2003《水轮发电机组安装技术规范》规定	√	√	√
水平及垂直支撑检查处理	紧固可靠，拉伸（压缩）值符合设计规定		√	√
灯泡头连接螺栓紧固	紧固可靠，扭矩（拉伸）值符合设计规定	√	√	√

续表

标准项目	质量标准	检修等级		
		C	B	A
七、流道盖板检修项目及标准				
流道盖板及竖井法兰渗漏检查处理	密封良好、无渗漏	√	√	√
流道盖板及竖井焊缝无损探伤检查	焊缝符合 GB/T 8564—2003《水轮发电机组安装技术规范》规定	√	√	√
流道盖板及竖井连接螺栓紧固	紧固可靠，扭矩（拉伸）值符合设计规定	√	√	√
八、制动系统				
闸板磨损情况检查处理	无裂纹、点蚀及过度磨损	√	√	√
制动系统渗漏检查处理	密封良好、无渗漏	√	√	√
制动系统螺栓紧固	螺栓紧固可靠无松动，扭矩值符合规范要求	√	√	√
制动器解体检修、试验	（1）严密性耐压试验：1.25 倍工作压力，保持 30min，压力下降不超过 3%。弹簧复位结构的制动器，在卸压后活塞应能自动复位。 （2）制动器顶面安装高程偏差不应超过±1mm。 （3）制动器闸板与转子制动环板之间的间隙偏差不大于设计间隙值的±20%		√	√
九、通风冷却系统				
挡风板检查	挡风板固定可靠、密封正常	√	√	√
风机检查	轴流风机工作正常	√	√	√
表面冷却器或冷却套清扫检查	（1）干净、清洁。 （2）表面冷却器或冷却套严密性耐压试验，1.25 倍工作压力，保持 30min 无渗漏	√	√	√
空气冷却器清洗、检查	（1）干净、清洁。 （2）空气冷却器严密性耐压试验，1.25 倍工作压力，保持 30min 无渗漏	√	√	√
冷却水泵检查	轴端密封良好，水泵联轴器同轴度偏差≤0.10mm	√	√	√
通风冷却系统各部螺栓紧固	螺栓紧固、无松动，扭矩值符合规范要求	√	√	√
十、中性点设备				
中性点母线及其支撑检查、清扫、处理	干净、清洁，支撑正常	√	√	√
中性点隔离开关操作机构检查、维护	（1）操作机构工作正常，铰链部分润滑良好。 （2）如需调整操作机构，应对接触电阻进行对比，调整后数据不得大于调整前数据	√	√	√
中性点消弧线圈（接地变压器）检查、清扫、处理	干净、清洁，工作正常	√	√	√
中性点设备各紧固件检查、紧固	连接紧固、无松动，螺栓扭矩值符合规范要求	√	√	√
中性点接地装置屏柜检查、清扫、补漆	干净、清洁，端子紧固可靠，油漆完整	√	√	√

注 表格中“√”表示选用，代表机组检修时应进行该项目。

根据机组检修项目及质量验收标准，以某电站为例，发电机在 A 级、B 级、C 级和 D 级检修中推荐的主要检修项目及验收标准见表 5-2 和表 5-3。

表 5-2　　发电机机械部分 A（B）级检修项目及质量标准表

序号	检修项目	质量标准
1	定子检修	空气间隙沿圆周方向均匀，符合设计值，螺栓按扭力矩数值紧固，伸长值符合设计要求，螺栓、销钉、螺帽紧固并按设计要求锁定或点焊牢固，组合面耐压试验合格
2	转子检修	螺栓按扭力矩数值紧固，伸长值符合设计要求，螺栓、销钉、螺帽紧固并按设计要求锁定或点焊牢固，组合面耐压试验合格
3	制动环检查	制动环平整、光滑，无裂纹及异常磨损和划痕，螺钉紧固、可靠
4	风闸检修	风闸制动板厚度、风闸行程测量；风闸制动板磨损量不超过 30%或风闸制动板表面无裂纹，风闸与制动块间隙在 6～8mm 内，风闸动作灵活，无渗漏
5	风洞全面检查	转子中心体、支臂及加强筋板焊缝完好无裂纹，无损检测合格，发导轴承、风闸及管路完好无渗漏，螺栓、销钉、螺帽应按设计要求锁定或点焊牢固，内部清洁完好
6	发电机风道检修	风道清洁完好，螺栓紧固无松动，风道盖板无变形、裂纹，无漏风情况
7	发电机气隙测量	空气间隙为 8.0mm，其最大值或最小值与其平均值之差不应超过平均值的±5%
8	发电机消防系统检修	管道通畅，各阀门操作灵活、可靠，组合法兰螺栓紧固，密封完好、无渗漏
9	空气冷却器检修	冷却管道通畅，耐压试验合格，螺栓紧固，密封完好、无渗漏，完整美观
10	冷却套检修	完好无严重锈蚀、无渗漏、无活生物存在，冷却套冲洗，更换纯净水、按规定比例添加药剂，化验合格
11	膨胀水箱检修	箱体、呼吸器清洁完好、无锈蚀、无渗漏；水位计指示准确清晰
12	循环冷却水泵检修	水泵叶轮、泵壳无空蚀，机械密封无渗漏，同心度偏差≤0.10mm
13	冷却管路及阀门检修	阀门阀芯、盘根法兰无渗漏，灵活可靠，介质流向标示符合规定要求
14	灯泡头及发电机底仓检查	灯泡头及发电机底仓清洁完好，无积水、积油，排水管、孔口畅通无堵塞
15	灯泡头及竖井检修	组合面螺栓、销钉紧固无渗漏，合缝间隙≤0.05mm，局部间隙≤0.10mm，螺栓、销钉、螺帽应按设计要求锁定或点焊牢固
16	推力轴承检修	反推瓦与镜板间隙≤0.09mm，正推瓦与镜板间隙≤0.05mm；镜板表面无划痕、无明显缺陷；推力轴瓦制动限位块紧固，机械密封间隙均匀，间隙为 0.10～0.30mm，合缝间隙≤0.03mm，局部间隙≤0.09mm；推力镜板与推力轴承的轴向总间隙≤0.08；螺栓、销钉、螺帽应按设计要求锁定或点焊牢固
17	发导轴承检修	轴瓦接触面积大于 80%，径向间隙为 0.57～0.75mm；各紧固件完好，管路完好无渗漏，呼吸器清扫干净，合缝间隙≤0.03mm，局部间隙≤0.09mm；螺栓、销钉、螺帽应按设计要求锁定或点焊牢固。梳齿密封上部间隙为 0.6～0.74mm，下部间隙为 0.2～0.34mm

表 5-3　　发电机机械部分 C（D）级检修项目及质量标准表

序号	检修项目	质量标准
1	冷却水化验	按水质维护比例添加防腐剂，计量合格
2	冷却管路阀门检修	排空阀排气无堵塞，阀门灵活可靠，介质流向标示符合规程要求
3	循环水泵检修	循环水泵完好，与电动机同心度、同轴度偏差小于 0.08mm。联轴器完好；阀门、管路完好无渗漏

续表

序号	检修项目	质量标准
4	循环油泵检修	循环油泵完好，与电动机连接同心度、同轴度偏差小于 0.15mm。联轴器保护罩、链条、结合齿完好；阀门、管路完好无渗漏，滤芯清洁
5	灯泡头及发电机底仓检查	灯泡头及发电机底仓无积水、无积油，排水管、孔畅通无堵塞
6	制动风闸检查	制动环平整、光滑，无裂纹及严重磨损。测量记录风闸闸板厚度、行程；磨损裕量小于 3mm 时应更换闸瓦，动作灵活，无渗漏，干净
7	风洞全面检查	发电机转子中心体、支臂及加强筋板焊缝无损探伤检测合格，完好、无裂纹，风洞内所有螺栓、止动片紧固完好，孔盖密封无渗漏，内部清洁完好、无遗留物件
8	灯泡头、灯泡体、竖井法兰面检查	组合面螺栓紧固无松动，止动块牢固，组合面无渗漏

第二节　发电机定子检修

定子是灯泡贯流式水轮发电机的重要部件，由机座、铁芯及绕组等部件组成。定子机座是一个支承和受力部件，除支承着铁芯、绕组、冷却器装置、制动装置等部件外，还承受灯泡头部分的荷重并传递到管型座上，运行过程中定子机座还承受额定转矩、突然短路力矩、不平衡磁拉力及定子铁芯热膨胀对机座的径向力等，定子机座作为灯泡贯流式水轮发电机组的一个重要密封部件，其上、下游侧分别与灯泡头及内管型座法兰连接，将转子等部件与流道内水流有效隔离，同时对铁芯、绕组等部位产生的热量进行冷却。

一、定子拆装步骤及方法

（一）定子拆卸

1. 定子拆卸条件

（1）已拆除测温、流量、压力、水位传感器等发电机电气二次部分设备及接线。

（2）已拆除发电机出线、中性点、励磁电源线等一次部分设备及接线。

（3）已拆除发电机受油器。

（4）已拆除发电机滑环及滑环室。

（5）已拆除发电机集电环及操作油管。

（6）已拆除流道盖板、竖井、导流板。

（7）已拆除冷却水系统相关部件。

（8）灯泡头组合体已拆出并吊至流道上游侧，放置的位置不影响转子及定子的吊装。

（9）桥机已全面检查并进行了性能测试。

（10）定子吊具、吊点已进行检查，空气间隙防护板（材质应为环氧板或软木条，厚度约间隙的 1/3）已准备就绪。

（11）转子内已搭设简易平台，便于拆卸时人员进行监护及作业。确认进水流道内脚手架不影响定子吊出。

（12）定子翻身工具已准备，检修支墩均匀摆放好，标高已调整好。

2. 定子拆卸过程

（1）在拆卸定子之前，应测量定子与转子之间的空气间隙，并做好记录。

（2）在定子法兰上游侧安装加强支架，在加强支架左、右方向各安装 1 个调节定子水平用的辅助葫芦。

（3）在定子顶部安装定子专用吊具，螺栓对称均匀紧固；连接好桥机主钩和定子专用吊具，使其受力。

（4）拆卸定子与管形座法兰销钉及连接螺栓；当拆除仅剩对称 8 个点 16 颗螺栓时，调整好桥机受力应等于定子质量。

（5）在定子内下游侧圆周方向等分 4 点的位置分别由 4 人手持防护板插入定子空气间隙内，不停前后抽动监视定子位置的变化，根据防护板松紧情况及时提醒起重专业人员调整吊钩受力校正定子位置；在定子上游侧的加强支架左、右方向上各站 1 人操作手拉葫芦调节定子水平。

（6）利用桥机将定子往上游侧平移，直至与转子完全脱开后吊至安装场。

（7）在定子底部安装定子翻身专用工具，缓慢将定子翻身至水平，如图 5-1 所示。

图 5-1　定子翻身放置图

（8）采用吊索将定子平放至检修支墩上，垫好楔子板，根据情况调节定子水平至 0.10mm/m 以内。

（二）定子装复

1. 定子装复条件

（1）转子已检修安装完毕，在转子上搭设了简易平台。

（2）已清扫管型座上游侧和定子法兰面，用刀形样板平尺检查无高点、毛刺，已按图纸技术要求安装好密封条。

（3）安装好定子起吊工具、翻身工具及十字加强支架。

（4）定子检修完毕，已完成相应电气试验项目且合格。

2. 定子装复过程

（1）对定子机座全部焊缝进行外观检查，应无裂纹，并进行了无损探伤检查。

（2）对定子连接螺栓、定位销钉应进行外观检查及无损探伤，清洗后涂油保护。

（3）安装定子十字加强支架，用吊索将定子吊离检修支墩，平放至地面。

（4）通过翻身工具缓慢翻转定子，定子吊起后应检查调整其水平，拆除翻身工具。

（5）检查完毕后将定子提升至机坑，在套入转子时，应采用和拆卸时相同的方式在定子与转子气隙间塞入防护板，套入转子后可进行密封条安装，根据定子法兰面锈蚀情况可以在法兰面上涂抹厌氧型平面密封胶。

（6）安装定位销钉，并将螺栓初步拧紧。用专用工具测量气隙，使各气隙与平均气隙之差，不超过平均气隙的±10%。

（7）气隙符合要求后，对称均匀拧紧螺栓至设计力矩值，并将销钉完全打紧，设备组合面用刀形样板平尺检查，应无毛刺、高点。合缝间隙用0.05mm塞尺检查，不能通过；允许有局部间隙，用0.10mm塞尺检查，深度不应超过组合面宽度的1/3，总长不应超过周长的20%；组合螺栓及销钉周围不应有间隙。组合缝处安装面错牙一般不超过0.10mm。复测空气间隙应符合要求。并按图纸技术要求进行组合面密封严密性试验。

（8）无严密性试验条件的定子组合面，进行密封有效性检查的方法：在法兰面清理过程中，测量该密封槽深度及宽度，计算密封圈的压缩量应符合标准要求。测量法兰面外圆至密封槽外圆的距离，并记录，法兰面完全把合后，使用塞尺检查法兰面间隙值的大小、深度和长度，其中深度不应超过法兰面外圆至密封圈外圆的距离，否则可以视为该密封圈失效。

（三）定子拆装过程中遇到的重点问题及解决方法

1. 定子发生椭圆变形

安装定子十字支架，并在定子十字加强支架左、右两端各安装 1 个手拉葫芦，在定子发生椭圆变形而导致定子销钉、螺栓等无法安装时，可通过调整左、右手拉葫芦，抵消部分变形，如图 5-2 所示。

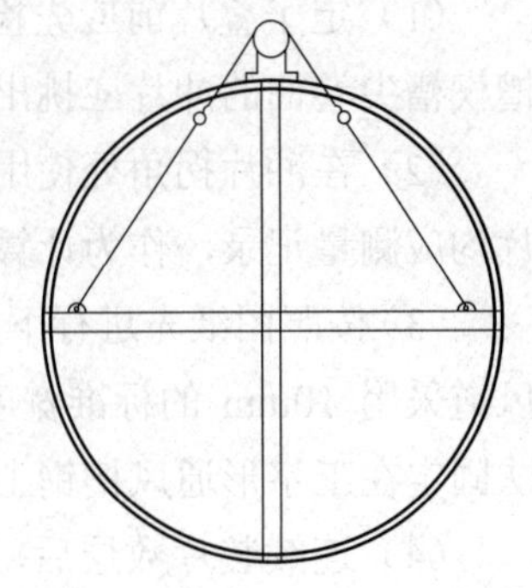

图 5-2　定子十字加强支架手拉葫芦挂装示意图

2. 定子调平

定子支墩应确保高度差在合理范围内，不宜超过 5mm，楔子板加工时对高度、宽度和长度上的误差应控制在合理范围内，楔子板合缝间隙不宜超过 0.05mm。在定子支墩底部可垫上 2～3mm 厚度的铝板，初步调整定子支墩位置及高程。定子落在支墩上后，利用水准仪及液压千斤顶分 8～16 个点测量并调整楔子板，使测量值互差小于或等于0.20mm/m。

二、定子铁芯重新叠装

（一）准备工作

1. 定子铁芯拆除

（1）搭设作业平台。

（2）拆除定子绕组，测量记录铁芯长度和槽形尺寸。测量铁芯长度时，应在槽底多几点测量，取平均值。

2. 定子测圆架安装及定子测圆

（1）厂家提供测圆架时，按照厂家的测圆架安装、调整方法执行。

（2）未有现成测圆架时，可制作一个测圆架，制作方法是使用一根长度大于定子外径的整条槽钢，在槽钢中间位置开一个直径为$\phi 2$的圆孔。

（3）将槽钢放置在定子上平面之上，使用卷尺初步调整槽钢中心圆孔处于定子中心位置。

（4）安装测圆专用工具，绑好钢琴线，钢琴线下端吊一块200～500g的铁块，铁块浸泡在油中，可以有效解决因人员误碰钢琴线导致钢琴线摆动幅度大且摆动时间长的问题。

（5）配合使用内径千分尺，调整钢琴线处于定子中心位置，偏差控制在0.05mm以内。

（6）一般沿铁芯高度方向每隔1m距离选择一个测量断面，每个断面不小于12个测点，每瓣每个断面不小于3点，合缝处应有测点。各实测半径与平均半径之差不应大于空气间隙值的±4%。定子铁芯垂直度小于或等于0.10mm/m。

3. 前期准备

（1）旧片全部拆除，卫生清理合格。

（2）定子铁芯叠片所需设备、材料、零部件、专用工器具已到货，并经验收合格。

（3）定子铁芯叠片所需图纸、安装说明书等技术资料已备齐。

（4）已进行工前安全技术交底，已对相应作业人员进行初步培训。

（二）铁芯重新叠片及压装

（1）定子叠片前应先检查冲片质量。对于缺角、折弯、冲片齿部或齿根断裂、齿部槽楔槽尖卷曲的冲片应挑出处理或报废，表面绝缘漆膜脱落的冲片应报废。

（2）在冲片拐角处使用内径千分尺测量3个点的厚度并记录，每一批冲片及通风槽片均应测量记录，作为计算铁芯高度的数据基础。

（3）按照图纸先进行下端冲片安装，每段铁芯叠片高度为30～45mm，设一层通风道。风道采用10mm的标准宽度。径向风道由通风槽片构成，将通风槽片用铆装或点焊的方法固定在工字形通风槽钢上。

（4）连续装片数层后，应用整形棒将此段加以整形，另在每张扇形片范围内打入两根槽形棒定位。在装片过程中，应不断地测量铁芯内径，如有偏差，即作调整。

（5）定子铁芯采用分段加压的装压方法，一般铁芯长度在1000～1600mm时预压两次，在1600～2200mm时需预压3次。预压时，在已叠装的最上层扇形冲片上放置40mm厚的数块预压钢板，把油压千斤顶沿圆周均匀放置在预压钢板上，每块冲片上放置两根千斤顶，千斤顶上方为固定的工字梁。逐根千斤顶均匀下压，每次下压量不要太大，应避免一次下压过多造成局部铁芯损坏。沿圆周的压紧方向，每次应相反，如第一次为顺时针方向压紧，则第二次为逆时针压紧。每段预压后，应检查铁芯的圆度，合格后拆下千斤顶和预压钢板等预压设备，继续进行下一段定子铁芯叠片。以此类推，直至定子扇形冲片全部压紧。

（6）检查铁芯长度、使用的铁芯重量、槽形等数据，应和原始数据或厂家设计一致，穿好铁芯拉紧螺杆，做定子铁损试验。

（7）定子铁损试验合格后，继续给励磁绕组通电，给定子铁芯加热。加热前可使用帆布罩住定子，将履带式加热器均匀布置在中层。使用红外测温仪测量定子铁芯的上、中、下3个点，监测温升情况，控制温度不得超过70℃。24h后，按前述方法使用千斤顶继续预压，直至所有数据合格，装上拉紧螺杆，割除多余部分后焊牢。逐个拆除千斤顶，安装上齿压板。

三、定子铁损试验

（一）试验目的

铁损是发电机运行时，交变磁通在定子铁芯中产生了磁滞和涡流损耗。涡流经过铁芯，会使铁芯内部产生热能。由于在制造和检修过程中可能存在质量不良，或在运行中，由于热和机械力的作用，引起片间绝缘损坏，造成短路，产生局部过热，过热又会加速铁芯绝缘和定子线棒绝缘的老化，严重时可造成铁芯烧损和线棒击穿的事故。所以发电机在交接时或运行中，对铁芯绝缘有怀疑时，或铁芯全部与局部修理后，需进行定子铁芯的铁损试验，以测定铁芯单位质量的损耗、测量铁轭和齿的温度、检查各部温升是否超过规定值，从而综合判断铁芯片间的绝缘是否良好。同时还可以进一步压紧铁芯叠片。

（二）试验方法

（1）定子铁损试验，需根据最大电流确定励磁绕组的规格参数，将励磁绕组缠绕在定子上，使铁芯内部造成接近饱和状态的磁场，这样铁芯中绝缘劣化部分将产生较大的涡流，温度很快升高，利用温度表测出各部温度。铁芯中松动部位将产生较大的磁噪声。励磁功率的损耗利用功率表可测出，铁芯单位质量所损耗的功率由计算得到，与规定的允许值相比较，即可判断定子铁芯有无故障及铁芯叠装质量的好坏。

（2）为了便于各发电机测量结果的比较或各次测量结果的比较，通常尽可能采用1T的磁通密度和50Hz的电源。

（3）在铁芯装配完工至定子下线之前，将一根铜心电缆作为励磁绕组沿铁芯圆周均匀缠绕W_1匝，接入10kV或400V试验电源，同时接入电压表和功率表；另一根$2.5mm^2$橡套铜芯软线作为测量绕组用，在铁芯上缠绕W_2匝，接到电压表上，如图5-3所示。合上电源后，每15min记录一次接在一次励磁绕组侧的功率表、电压表、电流表数值，并测量铁芯上、中、下层齿间、槽间温度。

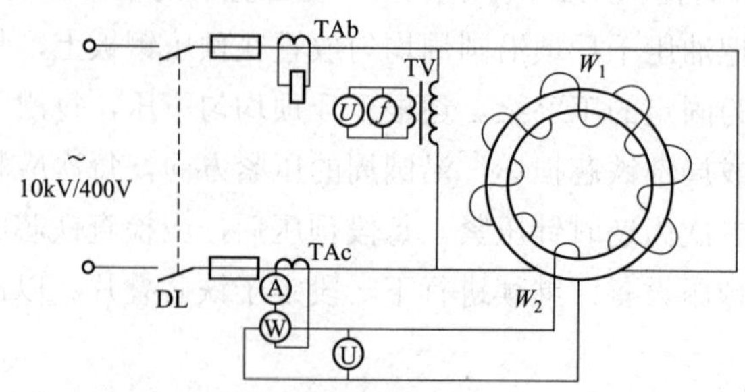

图 5-3　定子铁芯铁损试验接线图

W_1—励磁绕组的匝数；W_2—测量绕组的匝数

（4）计算公式。励磁绕组的匝数计算公式为

$$W_1 = U\times 104/4.44f\times B\times S$$

式中　W_1——励磁绕组的匝数；

U——励磁绕组所接电源的电压，取值根据现场实际电压确定 10000V 或 400V 等；

f——电源频率，取值为 50Hz；

B——加热时所需磁通密度，一般取值为 1T；

S——定子铁轭的横截面积，cm²。

定子铁轭的横截面积计算公式为

$$S = L\times H$$

$$L = K(L_1 - nb)$$

$$H = \frac{D_1 - D_2}{2} - h_a$$

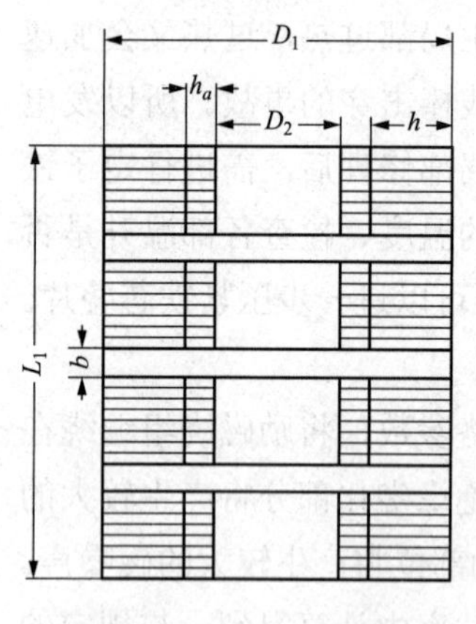

图 5-4　定子铁芯断面图

式中　L——定子铁芯有效总高度；

H——定子铁芯扼部宽度；

K——定子铁芯填充系数，硅钢片片间用绝缘漆的取 0.93～0.95，一般 0.95；

L_1——定子铁芯总高度；

n——定子铁芯通风沟数；

b——定金铁芯通风沟高度；

D_1——定子铁芯外径；

D_2——定子铁芯内径；

h_a——定子铁芯齿高（硅钢板齿高）。

定子铁芯断面图如图 5-4 所示。

励磁绕组导线的截面，应根据磁化电流来选择。计算公式为

$$I = \pi\times an\times d/W_1$$

式中　an——定子铁芯每 cm 所需的安匝数，一般取 1.5～2 安匝/cm；

d——定子铁芯有效平均直径。

励磁绕组导线截面积选择，以控制电流密度在 3A/mm^2 的原则选取。

定子铁芯有效平均直径计算公式为

$$d = D_1 - \frac{D_1 - D_2}{2} + h_a$$

测量绕组匝数按下式确定，即

$$W_2 \leqslant \frac{U_1}{U_2} \times W_1$$

式中 U_1——励磁绕组侧电压；

U_2——测量绕组侧电压。

为确保测量准确度满足要求，测量电压实际值在测量电压表量程的 1/3～3/4 位置。

（三）定子铁损试验操作注意事项

（1）一次侧励磁绕组禁止使用铅皮或铠装电缆，应使用相应电压等级的单相绝缘软电缆，导线绝缘良好，匝数和线径大小应按相关公式计算，当冬天气温较低时，可适当减少匝数。

（2）试验时间为 90min，记录数次即可结束试验。

（3）试验前，应仔细检查定子铁芯锐角已使用绝缘垫将励磁电缆隔开，以防止励磁电缆破损，影响绝缘。同时，检查定子芯内各坚固件紧固到位，无金属件遗留在定子铁芯或通风槽内。

（4）无论定子铁芯是否已嵌入线棒，在试验过程中均应保证定子机架一点接地，接地导线截面积不小于 50mm²。线棒已嵌入定子铁芯的定子铁芯试验，定子绕组应使用不小于 50mm²截面的导线接地。如果定子绕组有尚未消除的接地点，则绕组只需短路，不可再接地，以免多点接地使铁芯烧坏。

（5）试验过程，对定子温度的监视可采用酒精温度计、测温电阻、红外热温枪或红外成像仪等，但不得使用水银温度计。

（6）试验中若发现铁芯（包括埋入式电阻元件的测量值）任何一处温度超过规定值（一般为 105℃），或个别点发热严重，甚至冒烟或发红，应立即停止试验。

（7）试验场地应隔离，无关人员不准进入。

四、定子线棒更换

（一）定子线棒拆除前准备工作

（1）定子吊出后进行外表面卫生清扫，将定子外表面铲干净后刷黑色油漆，在定子内表面搭设作业平台。

（2）布置防护措施，定子上部孔洞用环氧板进行封堵并用布基胶带将缝隙封死，防止检修过程中的工具材料和垃圾掉入。

（3）按照图纸对定子线槽进行编号，并将出线、中性点及跨桥等特殊位置的线棒进行记录。

（二）定子线棒拆除

1. 绝缘盒拆除

用平口凿先将绝缘盒正面、侧面剔除，露出并头套，把附着的绝缘胶使用锯片或铲刀清除干净，线棒间和并头套间的灌注胶尽量清理干净，否则在线棒并头板焊开时将产生大量有害气体并使加热时间延长，影响线棒端部主绝缘。

2. 槽楔、斜边垫块及绑绳拆除

拆除斜边垫块及绑绳过程中，注意作业人员的整体防护。根据槽楔的形状特征，可制作专用工具，利用电锤替代榔头。有些机组槽楔比较紧，可采用铁柄起子直接敲掉。

3. 并头片焊开

（1）准备好中频焊机所需要的水源和电源，安装好中频焊机后即可开始焊开并头片。

（2）焊开线棒并头片前必须做好必要的防护措施，用湿润石棉布保护好线棒端部绝缘，防止烧伤线棒。焊开过程，应根据熔焊持续时间，间断地使用喷壶对石棉布进行加水降温。

（3）参加并头片焊开的人员必须做好相应的保护措施，使用专用的电焊手套，戴好防毒口罩。

（4）中频焊机使用人员要经过培训，熟悉焊机的使用方法和故障的处理，焊机在使用过程中要保证水源流量、水质满足要求。

（5）跨桥引线最后焊开，上端连接部分焊机不便于工作，可将连接的两根线棒下部焊开后同时取下。

4. 线棒拆除

（1）取线棒时先从线棒两端直线部分的空隙入手，将两端慢慢稍微抬起，小幅摇晃并取出。

（2）线棒压填较紧时，可用绳子套住线棒直线段两端，几个人同时拉扯绳子将线棒从槽内水平拉出。拉扯绳子过程中人员应该站在线棒和圆心形成的直线上。

（3）线棒压填很紧时，可用手动葫芦代替人力在垂直线棒方向上、下同时试拉，力量不宜过大，以防线棒弯曲。

（4）上层线棒拆除完毕后，应及时清理干净线槽内的胶质物，方便下层线棒拔出。

5. 定子铁芯清理与喷漆

（1）使用竹片或环氧片清理铁芯槽内及表面的残留硅胶，严禁用金属物清扫铁芯，以免损伤铁芯使铁芯层间短路，最后应使用压缩空气整体吹扫定子各部位。

（2）使用紧量刀对定子铁芯松紧度进行检查。

（3）条件允许的情况下对铁芯进行再次压紧处理，若局部点松动则采用加垫片或涂刷铁芯渗透胶的方式进行处理。

（4）进行铁芯圆度及垂直度测量。

（5）使用槽样棒对槽型进行检查，槽深应满足槽楔装配要求。

（6）铁芯槽内均匀喷涂或手刷低电阻半导体漆（X8003）一层，铁芯内表面和机座内表面喷188漆二道，室温固化时间不少于48h。喷漆应均匀，无挂漆和漏喷现象，半导体漆不能喷到槽部之外，使用188漆时不能将漆喷到铁芯槽内表面。

（三）定子线棒安装

1. 定子线棒安装前准备工作

（1）定子整体卫生清扫。在定子安装之前必须进行彻底的卫生清扫，主要将焊渣，以及拆除线棒时所留下的渣滓清理干净，线槽内及通风槽内清理干净。

（2）检修棚搭设。将定子整体用彩条布封盖，只留1个供检修人员进出的通道，检修棚应包括硅胶配置间、绕包通道搭设等。

（3）新线棒检查分绝缘电阻测量与抽检3%线棒进行介损测试两种情况。其中绝缘电阻测量检查情况为：取5%线棒进行交流耐压试验，试验电压（$2.75U_n+2.5$）kV，试验时间为1min，要求不闪络、不冒烟、不击穿和不爬电；抽检3%线棒进行介损测试检查情况为：随机抽取总线棒3%数量的线棒进行介损试验，要求在$0.2U_n$时，介损小于或等于1%，在$0.2\sim0.6U_n$间时，介损小于或等于0.5%，其中U_n为额定电压。

（4）槽楔、楔下垫条等层压制品用干净白布粘酒精擦洗干净后，室温下晾干不少于30min，然后在80℃下烘焙时间不少于8h。包卷材料（云母带等）、室温固化胶、室温固化腻子、云母带及其他需要冷藏处理的绝缘材料储存在冰箱内，冰箱温度控制在5℃以下。

注意：使用前应从冰箱内取出后室温放置时间不少于4h，材料应用包装薄膜封包防止绝缘材料表面产生凝露。

（5）对照图纸将线棒安装的材料工具准备齐全。

2. 下层线棒安装

（1）确定下线位置。在定子铁芯内圆用记号笔标出下线基准槽，第一槽为基准槽。参照基准槽以逆时针方向（从上往下看）做好整圆的槽编号。按照设计图纸，确定槽号及其对应所要下的线圈的种类和数量。

（2）测温线固定。根据工艺要求固定测温线。将测温引出线短接，用2500V绝缘电阻表测量测温电阻对地、对金属屏蔽层绝缘电阻应大于50MΩ。

（3）线棒嵌入。以定子铁芯中心线和线棒中心线为基准及参考线棒上、下端伸出长度嵌入下层线棒，线棒超出铁芯的距离与线棒之间的间隙应符合设计要求。

（4）线棒压紧。线棒入槽后，检查线棒槽内直线部分是否紧贴槽底，不允许线棒与槽底间存在间隙。用压紧工具和压线垫条将下层线棒上、中、下分别压住，压紧力应均匀，间隔一段时间应进行检查。

（5）耐压试验。下层线棒全部安装完成后进行耐压试验，耐压试验前应检查适形毡是否已完全固化，严格清理端部，用2500V绝缘电阻表测量绕组绝缘电阻值。试验前用酒精或甲苯溶剂擦净槽口和线棒端部绝缘表面及绑绳处的一切污染物质。耐压试验过程中，电阻线圈应接地，被耐压的一组线棒用裸铜线连在一起，其他线棒与机座相连，各组端部间用云母板或橡胶板隔开，有关试验电压值及耐压次数按标准执行。

（6）槽电位检查。若槽电位不合格，需处理直到合格为止。测试时施加电压为相电压，槽电位应不大于10V。

（7）线棒端部喷漆。按照图纸要求对线棒端部进行喷漆，喷漆前要做好相应的防护措施，线棒上、下端用报纸、破布包好，对绕组端部进行喷绝缘漆。喷漆时注意保护槽口，不得有端部漆流入线槽内或喷至铁芯表面，应均匀喷在线棒端部的表面。

3. 上层线棒安装

（1）按照下层线棒安装方法安装上层线棒，检查端部伸出长度及上、下层线棒引线头对齐情况，若无问题，再将上层线棒用橡皮锤沿直线段方向均匀打入，并按图纸要求嵌入其余线棒，线棒侧面与铁芯间的间隙处理及要求一样。注意上、下层线棒引线头对齐情况，对层间有测温元件者，压紧时应避开测温元件，以免压坏测温元件，压紧后应对测温元件再次进行检查。

（2）端部斜边垫块配放。将斜边垫块与绑绳按照安装要求进行处理，一般是浸胶处理。将斜边垫块放入配放部位，对高出垫块的适形毡用剪刀及时剪去，然后进行绑扎。如果线棒端部之间间隙过大，可加垫适形毡。

4. 槽楔打入

（1）槽楔要放入垫条、内层槽楔和槽楔。

（2）线槽两端的槽楔与其他槽楔不同，一端带有缺口，应最后安装。先将一槽槽楔放满，记录从底部数第二块槽楔的位置，用线棒压紧工具打底，将一块压板固定在下部第一块槽楔顶部平齐的位置，然后可进行槽楔安装。

（3）用专用的打槽楔工具进行安装，先打下1/3左右位置，用50g左右的小铜锤轻轻敲打，通过听声检查是否有空鼓，如果不合格则需退出槽楔，再根据松紧情况增加或减少适量垫条后打紧槽楔，每块槽楔空鼓区域不允许超过槽楔长度的1/3。

（4）将中部的槽楔全部安装完成后，将上下两端的槽楔装入，两端槽楔不允许空隙。

5. 并头套焊接

（1）准备工作。

1）线棒端部整形。由于线棒本身差异和下线过程中的误差，上、下层线棒端部并不一定在同一平面上，需进行调整，调整工具为U形夹，用校形工具进行扭斜校形。注意校形时用力适当，线棒绝缘末端位移量不得大于0.5mm，若超出要求，应再次校形。

2）检查并头套或并头连接片（块），应平直、形状规则、无裂纹，用酒精清扫干净。

3）采用并头套板连接或股线逐根银焊对接时，用防火布或石棉纤维做好绕组接头附近绝缘的保护，以免焊接过程中高温焊料烫伤绝缘。

4）焊接设备电源、冷却水源（如果需要）连接完毕，通电、通水进行试焊并选定合适的焊接参数，同时事前对作业焊工进行焊接培训。

5）用酒精和甲苯清洗绕组端头。

（2）焊接工作。

1）焊接前要先将引出线及跨界部分做好醒目的记号，防止出错。

2）焊接一般先焊接上部，因为上部有引出线。先将上部焊完后可继续下一步工作，与下部焊接不冲突。

3）为防止线棒过热损伤，应使用浸水脱脂棉将线棒包裹。按照铜焊操作工艺规程，装配焊片，用大力钳夹紧并接头，使并接头在焊接过程中维持较小的间隙，以防止焊料流失，造成虚焊或搭接电阻过大。操作铜焊机，按照试焊确定的焊接工艺参数，通电对并接头施焊。并接头通电加热焊接的时间不得超过厂家的规定，焊好过程中及焊后均要用专用冷却设备冷却焊接附近线棒绝缘，防止线棒绝缘碳化。

4）焊接时，插入感应圈夹紧工具将并头板和感应圈一起夹紧后通电加热。

5）输出功率依据线棒截面而定，截面小的线棒取下限，截面大的线棒取上限，钎焊加热时间宜相同。当加热到钎料熔化后，应再次夹紧感应圈夹紧工具，同时对焊缝填加钎料。焊接时，应先对并头板的下部焊缝填加钎焊料，待下部焊缝钎料填满后，再对上部焊缝和立缝填加钎料，至所有焊缝钎料填满并呈 R 状为止。为了确保焊接质量和良好的焊缝外观，在断电后避免出现钎料凹陷可继续向焊缝填料，以获得最佳效果。加热过程中应防止温度过高烧熔并头板，可采用间歇通电法，温度维持在钎焊参数范围内。钎焊温度用观察焊件的颜色来控制，正常钎焊温度焊件呈橘黄色，如焊件发白时，则温度过高。焊完后，待温度降至约 400℃时方可卸掉感应圈夹紧工具，继续下一个接头的钎焊。

（3）检查工作。

1）焊缝四周钎料应饱满，呈 R 状，不允许有凹陷现象。

2）直径$\phi 1$ 的气孔、沙眼不允许有连续两个以上出现。

3）对表面烧熔的并头板应更换。钎焊质量不合格的并头板，只允许补焊 1 次。

（4）清理工作。

1）用平板锉、扁铲和砂布清除电接头表面的残余焊料、焊瘤、毛刺及表面氧化物，使接头光亮，再用酒精布擦洗干净接头。所有的并头板和线棒铜线用钢丝刷子刷出金属光泽。

2）线棒上端在撤掉石棉布之前，要用经脱水脱油处理的压缩空气吹洗干净。

3）撤掉石棉布，用吸尘器清理干净定子上端灰渣。

（5）定子线棒下端部焊接工艺与上端部基本一致。

6. 下层绝缘盒安装

（1）用棉纱蘸乙醇（丙酮）等溶剂擦拭或用溶剂清洗绝缘盒表面，清洗后烘干使用。

（2）在绝缘盒外表面上贴一层塑料薄膜，以便清理灌注时溢出的胶液。

（3）用砂纸把焊接后的线棒引线表面氧化层和碳化物，以及引线绝缘搭接区域的钎焊烧伤痕迹和绝缘表面的碳化物等彻底砂磨干净，然后用棉纱蘸溶剂进行清理。

（4）测量线棒引线绝缘长度，如果绝缘盒与线棒引线绝缘的搭接长度小于规定，须用环氧玻璃粉云母带预先加包接长。

（5）灌注胶与封口腻子在组分分装的情况下（在原包装容器内），使用前应提前放置在温度 30～35℃环境下 36h 以上。

（6）按照说明书要求，使用电动搅拌工具搅拌胶液，直到胶液完全均匀为止。灌胶前应用托板托住，并用千斤顶或其他工具支撑。

（7）绝缘盒灌注胶固化后，如果胶面低于绝缘盒口，须进行补充浇注。将绝缘盒表面的防污塑料薄膜去掉。

7. 上层绝缘盒安装

（1）先固定上层绝缘盒，将事先剪好的E型板放到木楔上面，两个E型板一正一反将一槽内的两根线棒包裹住，尽量贴紧线棒，减小接触缝隙。

（2）揉好腻子然后套上上端绝缘盒，并调整好绝缘盒之间的距离。用腻子沿盒口四周填塞。腻子封口须仔细封严，以防灌注胶流失。

（3）按照下层绝缘盒灌胶步骤及工艺要求灌好上层绝缘盒。

8. 引出线焊接及绝缘包扎

（1）使用锉刀、纱布将焊接表面的毛刺、焊缝表面的残余焊渣清理，然后用酒精抹布将焊接面擦拭干净。

（2）安装引线支架，将支架安装在定子机座上，并用玻璃丝带将引线固定在支架上，并将支撑块放好，保证引线水平。

（3）按照说明书要求进行绑扎，层数、刷胶等应符合要求。

（4）按图纸要求相应内容进行耐压试验。试验前用酒精或甲苯溶剂擦净槽口和线棒端部绝缘表面及绑绳处的一切污染物质。用 2500V 绝缘电阻表测量，吸收比大于或等于 1.6。

9. 整体卫生清扫及喷漆

（1）对定子进行整体卫生清扫，清理干净机架内的杂物后，用压缩空气吹净定子表面及通风槽内部，确保无金属屑和焊渣等杂物残留。

（2）将定子测温电缆敷设到位，确认所有螺栓已紧固并锁定牢固。

（3）定子表面均匀喷 1 层绝缘漆。

（四）定子线棒更换质量验收标准

1. 线棒

（1）线棒焊接接头处无毛刺，外观检查整齐、光滑、焊料填充饱满，接头高低差小于或等于 6mm。

（2）线棒应紧固无松动。

2. 槽楔

（1）铁芯上、下端两根槽楔应无间隙，中间每根槽楔全长 3/4 范围内无空响，两端接头槽楔间隙小于或等于 1mm。

（2）槽楔无损坏，槽楔应整齐紧凑，铁芯处无毛边或翘曲现象。

（3）槽楔表面高于铁芯内圆小于或等于 0.5mm，槽楔伸出铁芯槽口的长度不大于设计值，相互高差小于 2mm，最大与最小差小于 4mm。

3. 绕组端部轴线排列

（1）端部伸出长度最大、最小之差小于 6mm，相邻差小于或等于 3mm。

（2）绕组斜边间隙最大最小之差小于 5mm，相邻差小于 3mm。

4. 绑扎

（1）绑扎处整齐、严实、美观，打结处不得出现在铁芯内圆处。

（2）绑绳与线棒出槽口距离最大最小之差小于或等于 6mm。

5. 环氧胶配比

严格按照图纸及工艺要求进行配比、搅拌均匀。

6. 绝缘盒

（1）绝缘盒相互高差目测基本一致，相互间隙目测均匀。

（2）绝缘盒内灌胶饱满、整齐美观，无开裂现象。

7. 卫生清理

定子铁芯各处不存在流挂环氧胶现象。

8. 汇流母线

焊接接头处无毛刺，外观检查整齐、光滑、焊料填充饱满，接头高低差不大于 5mm。

9. 干燥

干燥时升温速度小于或等于 8℃/min，控制温度在 70～80℃区间，干燥时间不小于 72h；降温时控制降温速度小于或等于 8℃/min。

10. 油漆

喷漆均匀、光滑、无流挂等。

11. 电气距离

汇流母线安装后，对地空间距离要求大于或等于 75mm；爬电空间距离要求大于或等于 150mm。

五、定子局部检修

（一）定子线棒局部更换

定子线棒局部更换是检修过程中发现单根线棒出现损坏或电腐蚀严重等缺陷，不符合设备正常运行要求时而进行的工作。分为上层线棒局部更换及下层线棒局部更换，上层线棒处理相对简单，仅需拆除一个磁极及损坏的上层线棒，而下层线棒则可能需拆除 2～3 个磁极，拆除一个节距的上层线棒以及损坏的下层线棒。

1. 拆除前准备工作

（1）准备好定子线棒更换所需工具、材料、焊机、焊料和环氧胶等一系列所需物资。

（2）在灯泡体和内风洞处搭设磁极拆除作业平台。

（3）磁极在机组最上部位置拆除为最佳，对于某些无磁极拆除孔的机组，还应自行开设磁极拆除孔。

（4）在尾水流道内焊接桨叶盘车吊耳，磁极拆除后，转子重量不平衡，需借助手拉葫芦对桨叶进行盘车。

2. 磁极拆除

（1）将预拆除的磁极盘车至顶部（$+Y$ 方向），拆除挡风板、引风板。

（2）拆除磁极间的连接片、阻尼片等。

（3）使用磁极螺栓专用工具拆除磁极螺栓。

（4）装入磁极拆装工具，采用手拉葫芦将磁极拖出至灯泡体脚手架上。

（5）安装磁极起吊工具，将磁极从灯泡体人孔门吊出，并妥善保管。

（6）使用流道内的手拉葫芦对桨叶进行盘车，将磁极空缺位盘车至需处理的定子线棒处。

3. 线棒拆装

参考本节四、定子线棒更换工艺流程进行。

4. 磁极安装及清场

（1）按照拆除方法将磁极安装到位，装复其他外围部件。

（2）对定子内部进行清理检查。

（3）拆除各脚手架，拆除流道盘车吊耳等。

（二）定子绝缘电阻降低检修

发电机组长期停机备用或更换线棒后，易受到潮湿空气、水滴、灰尘、油污和腐蚀性气体的侵袭，将导致定子绝缘电阻下降。若不及时检查处理，机组运行时可能引起绕组击穿烧毁。

定子绝缘电阻下降的处理方法有：

（1）短路干燥法。

（2）直流电焊机干燥法。

（3）机组加热器或除湿机干燥法。

（4）机组空转运行干燥法。

（三）线棒绝缘损坏检修

机组运行中若发现线棒绝缘损坏，应视线棒绝缘损坏具体情况，采取对线棒局部修补绝缘或更换线棒的方法进行检修处理。线棒表面有轻微局部损伤，可在损坏处包 2～4 层原质绝缘带并刷涂原质绝缘漆进行补强；线棒主绝缘严重损坏，则需局部修复主绝缘或更换线棒。修复时绝缘带包扎工艺要求如下。

（1）半叠包准确。使用绝缘带按螺旋形方向绕包线棒时，要求绝缘带互相重叠的宽度为带宽的一半，即要求半叠包。绕包线棒弯曲部位时，应使绝缘带在圆弧外侧面上呈半叠包状态，此时圆弧内侧面上绝缘带重叠的宽度大于 1/2 带宽。

（2）包带拉力适当。若包带拉力过大，会使云母带拉裂，绝缘严重破坏；若包得过松，则会使厚度增加，层间存有空隙，同样使电气强度下降。从冷藏室取出的绝缘材料，应在室温中放置 24h 后才可使用。

（3）绝缘搭接。当部分绝缘破坏时，应将绝缘层切削成 60～80mm 的锥体以便新旧绝缘能很好地吻合。新绝缘包扎时，包扎带各层与该锥体搭接。

（4）每层的绕包方向应相同，每隔 1～3 层涂一层环氧树脂绝缘漆。上、下层间对缝应错开，包扎层数应符合绝缘规范，可参考极间连线的绝缘包扎层数。

（四）定子铁芯局部检修

发电机运行时铁芯受热膨胀，受到附加力，使漆膜受压变薄，加之漆膜老化收缩，使片间紧密度降低，产生松动。当铁芯硅钢片收缩 0.3%时，铁芯片间压力则会降低到原始值的 1/2。铁芯松动会产生振动，使绝缘漆膜进一步变薄，松动进一步加剧。此外，铁芯两端齿压板变形，压指和通风槽钢变形、开焊、脱落、折断等也会引起铁芯松动。铁芯松动位置多发生在上、下两端的铁芯段和通风沟两侧。铁芯中段和整体铁芯松动的机会很小。铁芯松动会产生较大的电磁振动和噪声，同时将磨损定子绕组的绝缘，危害极大。检查铁芯松动通常用手锤轻轻敲击铁芯两端齿部和齿压板，如果松动，会发出哑声，伴有冲片缝隙向外喷锈或灰尘现象。

1. 铁芯两端松动检修

铁芯两端松动可用钢板做成楔条插入压指与铁芯之间，打牢后再用点焊焊牢。

2. 铁芯局部齿轻微松动检修

修理铁芯局部轻微松动时，先用汽油将铁芯松动部分锈迹与油污清理干净，再用干净布擦拭，用尖刀片撬开冲片，根据缝隙的大小用 0.05～0.5mm 厚、已涂刷环氧树脂的云母片塞紧；如果铁芯松动缝隙过大，则用 1～3mm 厚的层压绝缘板做成楔块用木锤打入缝隙，将铁芯撑紧；对于不宜塞绝缘材料的，可用压缩空气将环氧树脂胶吹进空隙的方法处理。

六、定子防电腐蚀

（一）电腐蚀原因

发电机槽内定子线棒表面和槽壁之间，由于松动、填充材料收缩老化等原因形成间隙而产生高能量的电容性放电，这种放电所产生的加速电子，对定子线棒表面产生热和机械作用，同时，放电使空气电离而产生臭氧及氮的化合物，化合物与水分发生电气化学反应，引起线棒表面防晕层、主绝缘、槽楔和垫条出现烧损和腐蚀现象，称为电腐蚀。根据电腐蚀发生部位的不同可分为外腐蚀和内腐蚀两种。

1. 外腐蚀

外腐蚀是指发生于防晕层和槽壁之间的腐蚀。

（1）轻微腐蚀：线棒防晕层变色，由黑灰色变成深褐色。

（2）较重腐蚀：线棒防晕层呈灰白色并有蚕食现象，局部变酥，部分主绝缘外露。

（3）严重腐蚀：线棒防晕层大部分或全部变酥，主绝缘外露出现麻坑。槽楔和垫条呈蜂窝状。

2. 内腐蚀

内腐蚀是指发生于防晕层和主绝缘之间的腐蚀。

（1）轻微腐蚀：线棒防晕层内表面和主绝缘外表面略有小白斑。

（2）较重腐蚀：线棒防晕层内表面和主绝缘外表面呈黄白色。

（3）严重腐蚀：线棒防晕层内表面和主绝缘外表面一片白色，有大量白色粉末。

（二）电腐蚀处理工艺

（1）用石榴砂纸对槽口进行处理，将槽口电腐蚀部位周围进行打磨，清除白色粉末和红瓷绝缘漆，露出低阻防晕漆（5mm 左右），对于电腐蚀比较严重并已经涉及了线棒高阻防晕层部位的线棒，需要对线棒高阻防晕层部位进行打磨处理，同样露出 5mm 左右低阻漆，保证线棒槽口电腐蚀部位周围都至少有 5mm 的低阻防晕层表露在外。处理完毕后加热烘烤 24h，对发电机槽口进行干燥处理。待槽口干燥之后，对线棒电腐蚀处理部位和处理后显露的 5mm 原有低阻防晕层用低阻半导漆进行涂刷覆盖，使新旧半导漆重叠连接可靠。

（2）对电腐蚀已经波及到槽口内部的线棒，应退出槽口首根槽楔，清除线棒上半导体硅胶，露出低阻漆，将发电机线棒槽口处硅钢片和齿压板上的油漆与铁锈清除干净，包括线棒与硅钢片的间隙中的杂质也要清除干净，保证电腐蚀面处理平整干净。处理完毕后加热烘烤 24h，对发电机槽口进行干燥处理。待槽口干燥之后，对线棒电腐蚀处理部位和处理后显露的 5mm 原有低阻防晕层用低阻半导漆进行涂刷覆盖，使新、旧半导漆重叠连接可靠。将线棒电腐蚀侧的硅钢片表面与处理后的齿压板表面涂刷低阻半导漆，尽量刷入线棒与硅钢片之间的间隙中，以保证线棒的低阻半导层与硅钢片和齿压板通过低阻半导漆相连接，再加热烘烤，保证其全面干燥。将槽楔回装，用 N189 半导硅胶将槽楔与线棒间间隙填充饱满。再对槽口电腐蚀面与齿压板之间的空隙用 N189 半导硅胶填充，保证线棒低阻防晕层与齿压板和硅钢片可靠连接，形成电动势平衡过渡面。

（3）待槽口处理完毕并干燥后对半导漆表面涂刷绝缘红瓷漆，对半导漆进行保护。

（三）电腐蚀防治

为了消除槽内电腐蚀，必须减小防晕层表面同槽壁间的间隙，使槽内不产生火花放电，具体措施有：

（1）下线前定子铁芯槽内喷两遍低电阻半导体漆。

（2）减小绕组与槽壁的间隙，尽量紧密配合，间隙大的地方用半导体垫片塞紧，以防绕组表面防晕层与铁芯槽壁之间形成容性放电。

（3）所有槽内垫条均采用半导体材料或半导体适形材料。

（4）减小电动机定子绕组直线段表面防晕层的低电阻半导体漆的电阻系数。

（5）加强线棒紧固，减小磨损。

第三节 发电机转子检修

灯泡贯流式水轮发电机转子是转换能量和传递转矩的主要部件，与主轴连接，主要由转子支架、磁轭、磁极和转子引线等部件组成。

一、转子拆装流程

（一）转子起吊前准备工作

（1）安装场支撑转子的支座（翻身工具）固定在基础上，支墩均匀摆放好，标高已调整好，各墩的高差不大于 0.5mm。

（2）桥机已经全面检查。

（3）发电机流道盖板及竖井已经吊开。

（4）锥形冷却套已吊开并临时固定在上游流道内。

（5）定子已吊至安装场。

（二）安装转子吊具部位磁极拆除

（1）盘车将转子翻身支架安装位置处于正下方，拆卸转子顶部＋*Y*方向4个磁极间的连接线、阻尼条等。

（2）在转子联轴螺栓下方搭设施工脚手架，脚手架与转子支臂间应固定可靠，必要时将架管焊接在支臂上，脚手架应能承受500kg以上的质量，竹踏板与架管间用铁丝绑扎牢固。

（3）将磁极拆卸工具吊入流道安装在转子磁极的背面上，并将磁极与拆卸工具固定在磁极上，如图5-5所示。

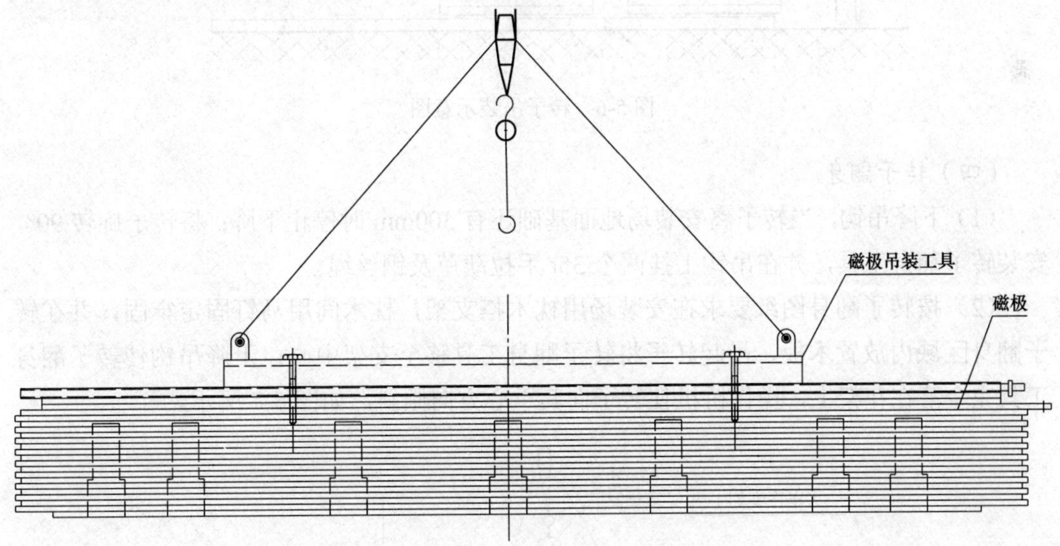

图5-5　转子磁极吊装图

（4）用专用工具拆卸磁极与磁轭间连接螺栓，螺栓全部拆除后将该磁极吊起约300mm时做好磁极防坠落措施，将磁极吊出放于指定位置。

（5）采用同样的吊装方法拆卸另外3个磁极。

（6）将4个转子吊装专用吊具安装在磁轭上，用专用扳手将吊具所有连接螺栓拧紧。

（三）发电机转子起吊

（1）检查确认转子起吊工作准备就绪，桥机各项技术指标无异常。

（2）拆卸主轴法兰的定位销。

（3）拆卸转子与主轴法兰的连接螺栓，并编号和记录其拉伸长值。

（4）起吊过程中，严格监视转子质量及位置（如果转子与主轴间止口配合较紧，可对称在转子支架与管型座间安装两螺旋千斤顶缓慢对称将转子顶出止口），将转子吊至安装场，如图5-6所示。

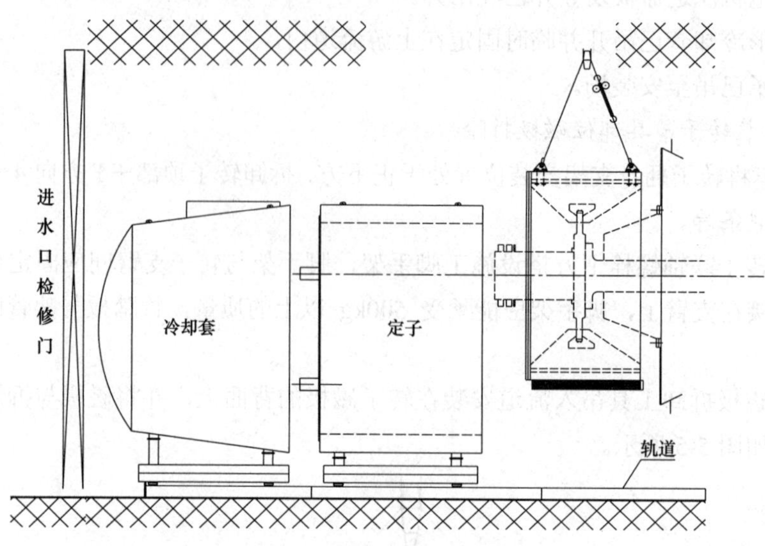

图 5-6　转子吊装示意图

（四）转子翻身

（1）下降吊钩，当转子离安装场地面基础还有 300mm 时停止下降；将转子旋转 90°，安装转子翻身工具，并在吊钩上挂两个 35t 手拉葫芦及钢丝绳。

（2）按转子翻身图纸要求在安装场用枕木搭支架，枕木间用马钉固定牢固，并在转子翻身区域内放置木板，吊起转子将转子翻身工具移至支架中心；下降吊钩使转子翻身工具完全落在花架上，操作桥机使转子向其重心方向倾斜，如图 5-7 所示。

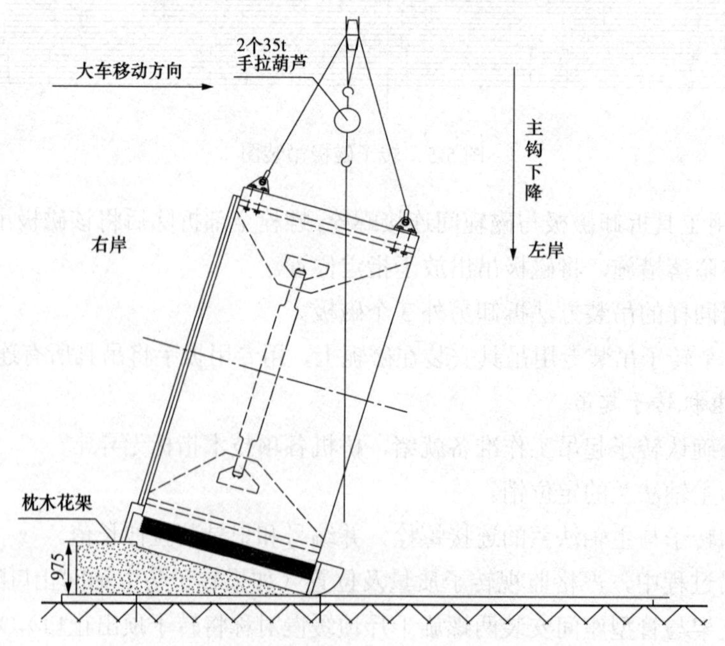

图 5-7　转子垂直至水平态翻身图（单位：mm）

（3）由于在转子翻身过程中会出现重心偏移量不够，所以采用主钩上的两个手拉葫芦与转子中心体上的吊耳连接，利用手拉葫芦配合使转子倾斜；将转子翻身至水平位置。

（4）拆卸转子翻身工具，将转子水平吊起放于专用支墩上，并在转子与支墩间成对安放楔形板，便于调整转子水平。

（5）转子翻身方法有多种，转子体积、质量较小的可以采取空翻方式，各厂可以根据自身情况选择钢丝绳、葫芦型号及翻身方式。

（五）发电机转子支架检修

（1）用细砂布将转子连接法兰面及螺栓孔清扫干净，涂上凡士林或黄油，并用白布进行保护。

（2）仔细检查制动环的磨损、裂纹和龟裂情况并做好记录。

（3）检查制动环上的螺栓应低于制动环面，各连接螺栓无松动，点焊无开焊现象。

（4）仔细检查磁极连接螺栓，连接螺栓应无松动。

（5）仔细检查转子中心体和支臂、筋板焊缝各部位，应无变形、龟裂和开焊现象，必要时做探伤检查。

（六）磁极拆装及检修

（1）拆卸磁极连接板并编号，清扫干净后按顺序放置。

（2）拆卸阻尼环接头，清扫干净后妥善保管。

（3）桥机吊起专用工具与磁极固定牢固，拆卸磁极的固定螺栓，将磁极按编号摆放在垫有橡皮或羊毛毡的枕木上，所有磁极螺栓孔面朝上。

（4）检查磁极铁芯、绕组及阻尼环，清扫干净并做好防护。

（5）磁极挂装前用 1000V 绝缘电阻表检测每个磁极的绝缘电阻，数据均应符合规范允许值。

（6）吊起磁极并成垂直状态，按编号对称挂装磁极，挂装时，按先中部后两端的顺序紧固连接螺栓至规定扭矩值。

（七）转子圆度测量调整

（1）测量并定标记磁极中心。

（2）将专用测圆工具安装在转子中心体的法兰上，如图 5-8 所示。测圆架旋转灵活，测圆架的刚度符合要求，在磁极上、下端安装好百分表（百分表预压 4～5mm）。

（3）旋转测圆架测量磁极中心标高及上、中、下的转子圆度，并做好记录。

（4）测量结果要求磁极的中心偏差不大于±1.0mm，圆度要求偏差不大于设计空气间隙的±4%，如果圆度不满足要求，可通过在磁极与转子支架之间加硅钢垫片进行调整处理。

（5）安装转子制动板，并检查制动闸板高差周向不得大于 2.0mm，径向水平不得大于 0.5mm。

（6）转子经全面清扫，检查合格后，按要求喷涂防锈漆和绝缘漆。

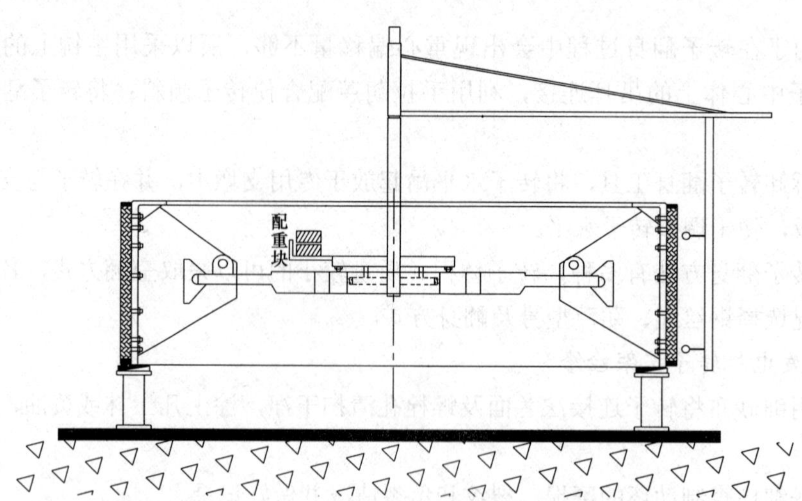

图 5-8　转子测圆示意图

（八）转子静平衡试验吊装

新磁极安装完成后，需进行转子的静平衡试验。由于其联轴螺孔已安装了静平衡试验工具，无法利用其螺孔进行吊装，需要在转子轮毂外侧上游平面对称焊接吊耳，用吊钩吊起转子平放于静平衡工具平台上，平台水平度应小于 0.02mm/m，调整平衡工具球心与转子重心的距离符合规范要求，根据转子偏重情况，计算确定配重位置方向及配重质量，配重块焊接后焊缝应探伤检验合格，如图 5-9 所示。

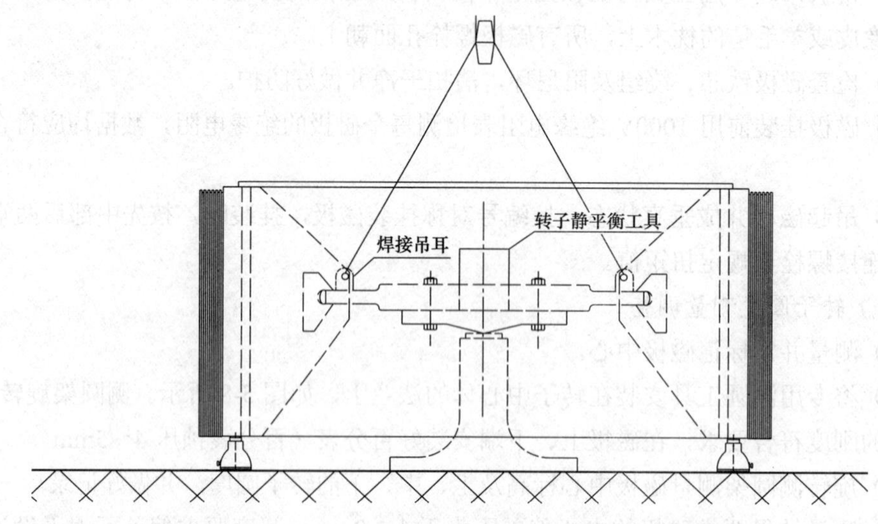

图 5-9　转子静平衡试验吊装图

（九）转子翻身及吊装

（1）转子由水平至垂直态翻身操作过程与垂直至水平态翻身操作过程相反，先水平将转子吊起，拆除转子钢支墩，安装转子翻身工具，将转子平放于木板上，拆卸转子顶部吊装工具安装部位的 4 个磁极，安装转子吊装工具，如图 5-10 所示。

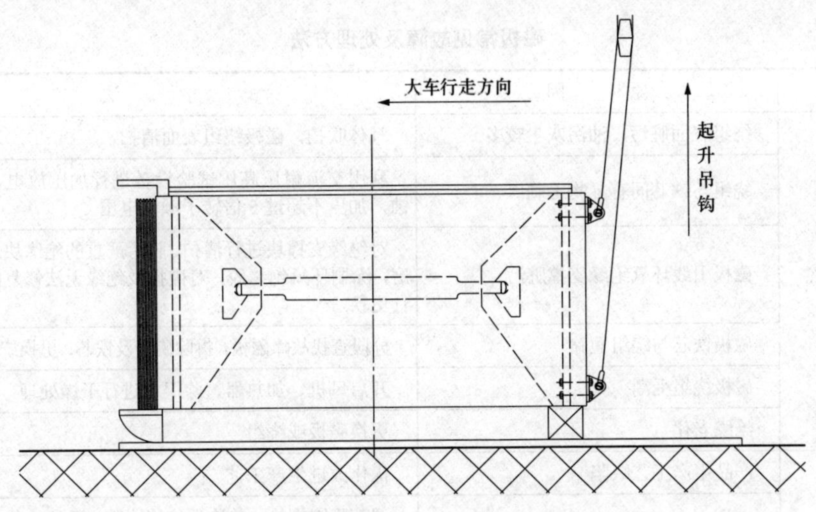

图 5-10　转子水平至垂直态翻身图

（2）起升吊钩，让转子重心倾斜，配合大车行走及主钩起升，将转子垂直吊起。

（3）转子吊装。

1）转子的检修工作已全部完成。

2）主轴轴线调整工作已完成。

3）法兰连接准备工作已就绪。

4）拆卸转子翻身专用工具，安装剩余的制动板，并将螺栓锁定可靠。

5）吊转子入机坑，检查转子及主轴法兰应干净、无高点及毛刺，转子法兰与主轴法兰连接螺栓拉伸值符合设计要求，主轴法兰之间贴合紧密，测量法兰间隙应符合规范要求。

6）拆卸转子吊具，安装吊具位置的磁极、磁极连接板和阻尼环连接板并锁紧。

二、转子局部故障及处理

机组运行中转子常见局部故障及处理方法如表 5-4 所示。

表 5-4　　转子常见局部故障及处理方法

现　象	原　因	方　法
严重振动	转子不平衡	重做动平衡试验
	螺栓松动	紧固螺栓
	主轴中心不正确	重新调整主轴
异常声音	转动部分与固定部分相接触或螺栓松动	紧固螺栓
	铁芯紧固螺栓松动	紧固螺栓并锁紧
风闸报警 异常磨损	制动器工作不正常	检查活塞位置恢复正常
	闸瓦有裂纹；制动转速过大	更换闸瓦；调整制动投入时转速值

三、磁极常见故障及处理

机组运行中磁极常见故障及处理方法如表 5-5 所示。

表 5-5　　磁极常见故障及处理方法

现　象	原　因	方　法
绝缘电阻低	绕组表面脏污，油污灰尘较多	气体吹扫，磁极绕组表面清扫
	绕组与铁芯间有异物毛刺	利用交流耐压高压试验设备进行加压放电，将毛刺烧蚀，加压不超过 5 倍转子额定电压
	磁极引线环氧绝缘支撑脏污	对绝缘支撑块进行清扫、脏污严重的绝缘块进行表面打磨，涂刷环氧绝缘胶，对破损及绝缘无法修复的绝缘块进行更换
	磁极铁芯与绕组短路	分段查找故障磁极，拆除磁极及铁芯，更换绕组绝缘材料
	磁极绕组受潮	开启风机、加热器、除湿机进行干燥处理
	绝缘老化	更换磁极或绕组
绕组匝间开裂	产品生产工艺缺陷	优化改进生产工艺
	绕组引线柱拉紧螺栓松动位移	调节紧固螺栓，并涂螺纹锁固胶；开裂缝隙用环氧浸渍胶填充
	铁芯紧固螺栓松动	检查铁芯紧固螺栓松动及止动块情况；紧固螺栓，焊接止动块
阻尼条松动	连接螺栓松动	紧固连接螺栓，更换螺栓锁定片，连接螺栓增加中强度紧固剂
磁极绕组直流电阻超标	磁极连接片发热接触不良，接触电阻过大	分段查找故障磁极，对接触面进行打磨，涂抹导电膏，紧固螺栓
	磁极绕组焊接部位缺陷	分段查找故障磁极，更换磁极绕组或磁极
	磁极绕组匝间绝缘损坏、老化	分段查找故障磁极，更换磁极绕组或匝间绝缘层
	磁极绕组连接片焊接部位断股	分段查找故障磁极，重新焊接
磁极绕组开路	磁极连接片烧断	更换连接片
	绕组烧断	更换磁极或绕组

四、集电环故障及处理

机组运行中集电环常见故障及处理方法如表 5-6 所示。

表 5-6　　集电环故障及处理方法

现　象	原　因	方　法
打火、发热、环火	炭刷选型错误，弹簧压力大小不均及选型错误	重新选型炭刷材质，炭刷弹簧重新选型及压力调整
	安装质量问题	调整刷握位置，正、负极两根引线对调
	正、负极两个环大小不一，集电环椭圆度、偏摆度超标	将集电环拆下用车床进行精加工处理
	集电环表面粗糙度超标，有电蚀现象	对集电环表面进行打磨抛光，将集电环拆下，用车床进行精加工处理
	炭刷接触不良	调整刷握位置，对接触不良炭刷进行弧度打磨，更换新炭刷
	氧化膜被破坏无法重新建立	消除运行中的腐蚀性气体，改善运行环境
	通风不良，散热效果不好	改善散热环境

续表

现　象	原　因	方　法
异常声音	转动部分与固定部分螺栓松动	紧固螺栓
	刷握位置不正确，间隙过大，电刷位置不在中性线	调整刷握与集电环间隙、平行度位置
	转子平衡未校好，振动大	调整轴线
	碳粉积累产生刮擦声	及时清理碳粉
集电环之间绝缘低及放电	极间绝缘块受潮	加强通风及除湿
	极间绝缘块碳粉沾污	定期清扫碳粉
	碳粉吸收装置效果差	定期清扫碳粉
	极间绝缘支撑老化、预试中绝缘击穿	击穿位置修复或更换绝缘支撑
炭刷损坏	炭刷电流分配不均匀，刷辫断股或烧断	增加炭刷数量，检查各炭刷刷辫断股情况，进行更换
	炭刷及刷握破裂	更换新炭刷和刷握
	炭刷磨损过度	及时检查更换
	炭刷磨损过快	炭刷及弹簧换型或更换炭刷品牌，集电环粗糙度检查处理，改善运行环境
对地绝缘值低及放电	支撑绝缘块及绝缘套管受潮	加强通风及除湿
	支撑绝缘块及绝缘套管碳粉沾污	定期清扫
	对地绝缘支撑老化、预试中绝缘击穿	击穿位置修复或更换绝缘支撑
	碳粉吸收装置效果差	定期清扫碳粉

第四节　发电机组合轴承检修

双支点结构的灯泡贯流式水轮发电机组，组合轴承是将发电机侧的导轴承与正、反向推力轴承组合在一起，承受发电机质量和径向力，同时又承受轴向正、反向推力的轴承。根据发电机导轴承在组合轴承中的位置不同分为发电机导轴承前置组合轴承和发电机导轴承中置组合轴承；按发电机导轴承的结构不同可分为普通筒式导轴承、球面筒式导轴承和分块瓦式导轴承的组合轴承。

一、组合轴承拆装工艺流程

（一）导轴承前置式组合轴承拆装

1. 组合轴承和主轴整体拆卸应具备的条件

（1）组合轴承及主轴的支撑架已就位，标高已调整。

（2）主轴水平度已测量。

（3）组合轴承油箱内的透平油已排尽。

（4）定子、转子、转轮及主轴密封已拆除。

（5）各测温元件、保护引出线、油位计和油管等附件已拆除。

（6）管型座内组合轴承吊装专用轨道、轴承专用吊具已安装。

2. 组合轴承及主轴整体拆卸

（1）在管型座内安装组合轴承吊装专用轨道及专用吊装工具。

（2）拆卸水导轴承上、下游侧油箱，测量并记录水导轴承间隙，用千斤顶在水导轴承下游侧将主轴顶起 0.15～0.2mm，使主轴与水导轴瓦脱离。

（3）拆卸水轮机导轴承扇形板或球面支撑，下降主轴将水轮机侧主轴完全落于吊装工具上。

（4）将发电机侧主轴吊起，拆卸组合轴承支架与管型座法兰的定位销钉、连接螺栓。

（5）在管型座内用手拉葫芦配合桥式起重机将主轴向上游侧平移至适当位置，在水导侧吊具上挂装起吊钢丝绳，调整吊绳长度使主轴悬空并处于水平状态，如图 5-11 所示，将组合轴承及主轴移至上游流道并水平旋转 45°，使主轴与流道吊物孔呈对角状态，将主轴及轴承吊出机坑。

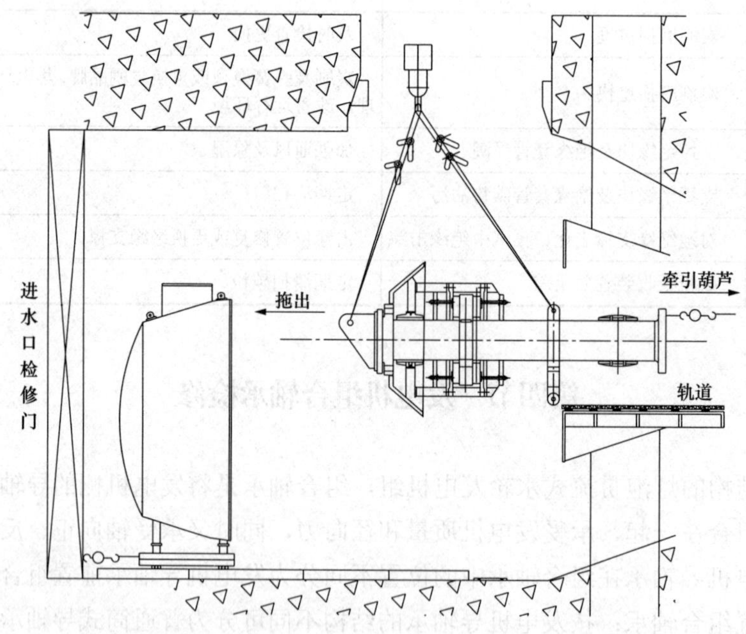

图 5-11 组合轴承及主轴整体拆卸示意图

（6）将主轴落于专用支架上，调整主轴水平应不大于 0.5mm/m。

3. 组合轴承解体

某水电站组合轴承结构如图 5-12 所示，其解体过程如下。

（1）拆卸正推力轴承座密封环及与油槽的连接螺栓，将正推力轴承向水导侧平移 10～20mm，便于轴承分瓣及起吊；将推力轴承下半部支撑牢固，拆卸正推力轴承分瓣法兰定位销钉及连接螺栓，将上半部正推力轴承吊起瓦面向上放于专用支墩上；吊起正推力轴承下半部，拆除支撑，将下半部轴承瓦面向上平放于专用支墩上；瓦面涂猪油、中性凡士林或透平油并用蜡纸覆盖。

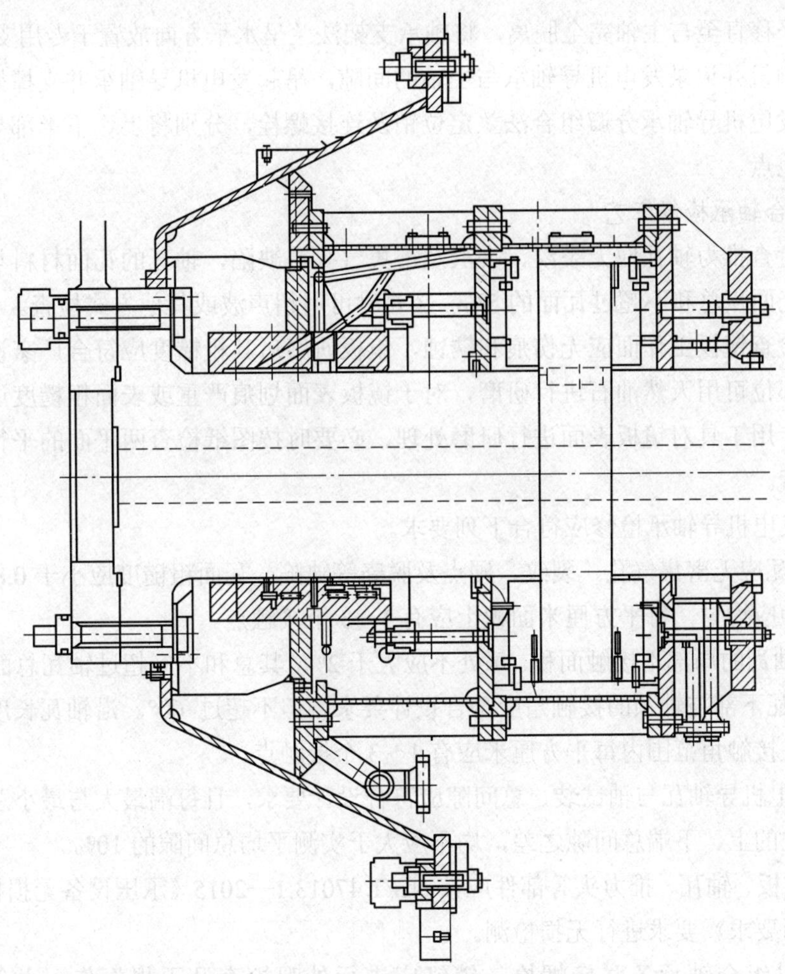

图 5-12　组合轴承结构图

（2）用桥机吊起推力油槽，拆卸推力油槽与反推力轴承座的连接螺栓，然后将推力油槽向水导轴承侧平移至距离镜板 300～500mm，用枕木将推力油槽支撑牢固，拆卸推力油槽分瓣法兰定位销钉及连接螺栓，吊起上半部推力油槽，平放于专用支墩上；吊起推力油槽下半部，拆除支撑枕木，将油槽平放于专用支墩上。

（3）在主轴支撑工具上旋转主轴，使镜板分瓣法兰处于水平位置，将下半部镜板支撑牢固，拆卸镜板分瓣法兰定位销钉及螺栓，吊起镜板上半部并水平放于专用支墩上，支墩与镜面间应放置橡胶板进行防护；吊起镜板下半部并拆除支撑，将下半部镜板水平放置于专用支墩上，镜面涂抹猪油、中性凡士林或透平油并用蜡纸覆盖。

（4）拆卸反推力轴承座与轴承支架的连接螺栓，整体吊起反推力轴承向水导轴承侧平移到便于分瓣及起吊位置，将反推力轴承下半部支撑牢固，拆卸反推力轴承分瓣法兰定位销钉及连接螺栓，吊起上半部反推力轴承且瓦面向上水平放置于专用支墩上，吊起反推力轴承下半部，拆除支撑，将下半部轴承瓦面向上水平放于专用支墩上。

（5）拆卸轴承支架密封环及轴承支架与发电机导轴承的连接螺栓，吊起轴承支架向法兰外侧平移直至与主轴完全脱离，将轴承支架法兰呈水平方向放置于专用支墩上。

（6）测量并记录发电机导轴承与主轴的间隙，吊起发电机导轴承并支撑好轴承下半部，拆卸发电机导轴承分瓣组合法兰定位销及连接螺栓，分别将上、下半部导轴承吊起放于指定地点。

4. 组合轴承检修工艺

（1）检查推力轴瓦应无裂纹、夹渣及密集气孔等缺陷，轴瓦的瓦面材料与金属底坯的局部脱壳面积总和不超过瓦面的5%，必要时可用超声波或其他方式检查。

（2）检查镜板工作面应无伤痕和锈蚀，镜板研磨后其粗糙度应符合厂家设计要求，局部锈蚀部位可用天然油石进行研磨，对于镜板表面划痕严重或表面粗糙度达不到要求时应采用专用工具对镜板表面进行研磨处理，必要时按图纸检查两平面的平行度和工作面的平面度。

（3）发电机导轴承检修应符合下列要求。

1）轴瓦应无密集气孔、裂纹、硬点及脱壳等缺陷，瓦面粗糙度应小于0.8μm；轴瓦与轴的接触应均匀，每平方厘米面积上应有1～3个接触点。

2）导轴瓦的局部不接触面积，每处不应大于2%，其总和不应超过轴瓦总面积的5%。

3）轴瓦下部与轴颈的接触角应符合设计要求，但不超过60°。沿轴瓦长度应全部均匀接触，在接触角范围内每平方厘米应有1～3个接触点。

4）发电机导轴瓦与轴试装，总间隙应符合设计要求，且每端最大与最小总间隙之差及同一方位的上、下端总间隙之差，均不应大于实测平均总间隙的10%。

（4）镜板、轴瓦、推力头等部件应按NB/T 47013.1—2015《承压设备无损检测　第1部分：通用要求》要求进行无损检测。

（5）对组合轴承各联接螺栓、销钉应进行外观检查及无损探伤，并符合DL/T 1318—2014《水电厂金属技术监督规程》要求。

（6）组合轴承各高压油管应检查焊缝无裂纹，接头无漏油，高压软管检查应无老化、龟裂，否则进行更换。

（7）镜板研磨工艺。

1）镜板镜面的研磨在专门的研磨棚内进行，以防止落下异物划伤镜面。

2）镜板放在研磨机上应调整好镜板的水平和中心，其水平偏差不大于0.05mm/m，其中心与研磨中心差不大于10mm。

3）研磨平板不应有毛刺和高点，并包上厚度不大于3mm的细毛毡。

4）镜板的抛光材料采用粒度为M5～M10的氧化铬研磨膏按1∶2的质量比用煤油稀释，用细绸过滤后备用。在研磨最后阶段，可在研磨膏液内加30%的猪油，以提高镜面的光洁度。

5）研磨前，应除去镜板上的划痕和高点，且只能沿圆周方向研磨，严禁径向研磨；更换研磨液或清扫镜板面时，只可用白布和白绸缎，工作人员禁止戴手套。

6）镜板研磨合格后，镜面的最后清扫应用无水酒精作清洗液，镜面用细绸布擦净，待酒精挥发后，涂上猪油、中性凡士林或透平油进行保护。

5. 组合轴承组装

（1）将分瓣反推力轴承座组合好，瓦面向上水平放置于支墩上，按拆卸标记分别安装反推力轴瓦，瓦面用酒精清扫干净；将清扫干净的镜板水平放置于反推力轴瓦面上，利用反推力轴瓦支柱螺钉（或增减垫片）调整镜板水平不大于 0.02mm/m，测量镜板面至反推力轴承座法兰面的距离应符合设计要求，检测镜板与反推力轴瓦的间隙应为 0，且反推力轴瓦受力均匀，瓦面与镜板之间的接触面积应符合规定，紧固反推力轴瓦支柱螺钉锁紧螺母。

（2）将分瓣正推力轴承座组合好，瓦面向上水平放置于支墩上，按拆卸标记分别安装正推力轴瓦，瓦面用酒精清扫干净；将清扫干净的镜板水平放置于正推力轴瓦面上，利用正推力轴瓦支柱螺钉（或增减垫片）调整镜板水平不大于 0.02mm/m，测量镜板面至反推力轴承座法兰面的距离应符合设计要求，检测镜板与正推力轴瓦的间隙应为 0，且正推力轴瓦受力均匀，瓦面与镜板之间的接触面积应符合规定。

（3）将镜板及主轴清扫干净，安装镜板与主轴固定平键入槽，水平吊起镜板下半部至主轴正下方安装位置并临时固定，吊起镜板上半部，安装于主轴上，吊起下半部镜板与上半部组合，先安装定位销钉然后对称均匀拧紧组合螺栓至设计扭矩值。注意安装前镜板与主轴配合止口处涂抹润滑脂。

（4）检查和测量镜板或推力环与主轴止口两侧及镜板或推力环组合面应无间隙，用 0.05mm 塞尺检查不得通过；分瓣镜板工作面在合缝处的错牙应小于 0.02mm，沿旋转方向后一块不得凸出前一块，正、反推力镜板工作面平行度应满足设计要求，上、下游侧间隙之差、同一方位间隙之差，均不应大于实测平均总间隙的 10%。

（5）将组合轴承支架清扫干净，吊起轴承支架并调整垂直度小于 1.0mm，轴承支架由发电机主轴法兰侧平移到达安装位置，安装发电机导轴承与轴承支架间的定位销钉，对称拧紧连接螺栓至设计扭矩值。

（6）将反推力轴承下半部清扫干净放于主轴下方安装位置并临时固定，吊反推力轴承上半部放于主轴上与下半部组合，组合法兰面安装密封条并涂耐油平面密封胶，安装定位销钉后对称均匀拧紧组合螺栓至设计扭矩值；整体吊起反推力轴承，检查反推力轴承与轴承支架连接法兰干净无毛刺及高点，安装密封条后对称均匀拧紧连接螺栓至设计扭矩值。

（7）将推力油槽下半部临时固定于反推力轴承上，再吊起推力油槽上半部与下半部组合，组合面安装密封条并涂耐油平面密封胶，对称均匀拧紧组合螺栓至设计扭矩值，检查推力油槽与反推力轴承连接法兰干净、无毛刺及高点，安装密封条后对称均匀拧紧连接螺栓至设计扭矩值。

（8）将推力轴承支柱螺钉拧松 0.5～1.0mm，推力轴承下半部临时固定于油槽上，再吊起推力轴承上半部与下半部组合，组合面安装密封条并涂耐油平面密封胶，对称均匀拧紧组合螺栓至设计扭矩值。

（9）安装组合轴承上、下游密封环。

（10）组合轴承组装过程中的注意事项。

1）发电机导轴承内部顶轴油孔检查应通畅，孔内吹扫干净。

2）轴承内部发电机导轴承顶轴油管安装完成后应做1.25倍工作压力试验检查，各接头应无渗漏。

3）各部法兰面应清扫干净，检查无高点及毛刺，密封条粘接牢固，根据需要酌情涂抹平面密封胶。

6. 组合轴承及主轴安装

（1）组合轴承组装完成后，将水轮机导轴承组装于主轴上并可靠固定，安装组合轴承及主轴吊装工具，将组合轴承及主轴吊入发电机流道，旋转主轴呈安装方位，水轮机侧主轴插入内管型座内，吊具滚轮落在轨道上，用手拉葫芦将主轴向下游侧移动，直至到达安装位置。

（2）在水导轴承下游侧用千斤顶将主轴顶起适当高度，安装水轮机导轴承扇形板及轴承支架与内管型座法兰定位销钉，对称均匀拧紧连接螺栓到设计扭矩值，分别在水导轴承及轴承支架处测量主轴到管型座内镗口的距离（机组中心）应符合设计及规范要求，拆除组合轴承及主轴吊装工具。

（3）在主轴上表面测量主轴水平度应符合设计要求。

（4）机组推力轴承受力调整。

1）投入高压顶轴油泵，将机组转动部分顶起0.10～0.20mm。

2）用专用扳手对称将正推力轴瓦支柱螺钉向上游侧旋转，直至所有推力轴瓦与镜板及镜板与反推力轴瓦完全贴紧。

3）切除高压顶轴油泵，在正推力轴瓦支柱螺钉尾部安装百分表进行监视，用专用扳手分别将支柱螺钉退出至正、反推力轴瓦与镜板间的设计间隙值，紧固支柱螺钉锁紧螺母，百分表读数偏差不大于±0.03mm（垫片调整间隙的方法与上述基本相同，应在组合轴承组装时加垫调整合格）。

（二）导轴承中置式组合轴承拆装

导轴承中置式组合轴承结构如图5-13所示，其整体拆卸、检修工艺、安装工序及要求与导轴承前置式组合轴承拆装基本相同。下面主要介绍在机坑内进行导轴承中置式组合轴承的检修工艺。

（1）反推力轴承拆卸。

1）拆卸组合轴承附属设备，并测量全部正、反推力瓦的间隙值。

2）盘车使反推镜板组合缝处于水平位置。

3）拆卸反推镜板的组合法兰面销钉及螺栓，使下半部缓慢下放至适当位置。

4）将反推力镜板吊至指定位置，用专用工具固定反推力瓦，拆除反推瓦外支撑架定位销及连接螺栓，拆卸反推力瓦。

（2）正推力轴承拆卸。

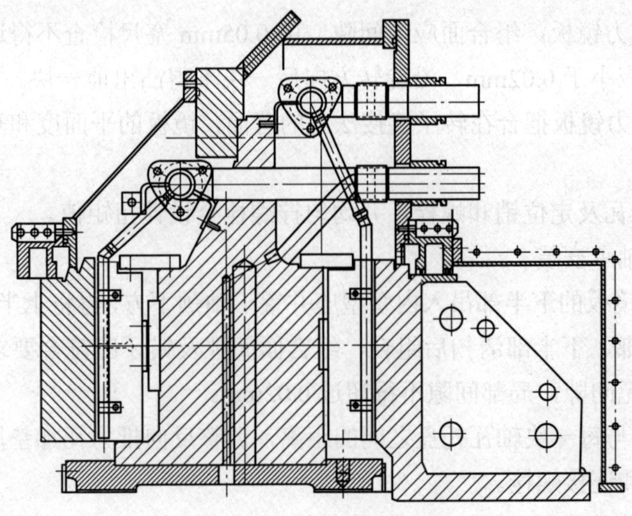

图 5-13　中置式组合轴承图

1）拆卸正推力轴承端盖。

2）盘车使正推力镜板的组合面处于水平位置。

3）投入高压顶轴油泵，将主轴向上游侧平移 1～2mm，使正推力瓦与正推力镜板之间留有间隙。

4）用专用工具固定正推力瓦，拆除正推瓦外支撑架定位销及连接螺栓，拆卸推力瓦。

（3）发电机导轴承拆卸。

1）拆卸发电机导轴承挡油环。

2）测量发电机导轴承顶部及两侧间隙。

3）在发电机导轴承上游侧主轴底部安装顶轴工具，并装百分表监测，将主轴顶起 0.1～0.15mm。

4）拆除发电机导轴承与支撑环连接法兰的定位销钉及螺栓，将发电机导轴承体向下游侧平移，拆卸发电机导轴承组合面的定位销钉及螺栓，将发电机导轴承吊出机坑。

（4）正推力镜板拆卸。

1）拆卸正推力镜板与主轴法兰的连接螺栓，将正推力镜板移至下游侧适当位置。

2）待定子及转子拆除后，再拆卸正推力镜板组合法兰的定位销钉和螺栓，将正推力镜板吊出放于指定地点。

（5）发电机导轴承安装。

1）将发电机导轴瓦下半部吊至内管型座，置于轴颈下方，再将发电机导轴瓦上半部吊至内管型座，清扫干净后放于轴颈上，吊起发电机导轴承下半部与上半部组合，组合时先装销钉，再由内向外均匀分次拧紧组合螺栓至设计力矩值；检查组合面间隙应符合规定，导轴承与主轴总间隙应符合设计要求。

2）将发导与支撑环连接，安装销钉并对称均匀拧紧螺栓至设计力矩值。

（6）正推力轴承安装。

1）组合正推力镜板，组合面应无间隙，用0.05mm塞尺检查不得通过；镜板工作面在合缝处的错牙应小于0.02mm，沿旋转方向后一块不得凸出前一块。

2）将正向推力镜板把合在转子连接法兰的背面，镜板的平面度和垂直度应符合设计要求。

3）安装正推瓦及定位销和螺栓，并均匀拧螺栓至设计扭矩值。

（7）反推力轴承安装。

1）将反推力镜板的下半部吊入内管型座并置于轴颈下方，再将上半部分置于轴颈上，反推力镜板上半部、下半部清扫后组合，组合面间隙及错牙应符合要求，检查反推力镜板与主轴止口应无间隙，局部间隙不得超过0.02mm。

2）检查镜面与每一块轴瓦托盘之间的距离，调整反向推力瓦加垫厚度，安装反向推力瓦及定位销钉和连接螺栓。

（8）安装各轴承的高压软管、环管等附件。

（9）启动高压顶轴油泵，检查各反推力瓦应紧靠在推力镜板上，否则应调整反推力瓦各调整垫。

（10）通过调整正推力瓦垫片厚度调整组合轴承轴向总间隙，检查镜面与每一块抗重托盘之间的距离，按照设备技术要求调整正推瓦加垫厚度。

（11）安装轴承端盖及密封、安装其余附属设备。

（三）镜板与主轴整体结构（发电机导轴瓦为分块瓦）组合轴承拆装

镜板与主轴整体结构（发电机导轴瓦为分块瓦）组合轴承结构如图5-14所示，其整体拆卸、检修工艺、安装工序及要求与导轴承前置式组合轴承拆装基本相同。下面主要介绍在机坑内进行镜板与主轴整体结构组合轴承的检修工艺。

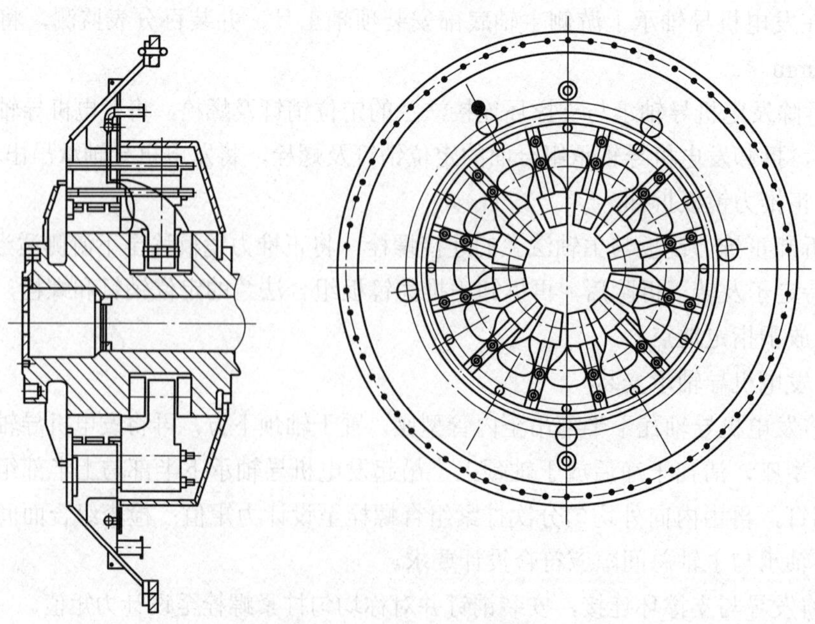

图5-14　组合轴承结构图

1. 推力轴承拆卸及检修

（1）拆卸组合轴承上半部分端盖等附属设备，测量各正向推力瓦、反向推力瓦的间隙。

（2）用专用工具分别拆除轴承座固定螺栓，并记录螺栓伸长值。

（3）将正向、反向推力瓦与轴承座整体吊出机坑。

（4）测量并记录正向、反向推力镜板的垂直度。

（5）正向、反向推力瓦与轴承座等部件分解检修。检修工艺参考本章第四节一、（一）4。

2. 发电机导轴承拆卸及检修

（1）拆卸发电机导轴承挡油环。

（2）测量并记录发电机导轴承各导轴瓦的间隙。

（3）拆除上部两块导轴瓦与轴承支座间的定位销钉及螺栓，将导轴瓦向下游侧平移后吊出，导轴瓦应做好标记及防护。

（4）在发电机导轴承下游侧主轴底部安装专用工具，并装百分表监测，将主轴顶起0.40～0.50mm。

（5）拆除下部 4 块径向瓦与轴承支座间的定位销钉及螺栓，将径向瓦向下游侧平移后吊出，导轴瓦应做好标记及防护，轴瓦检修工艺参考本章第四节第一条。

3. 镜板及轴领检修

（1）用无水乙醇清洗主轴镜板及轴领并使用白布擦拭干净后检查。

（2）镜板工作面应无锈斑、伤痕和毛刺，表面粗糙度应符合设计要求，局部缺陷可用天然油石研磨。

（3）镜板的镜面和轴颈应涂抹润滑脂防止锈蚀。

4. 组合轴承安装

组合轴承各部件清扫、检查、缺陷处理完成后，经过验收合格方能进行安装。

5. 发电机导轴承安装

（1）用专用工具安装下部 4 块导轴瓦、导轴瓦与轴承座的定位销钉，拧紧固定螺栓至设计扭矩值。

（2）拆除顶轴千斤顶，将主轴下落至下部 4 块导轴瓦上。

（3）检查导轴瓦支撑与轴承支架筋板应无间隙，用 0.05mm 塞尺检查应不得通过。

（4）检查主轴轴线水平度应小于 0.02mm/m。

（5）检查下部导轴瓦与主轴间隙应符合设计要求，如不符合要求可加工径向轴承支撑高度进行调整。

（6）安装顶部两块导轴瓦、导轴瓦与轴承支座的定位销钉，拧紧固定螺栓至设计扭矩值。

（7）检查上部导轴瓦与主轴间隙应符合设计要求，如不符合要求可加工径向轴承支撑高度进行调整。

6. 推力轴承的安装

（1）按标记组装正向、反向推力瓦、轴承座。

（2）将组装好的每组推力轴承装配分别吊入机坑，用专用工具将其按原位装复。

（3）按设计要求拧紧正向、反向推力轴承固定螺栓至设计扭矩值。

（4）复测正向、反向推力瓦与镜板的间隙应符合设计要求。

（5）安装测温元件、油管及保护罩等附属设备。

（四）弹性支撑结构组合轴承检修

弹性支撑结构组合轴承检修工艺与上述几种结构的组合轴承检修工艺基本相同，区别在于弹性油箱支撑或弹簧托盘支撑的检修。

弹性油箱支撑结构是把支撑做成一定弹性又互相联通充油的全密封弹性油箱，靠油压自动调节平衡瓦间的受力。其优点是安装时对各瓦面的高度和平面调整精度要求不高，运行时各瓦之间的不均匀负荷可由弹性油箱均衡，使各瓦间受力均匀。其缺点是使用推力瓦长宽比较小的长条扇形瓦时，瓦的变形较大，并且对油箱的材质和制造工艺要求较高，一旦油压泄漏就会发生事故。而弹性托盘支撑结构是每一块推力瓦由一钢弹性托盘支撑，弹性托盘可自动调节瓦的受力和保证瓦面自由倾斜，并根据负荷和转速变化对油楔进行自动校正，是一种比较理想的支撑结构。

1. 弹性油箱支撑结构检修

（1）弹性油箱与底座间一般为分体结构，底座内加工油孔与各弹性油箱连通，底座为分瓣结构，弹性油箱与底座之间一般用橡胶密封条进行密封，将所有弹性油箱通过油孔连接成一整体，随着机组运行时间增加，橡胶密封存在不同程度的老化，必须要进行橡胶密封条更换。

（2）将弹性油箱及底座整体分瓣，分别在弹性油箱及对应的底座上编号，分解弹性油箱及底座，将其清洗干净，所有油孔用压缩空气吹扫干净。

（3）用钢板制作一油箱，油箱的大小应能完全放置分瓣的弹性油箱底座，高度应能将弹性油箱与底座组合后完全浸没后高200mm，油箱清扫干净后注入合格透平油，将油加热至35～45℃，油箱底座吊起完全浸没在油中后逐一安装密封条及弹性油箱，将组装好的弹性油箱吊起使其油口朝上垂直放置；同样的方法组装另一瓣。

（4）将组装好的弹性油箱组合成一整体，连接油管及试压油泵，按设计要求对弹性油箱进行压力试验，并用百分表检测弹性油箱托的弹性变形值应符合设计要求，泄压后恢复至原始值，封堵油口后即可进行弹性油箱安装。

2. 弹性托盘支撑结构检修

弹性托盘支撑检修除了按前述工艺要求进行弹性托盘检修外，还应按设计要求进行弹性托盘的检查或更换，测量托盘在受力状态下的弹性变形值应符合设计要求，否则进行更换。

二、主轴轴线测量及调整

（1）在组合轴承及主轴拆卸前应进行主轴的轴线测量。

（2）组合轴承及主轴安装就位后，拧紧1/4轴承支架与管型座连接螺栓，水导轴承扇形板已安装，专用吊装工具拆除后应进行主轴轴线测量及调整。

（3）用内径千分尺在水平及垂直方向4点测量轴承支架法兰至内管型座上游侧法兰

镗口间的距离，距离偏差应符合设计要求；测量内管型座下游侧法兰内镗口至主轴的距离。

（4）用水平仪测量主轴水平度，根据所测数据与厂家提供的相关资料进行分析对比，将轴线调整至符合厂家要求。

（5）轴线调整合格后，拧紧全部轴承支架与内管型座连接螺栓至设计扭矩值，转轮及转子等转动部件安装完成后，应复测主轴轴线。

三、推力轴瓦研刮

（一）研刮前准备工作

（1）准备好刮瓦用的平板刮刀和弹簧刮刀，弹簧刮刀的刀身为弹簧钢，有条件时焊上合金刀头，刀身部分缠绕数层白布带或塑料带。

（2）放置轴瓦的支撑要结实、稳固，宜用木质面板，高度以使瓦面离地 600～800mm 为合适。

（3）放置镜板的支撑要牢固，镜板下应垫毛毡；镜面上应采取防尘和防落物砸碰的措施。

（4）无水乙醇、白布等消耗性材料准备充足。

（二）推力轴瓦研刮工艺

（1）为了消除推力轴瓦瓦面上的毛刺，先将金相砂纸紧贴在镜板上，推力轴瓦放在砂纸上来回推磨数次，推磨时应保持瓦面与镜板平行，每块瓦推磨次数及轻重一样，否则推力瓦厚薄相差很大，增加刮瓦工作量。

（2）将镜板和瓦面擦拭干净，把推力轴瓦瓦面向下放在镜板上按照瓦同镜板回转方向来回推磨十余次，取下推力轴瓦进行刮削，重复上述步骤，待全部瓦面与镜板基本上良好接触。

（3）按图纸要求修刮推力轴瓦进油边和出油边。

（4）推力轴瓦研刮后应符合下列要求。

1）瓦面每平方厘米内应有 1～3 个接触点。

2）瓦面局部不接触面积，每处不应大于轴瓦面积的 2%，但最大不超过 $16cm^2$，其总和不应超过轴瓦面积的 5%。

3）进油边按制造厂要求进行刮削。

4）无托盘的支柱螺钉式推力轴承的轴瓦，应在达到（1）、（2）两条要求后，再将瓦面中部刮低，可在支柱螺钉周围，以瓦长的 2/3 为直径的圆形部位，先破除接触点（轻微接触点可保留），排刀花一遍；然后再缩小范围，在支柱螺钉周围，以瓦长的 1/3 为直径的圆形部位，与研刮后的刀花成 90°方向再排刀花一遍。

四、常见故障及处理

（一）组合轴承连接法兰面漏油

（1）解体法兰并清扫干净后检查密封槽尺寸，更换优质耐油橡胶密封条，且橡胶条的压缩量足够，法兰面涂平面密封胶。

（2）对组合轴承漏油部位进行临时性处理，安装漏油收集引排装置。

（二）组合轴承内部高压顶轴油管接头松脱

一般卡套式高压管接头容易发生接头松脱，安装时避免使用卡套式接头，密封垫采用组合垫圈或优质耐油橡胶O形密封圈的密封效果更佳。

（三）投入高压顶轴油泵后发电机侧与水轮机侧主轴顶起高度不一致

检查高压顶轴油管压力值、水轮机及发电机导轴承顶起压力是否正常、高压顶轴油管是否有渗漏及堵塞情况。

（四）推力瓦瓦面磨损划伤及合金层脱落

（1）对于局部磨损及划痕的推力瓦瓦面应用平刮刀对磨损及划伤部位进行修刮，修刮后的瓦面应符合规范要求。

（2）对轴瓦表面合金层局部脱落的推力瓦，应进行更换。

（五）镜板局部划痕

（1）镜板局部划痕应用天然油石进行研磨处理。

（2）大面积划伤或较深的镜板应进行研磨处理，研磨后的各项指标应符合设计及规范要求。

（六）推力瓦瓦温高

机组运行时轴承摩擦产生的热量由油冷却器吸收带走，使推力瓦温度稳定在轴承合金允许范围内。采用锡基合金的轴瓦最高允许温度为75℃，正常运行温度控制在50～60℃为宜，超过60℃时属偏高，达到70℃发出报警信号，达到75℃时停机。

如果有轴瓦温度高报警，应先查清该报警是否属实，将所有轴瓦的温度值进行比较，如果整体瓦温均高，则说明轴瓦温度高属实。如果个别轴瓦温度显示高，需要进一步确认。查清轴瓦温度偏高的原因后，根据具体情况进行针对性的处理，瓦温偏差过大的原因一般有：

（1）各块瓦受力调整不均匀。瓦温高者是受力较大引起，应适量减轻受力，将瓦适当调低，或者采用普刮的方法把温度较高的推力瓦普遍刮削1～2遍，使瓦面稍有降低，以减少受力，降低瓦温；也可将温度较低的推力瓦略微抬高，以分担荷重。

（2）推力瓦研刮质量不良。有时因推力瓦刮削粗糙导致瓦温偏高，需将温度高的推力瓦抽出检查，并做必要的瓦面修刮。

（3）推力瓦灵活性差。灵活性差会影响楔形油膜的形成，也影响冷油进入瓦面，轻者引走瓦温过高，重者会造成烧瓦事故。

（4）推力瓦挡块间隙偏小。对于温度偏高的推力瓦应检查其挡块间隙是否足够，间隙过小会影响楔形油膜的形成，也影响冷油进入瓦面，轻者引起瓦温过高，重者会造成烧瓦事故。

（5）瓦变形过大。瓦厚度不够会产生过度的机械变形，热油与冷油温度差较大会使瓦产生较大热变形，过大的变形使瓦承载面积减小，单位面积受力增大导致瓦温增高。

第五节 制动装置检修

制动系统主要由制动器、制动控制屏、管路等部件组成，制动系统的主要作用是对机组进行制动，防止机组在低转速下长时间运行，造成轴瓦磨损。

一、制动装置系统管路及元件检修内容

（1）检修前应进行制动器动作试验、行程及与制动环间隙测量，检查是否存在漏点或其他异常。

（2）制动器本体检查，固定螺栓紧固，各部动作正常。制动闸瓦固定牢靠，夹持挡块无松动，表面平整、无裂纹和严重翘曲。闸板均匀磨损达 10mm 以上或虽未达 10mm 以上但周围有大块剥离时，应予以更换。

（3）制动器解体检查时应清洗活塞及活塞缸，并通气清扫油孔，使之无阻塞；缸壁、活塞应无高点、毛刺和擦痕；活塞、缸体、导向套的磨损应符合厂家技术要求，如有超标磨损应予以更换。

（4）密封件更换时应核实尺寸、规格型号，安装过程中应防止损伤。弹簧及弹簧压板安装好后，检查活塞动作应灵活、不发卡。制动器托板与活塞连接螺钉拧紧后要与托板留有适当的上、下活动空隙。

（5）制动器拆卸后装复前应按设计要求进行严密性耐压试验，持续 30min，压力下降不超过耐压压力的 3%。弹簧复位结构的制动器，在压力撤除后，活塞应能自动复位。

（6）制动器安装后，制动闸块、挡块应可靠固定，无松动，且配合紧凑无摇晃现象，两者高差符合设计要求。

（7）制动器行程开关应动作正常、可靠。

（8）制动器安装后应检查制动风闸的灵活性。对管路进行全面检查，管路接头及支撑应无松动、无漏气。

（9）制动器管路应按设计要求进行严密性耐压试验。

二、制动器检修步骤及方法

（1）拆卸前测量制动器闸板与制动环间隙并做好记录。

（2）拆卸制动管路及制动器行程开关。

（3）在制动风闸垂直上方布置好吊点。

（4）拆卸制动器固定螺栓，将制动器吊至检修场地。

（5）解体制动器活塞，检查及清洗制动器活塞和缸体，有毛刺的地方用细油石修磨光滑，更换活塞密封圈。

（6）装复制动器活塞，测量活塞全行程，检查闸板的磨损情况，若超过 2mm 应更换。

（7）用工字钢制作一个制动器压力试验限位框架，将制动器固定在框架内，如图 5-15 所示，连接手动油泵，用透平油对制动器进行压力试验，检查活塞应无渗漏。

（8）泄压后用压缩空气将制动器缸体内余油吹扫干净，装复制动器，进行制动器整

体调试并复测制动器活塞行程及闸板与制动环间隙。

图 5-15 发电机制动器试压图

第六节 通风冷却系统检修

灯泡贯流式水轮发电机组直径小、转速低，依靠发电机转子所产生的风压较常规水轮发电机低很多，不能满足通风冷却要求，不宜采用常规自通风冷却方式，需采用具有外鼓风的强迫循环通风冷却方式。灯泡贯流式水轮发电机组通风冷却系统通常由循环水泵、空气冷却器、轴流风机、管路及风道等设备组成，空气将发电机产生的损耗带出成为热风，通过空气冷却器将热风冷却，冷却后的冷风通过轴流风机吹入发电机。

一、风机及管路检修

（1）检查、紧固地脚螺栓。

（2）检查紧固叶片组的背帽和各紧固螺栓是否松动、叶片角度是否变动。

（3）检查或更换润滑油，并清扫叶片积灰和污垢。

（4）拆卸叶片、轮缘，检查有无腐蚀、变形和裂纹等缺陷；对铆接叶片，检查铆钉有无松动、断裂现象，校正叶片角度，必要时对组装好的叶片组做静平衡试验。

（5）检查、修补机座和基础，检查或更换地脚螺栓，校验机体水平度。

（6）进行防腐或防潮处理。

（7）电动机检查、修理，轴承添加润滑油。

（8）风机管路检查。各手动阀应动作灵活、可靠，密封严密；阀门及有关表计应进行校验，符合有关规定并合格；压力开关校验合格，动作正常；检查管路接头无松动、无漏点，管路本体无锈蚀，着色和标示完好。

二、冷却水系统检修

1. 空气冷却器检修

首先将空气冷却器管路拆卸，再进行空气冷却器清洗，用高压水枪对空气冷却器散热片进行清洗，并用低压空气吹扫干净；然后对空气冷却器管路进行清洗，最后对空气冷却器试加 1.25 倍工作压力（不小于 0.40MPa）做密封耐压试验，保持 30min 应无渗漏。

2. 冷却套（表面冷却器）检修

首先进行发电机水平支撑拆卸，在进水流道内安装好轨道，再将冷却套托架及滚轮吊入流道并组装，拆卸冷却套，然后对冷却套与定子连接法兰进行清扫，检修完毕后将冷却套回装；最后对冷却套与定子连接法兰试加 1.25 倍工作压力（不小于 0.40MPa）做密封耐压试验，保持 30min 应无渗漏。冷却套冲洗后应更换纯净水、添加药剂，确保水质符合要求。

3. 膨胀水箱检修

先拆卸膨胀水箱电磁阀导线，再拆卸膨胀水箱供水管路及顶盖螺栓，然后清扫膨胀水箱箱体和水位计，最后回装。装复后膨胀水箱应无渗漏，水位计指示准确。

4. 循环冷却水泵检修

首先拆卸冷却水泵与电动机联轴器的保护罩，拆卸联轴器锁紧螺栓，检查机械密封与轴承，视情况予以更换；然后安装百分表及百分表座；再测量并调整其同心度和同轴度；最后调试验收。循环冷却水泵检修后应保证水泵叶轮、泵壳无空蚀、机械密封无渗漏，卧式水泵同心度偏差小于或等于 0.10mm。

5. 冷却管路及阀门检修

首先检查冷却管路及阀门连接牢固可靠、无松动、无渗漏；再进行紧固处理或更换密封；然后检查阀门是否灵活，并给阀杆加盘根；最后解体自动排气阀、清洗并更换密封垫。检修后应保证阀门阀芯、盘根法兰无渗漏，灵活可靠，介质流向标示符合规定要求。

第七节　出线设备与中性点设备检修

一、发电机出口母线检修

出口母线是将电能输出至电网的通道和载体。一般分软铜母与硬铜母，也有采用高压电缆结构。选择母线时，其截面必须保证允许通过额定电流而不过热，温升稳定，整体安全、可靠。

软铜母并非多股软编制铜母，是指抗拉强度，伸长率更好的紫铜铜排，其导电能力强，但结构稳定性差。硬铜母应用相对广泛，其形式有方形、圆柱形，结构上可分空心与实心，常见结构为方形实心铜排。高压电缆占用空间小、维护量少，但价格昂贵。

出口母线检修注意事项如下：

（1）检查共箱封闭母线箱体连接处的接地铜辫连接是否牢固、箱体外壳是否连成一体。

（2）距母线 150mm 外的钢支架、结构及混凝土中的钢筋因漏磁而产生的温升不应超过 30K。

（3）共箱封闭母线的外壳可以当作接地体，但外壳各段必须有可靠的电气连接，其中至少有一段外壳可靠接地。接地导体的截面具有通过最大短路电流的能力；当母线点通过短路电流时，离接地点最远处外壳的感应电压不超过 24V。

（4）高压电缆作为发电机引出线的结构，检修时只需对外壳检查有无缺陷、损伤，绝缘及保护层有无破损，屏蔽层接地是否牢固可靠。

（5）出口母线相关电气试验数据合格，试验项目及要求如表 5-7 所示。

表 5-7　封闭母线试验项目和要求

<table>
<tr><th>序号</th><th>项　目</th><th>周　期</th><th colspan="3">要　求</th><th>说　明</th></tr>
<tr><td>1</td><td>绝缘电阻</td><td>B 级检修时</td><td colspan="3">（1）额定电压为 15kV 及以上全连式离相封闭母线在常温下分箱绝缘电阻值不小于 50MΩ。
（2）6kV 共箱封闭母线在常温下分相绝缘电阻值不小于 6MΩ</td><td>采用 2500V 绝缘电阻表</td></tr>
<tr><td rowspan="7">2</td><td rowspan="7">交流耐压试验</td><td rowspan="7">B 级检修时</td><td rowspan="2">额定电压（kV）</td><td colspan="2">试验电压（kV）</td><td rowspan="7"></td></tr>
<tr><td>出厂</td><td>现场</td></tr>
<tr><td>≤1</td><td>4.2</td><td>3.2</td></tr>
<tr><td>6</td><td>42</td><td>32</td></tr>
<tr><td>15</td><td>57</td><td>43</td></tr>
<tr><td>20</td><td>68</td><td>51</td></tr>
<tr><td>24</td><td>70</td><td>53</td></tr>
</table>

二、中性点设备检修

与出口母线一样，中性点是连接三相线圈 U2、V2、W2 末端的连接点，为了配合保护所需，中性点母线各相加入了中性点电流互感器（TA），电流互感器一次尾端三相短接形成回路，为了防止中性点接地以及防尘需要，一般外面都加装了防护罩，形式多为网格板、环氧板、铁、铝板之类。

（一）一次连接螺栓检查

（1）检查一次连接螺栓是否紧固，螺孔一般为黄铜材质，检查过程中应注意力矩大小控制，杜绝野蛮作业。当检修有分相试验要求时，需解开中性点短接铜排，回装时应注意螺纹配合，防止丝杆咬死，造成紧固假象或者损伤螺纹，导致 TA 损坏。

（2）一次连接面应无过热弧光烧熔现象，每次拆开后应用酒精清理，再次安装时应涂抹导电脂，导电脂切忌涂抹过厚。

（二）二次端子检查

（1）检查二次端子是否有松动现象，二次接线是否出现断股、接触不良现象。TA 严禁开路，TA 二次侧如果开路，将造成二次侧感应出高电压（峰值达几千伏），威胁人身安全、仪表、保护装置运行，造成二次回路绝缘击穿，并使 TA 磁路过饱和，铁芯发热，烧坏 TA，甚至爆炸。

（2）TA 二次接线应尽量使用多股软铜线，每次拆接二次回路后都应对回路进行导通测试检查。

（三）电流互感器的试验项目、周期和要求

电流互感器的试验项目、周期和要求如表 5-8 所示。

表 5-8　　　　　　电流互感器的试验项目、周期和要求

<table>
<tr><th>序号</th><th>项目</th><th>周　期</th><th>要　求</th><th>说　明</th></tr>
<tr><td>1</td><td>绕组及末屏的绝缘电阻</td><td>（1）投运前。
（2）1～3 年。
（3）大修后。
（4）必要时</td><td>（1）绕组绝缘电阻与初始值及历次数据比较，不应有显著变化。
（2）电容型电流互感器末屏对地绝缘电阻一般不低于 1000MΩ</td><td>采用 2500V 绝缘电阻表</td></tr>
<tr><td>2</td><td>$\tan\delta$ 及电容量</td><td>（1）投运前。
（2）1～3 年。
（3）大修后。
（4）必要时</td><td>（1）主绝缘 $\tan\delta$（%）不应大于下表中的数值，且与历年数据比较，不应有显著变化：
<table>
<tr><td colspan="2">电压等级（kV）</td><td>20～35</td><td>66～110</td><td>220</td><td>330～500</td></tr>
<tr><td rowspan="3">大修后</td><td>油纸电容型</td><td>—</td><td>1.0</td><td>0.7</td><td>0.6</td></tr>
<tr><td>充油型</td><td>3.0</td><td>2.0</td><td>—</td><td>—</td></tr>
<tr><td>胶纸电容型</td><td>2.5</td><td>2.0</td><td>—</td><td>—</td></tr>
<tr><td rowspan="3">运行中</td><td>油纸电容型</td><td>—</td><td>1.0</td><td>0.8</td><td>0.7</td></tr>
<tr><td>充油型</td><td>3.5</td><td>2.5</td><td>—</td><td>—</td></tr>
<tr><td>胶纸电容型</td><td>3.0</td><td>2.5</td><td>—</td><td>—</td></tr>
</table>
（2）电容型电流互感器主绝缘电容量与初始值或出厂值差别超出±5%范围时应查明原因。
（3）当电容型电流互感器末屏对地绝缘电阻小于 1000MΩ 时，应测量末屏对地 $\tan\delta$，其值不大于 2%</td><td>（1）主绝缘 $\tan\delta$ 试验电压为 10kV，末屏对地 $\tan\delta$ 试验电压为 2kV
（2）油纸电容型 $\tan\delta$ 一般不进行温度换算，当 $\tan\delta$ 值与出厂值或上一次试验值比较有明显增长时，应综合分析 $\tan\delta$ 与温度、电压的关系，当 $\tan\delta$ 随温度明显变化或试验电压由 10kV 升到 $U_m/\sqrt{3}$ 时，$\tan\delta$ 增量超过±0.3%，不应继续运行。
（3）固体绝缘互感器可不进行 $\tan\delta$ 测量</td></tr>
<tr><td>3</td><td>油中溶解气体色谱分析</td><td>（1）投运前。
（2）1～3 年。
（66kV 及以上）
（3）大修后。
（4）必要时</td><td>油中溶解气体组分含量（体积分数）超过下列任一值时应引起注意：
（1）总烃：100×10^{-6}。
（2）H_2：150×10^{-6}。
（3）C_2H_2：2×10^{-6}。（110kV 及以下）
1×10^{-6}（220～500kV）</td><td>（1）新投运互感器的油中不应含有 C_2H_2
（2）全密封互感器按制造厂要求（如果有）进行</td></tr>
<tr><td>4</td><td>交流耐压试验</td><td>（1）1～3 年。
（20kV 及以下）
（2）大修后。
（3）必要时</td><td>（1）一次绕组按出厂值的 85%进行。出厂值不明的按下列电压进行试验：
<table>
<tr><td>电压等级（kV）</td><td>3</td><td>6</td><td>10</td><td>15</td><td>20</td><td>35</td><td>66</td></tr>
<tr><td>试验电压（kV）</td><td>15</td><td>21</td><td>30</td><td>38</td><td>47</td><td>72</td><td>120</td></tr>
</table>
（2）二次绕组之间及末屏对地为 2kV。
（3）全部更换绕组绝缘后，应按出厂值进行</td><td></td></tr>
<tr><td>5</td><td>局部放电测量</td><td>（1）1～3 年。
（20～35kV 固体绝缘互感器）
（2）大修后。
（3）必要时</td><td>（1）固体绝缘互感器在电压为 $1.1U_m/\sqrt{3}$ 时，放电量不大于 100pC；在电压为 $1.1U_m$ 时（必要时），放电量不大于 500pC
（2）110kV 及以上油浸式互感器在电压为 $1.1U_m/\sqrt{3}$ 时，放电量不大于 20pC</td><td></td></tr>
<tr><td>6</td><td>极性检查</td><td>（1）大修后。
（2）必要时</td><td>与铭牌标志相符</td><td></td></tr>
<tr><td>7</td><td>各分接头的变比检查</td><td>（1）大修后。
（2）必要时</td><td>与铭牌标志相符</td><td>更换绕组后应测量比值差和相位差</td></tr>
</table>

续表

序号	项目	周　期	要　求	说　明
8	校核励磁特性曲线	必要时	与同类型互感器特性曲线或制造厂提供的特性曲线相比较，应无明显差别	继电保护有要求时进行
9	密封检查	（1）大修后。（2）必要时	应无渗漏油现象	试验方法按制造厂规定
10	一次绕组直流电阻测量	（1）大修后。（2）必要时	与初始值或出厂值比较，应无明显差别	
11	绝缘油击穿电压	（1）大修后。（2）必要时		

注 1.（摘自 DL/T 596—2015《电力设备预防性试验规程》。

2. $\tan\delta$——介质损耗因数；U_m——设备最高电压。

第八节　其他设备检修

其他设备由灯泡头组合体、流道盖板及发电机竖井等设备组成。灯泡头组合体由冷却套（中间环）、灯泡头、水平支撑和垂直支撑等部件组成，冷却套由钢板制成锥形结构，在其外圆周内侧用钢板焊接成可使冷却水循环流动，利用外壁河水进行冷却的装置，因此叫冷却套，冷却套内部还布置有空气冷却器、风筒及风机等设备，其上游侧与灯泡头连接，下游与定子法兰连接。

一、灯泡头组合体检修

（一）灯泡头组合体拆卸条件

（1）流道盖板已拆除。

（2）发电机竖井已拆除。

（3）受油器及操作油管已拆除。

（4）集电环已拆除。

（5）灯泡头组合体内影响其拆卸的其他设备已拆除。

（二）灯泡头组合体拆卸

（1）拆卸水平支撑和垂直支撑。

（2）安装灯泡头组合体专用吊装工具。

（3）拆卸灯泡头组合体与定子上游法兰面定位销钉及连接螺栓。

（4）将灯泡头组合体吊入上游流道并临时固定，其位置不得影响定子及转子检修。

（三）灯泡头组合体检修

（1）灯泡头组合体、水平支撑及垂直支撑等金属构件及焊缝进行无损检测，符合 DL/T 1318—2014《水电厂金属技术监督规程》要求。

（2）灯泡头组合体水平支撑、垂直支撑等进行全面除锈防腐。

（3）水平支撑与垂直支撑螺栓、灯泡头组合法兰固定螺栓、销钉均应进行外观检查且无损坏，否则进行更换，并按 DL/T 1318—2014《水电厂金属技术监督规程》要求进行无损检测。

（4）检查灯泡头组合体封水焊缝是否存在脱焊、开裂等情况，必要时补焊。

（5）灯泡头组合体内侧清扫后喷刷防结露漆。

（四）灯泡头组合体安装

1. 安装前检查及安装过程

灯泡头组合体安装前应将法兰面及密封槽清扫干净，安装密封条；将泡头组合体移至独立起吊位置，吊起组合体至安装位置，先安装定位销钉后对称均匀拧紧组合螺栓至设计扭矩值，检查组合缝间隙应符合 GB/T 8564—2003《水轮发电机组安装技术规范》规定，并严格按设计要求进行组合法兰面密封严密性试验。

2. 垂直支撑安装

（1）按图纸要求安装垂直支撑。

（2）垂直支撑安装时应用百分表检测定子上游侧的下沉量。

（3）拉力螺杆的伸长值应符合设计要求，其偏差不大于 0.05mm。

（4）拉力螺杆伸长合格后，测量定子上游侧上升变化值与下沉值相等，偏差应不大于 0.05mm。

3. 水平支撑安装

（1）按图纸要求安装水平支撑。

（2）水平支撑的连接螺栓应对称均匀拧紧至设计扭矩值，支撑压缩或伸长值应符合设计规定；液压结构的水平支撑压力值应符合设计值。

二、流道盖板及竖井检修

（一）流道盖板及竖井拆卸条件

（1）流道盖板上的电缆等附属设备已拆除。

（2）竖井内部的电缆、管路和爬梯等设备已拆除。

（二）流道盖板及竖井拆卸

（1）拆卸流道盖板与竖井间密封压板。

（2）拆卸流道盖板与导流板的连接螺栓。

（3）拆卸竖井与灯泡头组合体连接螺栓，将竖井吊出。

（4）拆卸流道盖板与基础法兰的定位销钉、连接螺栓，检查无影响其起吊的因素，将流道盖板吊至指定地点。

（三）流道盖板及竖井检修

（1）流道盖板、竖井等金属构件及焊缝的无损检测应符合 DL/T 1318—2014《水电厂金属技术监督规程》要求，否则进行处理。

（2）流道盖板、竖井等进行全面除锈防腐。

（四）流道盖板及竖井安装

（1）清扫干净流道盖板、基础法兰及螺栓孔，粘接好密封条后安装流道盖板，先装定位销钉，再对称均匀拧紧连接螺栓至设计扭矩值。

（2）安装竖井与灯泡头组合体连接法兰密封条，安装竖井，先装定位销钉，对称均匀拧紧竖井与灯泡头组合体法兰所有连接螺栓至设计扭矩值；检查组合缝间隙应符合GB/T 8564—2003《水轮发电机组安装技术规范》规定，并按设计要求进行组合法兰面严密性试验。

（3）安装竖井与流道盖板密封及压板。

第六章

灯泡贯流式水轮发电机组检修试验

第一节　试　验　概　况

灯泡贯流式水轮发电机组检修完毕后，在正式投运前应进行相关系统的调试试验检查，推荐的检修试验项目如表 6-1 所示。

表 6-1　　　　**灯泡贯流式水轮发电机组检修试验项目适应表**

试验名称	检修等级			备注
	C	B	A	
一、静态试验				
（一）调速器静态试验				
导叶和桨叶接力器静态漂移试验	√	√	√	
调速器整机静特性试验	√	√	√	
协联曲线及桨叶随动系统不准确度测定试验		√	√	
接力器全开全关时间测定试验	√	√	√	
导叶接力器反馈信号消失试验	√	√	√	
机组频率信号消失试验	√	√	√	
电源消失试验	√	√	√	
水头信号消失试验	√	√	√	
运行方式切换试验	√	√	√	
运行模式切换试验	√	√	√	
主/备用调节器切换试验	√	√	√	
二段关闭试验	√	√	√	
重锤关机试验	√	√	√	
（二）水轮机及调节系统参数测试静态试验				
调速器控制器 PID 调节特性测试		√	√	
液压随动系统调节特性测试			√	
接力器开启、关闭特性试验	√	√	√	
导叶开度给定阶跃试验	√	√	√	
人工频率死区检查校验	√	√	√	
水轮机调节系统静态特性	√	√	√	

续表

试验名称	检修等级			备注
	C	B	A	
（三）一次调频静态试验				
调节系统静态试验	√	√	√	
接力器响应试验			√	
（四）励磁装置静态试验				
上电前励磁装置检查	√	√	√	
上电后励磁装置检查	√	√	√	
励磁开环小电流试验		√	√	
转子过电压保护试验			√	
（五）监控保护装置静态试验				
监控系统模拟试验	√	√	√	
水轮机保护装置动作模拟试验	√	√	√	
继电保护装置模拟试验	√	√	√	
二、空载试验				
（一）机组充水试验	√	√	√	
冷却套充水、发电机冷却水系统循环试验	√	√	√	
（二）机组手动启动空转试验	√	√	√	
（三）机组自动开、停机试验	√	√	√	
（四）发电机三相短路升流试验		√	√	
（五）发电机零起升压试验				
零起升压、自动升压、软起励试验		√	√	
升降压及逆变灭磁特性试验		√	√	
（六）调速器空载扰动、空载摆动试验				
调速器空载扰动试验		√	√	
调速器手动方式下空载摆动试验			√	
调速器自动方式下空载摆动试验		√	√	
（七）发电机空载时励磁试验				
起励试验	√	√	√	
手动通道试验	√	√	√	
自动通道试验	√	√	√	
手动/自动通道切换试验	√	√	√	
10%阶跃响应试验		√	√	
TV 断线试验		√	√	
模拟远控操作	√	√	√	

续表

试验名称	检修等级			备注
	C	B	A	
（八）假同期试验	√	√	√	
（九）低油压事故停机试验	√	√	√	
三、负载试验				
（一）并网及带负荷试验				
并网及带负荷检查	√	√	√	
50%额定出力下频率扰动试验			√	
80%额定出力下频率扰动试验			√	
80%额定出力下监控系统功率给定扰动试验	√	√	√	
80%额定出力下开度给定扰动试验	√	√	√	
监控系统与一次调频协调动作试验	√	√	√	
一次调频的调速器PID参数优化试验			√	
一次调频响应行为试验	√	√	√	
机组一次调频能力试验	√	√	√	
当前水头下开度调节模式的机组调差率ep测定试验			√	
（二）发电机负载时励磁试验				
发电机电压调差率测定试验			√	
有功负荷（P有功功率/Q无功功率）限制试验			√	
无功负荷调整试验			√	
过励限制功能试验			√	
欠励限制功能试验			√	
电力系统稳定器PSS试验			√	
励磁系统各部分温升试验		√	√	
（三）水轮机稳定性试验		√	√	
（四）机组甩负荷试验				
甩25%额定负荷测量接力器不动时间			√	
分别甩50%、75%、100%额定负荷			√	
（五）发电机定子绕组、铁芯温升试验			√	

注　表格中“√”表示选用，代表机组检修时应进行该项目。

一、流道检查

（1）进水口拦污栅已清理干净并回装到位，拦污栅测压头与测量仪表已检验合格。

（2）坝顶门机已具备闸门启闭工作条件，进水口检修闸门门槽已清理干净，进水口检修闸门处于关闭状态。

（3）进水流道、导流板、转轮室、尾水管等过水通流系统均已检查、清理干净，测量表计均已回装到位，流道测压系统排污阀门已关闭，发电机盖板与框架已把合严密，流道内检查正常，所有进人孔均已封盖严密。

（4）机组进水流道及尾水流道排水阀动作情况良好并处于关闭位置，机组检修排水廊道进人门处于关闭状态。

（5）尾水闸门启闭装置正常，尾水检修闸门门槽及其周围已清理干净，尾水检修闸门处于关闭状态。

（6）机组上、下游水位量测系统已检查、校验合格，水位信号远传回路正常。

二、水轮机检查

（1）水轮机转轮已回装到位，桨叶与转轮室之间的间隙已检查合格，且无遗留杂物。

（2）导水机构已检修完成、检验合格并处于关闭状态，接力器锁定投入。导叶最大开度和导叶立面、端面间隙及压紧行程已检验合格，并符合设计要求。

（3）主轴及其保护罩、水轮机导轴承系统已检修完成、检验合格，轴线调整符合设计要求。

（4）主轴工作密封与检修密封已检修完成、检验合格，密封自流排水管路畅通。检修密封经漏气试验合格，充水前检修密封的空气围带处于充气状态。

（5）各过流部件之间（包括转轮室与外配水环、外配水环与座环外锥、内配水环与座环内锥等）的密封均已检验合格，无渗漏情况。所有分瓣部件的各分瓣法兰均已把合严密，符合规定要求。

（6）伸缩节间隙均匀，密封有足够的紧量。

（7）各重要部件连接处的螺栓、螺母已紧固，预紧力符合设计要求，各连接件的定位销已按规定全部锁定牢固。

（8）受油器已检修完成，操作油管经盘车检查，摆度合格。

（9）各测压表计、示流计、流量计等各种信号器、变送器均已检修完成、检验合格，管路、线路连接良好，并已清理干净。

（10）水轮机其他部件也已检修完成、检验合格。

（11）转轮轮毂充油正常，转轮操作正常、无泄漏。

（12）导叶操作正常。

三、发电机检查

（1）发电机整体已全部检修完成并检验合格，发电机内部已进行彻底清扫，定子、转子及气隙内无任何杂物，发电机检修、试验记录齐全。

（2）正反向推力轴承及导轴承已回装调试完成，检验合格。

（3）各过流部件之间（包括定子机座与管形座内锥、定子机座与前锥体等）和各分瓣部件的法兰面的密封均已检验合格，符合规定要求。

（4）空气冷却器已检验合格，管路畅通，示流信号正确，阀门无渗漏现象。冷却风机、除湿机、电加热器已调试，运行及控制符合设计要求。

（5）发电机内灭火管路、火灾探测器、灭火喷嘴已检修完成、试验合格。

（6）发电机检修手动机械锁锭已退出，发电机各制动闸与制动环之间的间隙合格，机械制动系统的手动、自动操作已检验调试合格，动作正常，制动闸处于制动状态。

（7）发电机转子集电环、炭刷、炭刷架、粉尘吸收装置已检修并调试合格。

（8）发电机灯泡体内所有阀门、管路、接头、电磁阀、变送器等均已检验合格，液位和示流信号正确。

（9）发电机水平支撑和垂直支撑已检修完成，检验合格。

（10）测量发电机工作状态的各种表计、元件等均检修完成，调试整定合格，各表计、元件处于正常工作状态。

四、油气水系统检查

（1）机组轴承高位油箱、轮毂高位油箱、轴承回油箱、漏油箱上各液位信号器已检修校验合格，油位符合设计规定，触点整定值符合设计要求。各油泵电动机已做带电动作试验，油泵运转正常，主、备用切换及手动、自动控制工作正常。各油箱电加热器检验合格。

（2）正、反向推力轴承及各导轴承润滑油温度、压力、油量检测装置已调试合格，整定值符合设计要求。

（3）高压油顶起装置已调试合格，各单向阀及管路阀门均无渗油现象。高压油顶起系统手动、自动控制正常。

（4）机组冷却、主轴密封等技术供水系统管路、过滤器、阀门、表计、接头等均已回装完成、检验合格。

（5）主轴密封水质已检查并满足设计要求，水压、水量已调整至设计允许的范围内，主轴密封漏水测量阀门已打开。

（6）循环水泵、压力及流量检测元件已检修调试合格，水量、水压满足设计要求。膨胀水箱水质符合设计要求，液位计调试合格，水位正常。各水泵运转正常并处于设定工作状态。

五、电气一次设备检查

（1）电气一次设备已检修完成，并清扫干净，所有一次设备按照 GB 50150—2006《电气装置安装工程电气设备交接试验标准》完成交接试验，检修、试验记录齐全。

（2）发电机出口母线及相关设备检查。发电机中性点接地变压器、发电机中性点 TA、发电机出口 TA、机端 TA、高压电缆、母线、发电机出口断路器及隔离开关、避雷器、发电机出口断路器主回路两侧 TA、励磁变压器及其 TA、发电机出口侧 TV 等设备已检修、试验完毕，检验合格，具备带电条件。

（3）主变压器已检修调试完毕、试验合格。所有阀门位置正确，铁芯及本体可靠接地。主变压器油位正常，绝缘油化验、瓦斯继电器校验合格。

（4）主变压器低压侧 TV 及避雷器、主变压器高压侧 TA 及避雷器、主变压器高压侧架空线检修完成。

（5）主变压器高压侧至出线一次设备检查：母线设备、母联、主变压器进线间隔、线路出线间隔、电流互感器、电压互感器、避雷器、断路器、隔离开关、接地开关等设备已检修完成、试验合格。

（6）厂用电 10kV 系统相关配电设备已检修完成，检验并试验合格，母线正常供电，备自投正常工作，相关设备正常受电。

（7）400V 厂用电、机组自用电等设备已检修完成、试验合格，母线正常供电，备自投装置正常工作，相关设备正常受电。

（8）机旁直流电源系统设备已检修完成，各回路绝缘合格，绝缘监视和接地检测装置工作正常，相关设备正常受电。

六、电气二次系统及回路检查

（1）按有关规程对平衡表、电压表、频率表、导叶和桨叶开度表、压力表等进行检查，确认校验合格，其精度应符合相应技术要求。

（2）对所有电气接线的正确性进行检查，其标志应与图纸相符，屏蔽线的接法应符合抗干扰的要求。

（3）调速器系统所有电磁换向阀、电磁阀和电磁空气阀按设计要求，在规定的工作行程下，分别施加 85%和 110%的额定电压，往复动作各 10 次，不得跳动和卡阻，触点动作灵活。

（4）调速器系统压力（差压）开关检查：用压力校验仪，在使用范围内取最大值、中间值及最小值，每点往复动作 3 次，测量其指示精度及动作误差符合压力（差压）开关的精度范围。

（5）机械过速装置检查：在检修时将机械过速装置送至专业有资质的检定机构进行校验试验，检查校验报告，确认校验合格；或者在专门的试验装置上整定其动作值，动作 5 次，确认其动作灵活且精度满足设计要求。

（6）电气转速信号装置检查：用频率信号源模拟频率信号输入电气转速信号装置，按照转速上升、下降的顺序各动作 5 次，各转速触点应准确触发信号。

（7）油压装置系统的检查：油压装置油压、油位正常，油质化验合格，油温在允许范围内（10～50℃）；各管路、阀门、油位计无漏油、漏气现场，各阀门位置正确；油泵运转正常，无异常振动、无过热现象；油泵安全阀开启，且关闭压力正确，安全阀动作压力经过校验符合定值要求，动作时无啸叫；自动补气装置检查完好，自动补气功能已投入，补气压力和油位校验符合定值要求，具有手动补气功能；漏油箱油泵工作正常，启泵/停泵液位校验准确。

（8）调速器系统检查：各表计信号灯指示正常，开关位置正确，各电气元器件无过热、异味、断线等异常现象；调速器系统各阀门、管路无渗漏，阀门位置正确；调速器各传感器的杆件、传动机构工作正常，钢丝绳无脱落、发卡、断股现象，销子及紧固件无松动或脱落；滤油器压差应在规定的范围内，否则应进行滤油器的切换并对滤网进行清扫。

（9）继电保护、自动装置和故障录波设备检查正常，所有控制保护电缆接线已经过检查，接线正确；发电机、变压器继电保护和故障录波屏的安装、调试完毕；开关站母线、线路继电保护和故障录波屏的安装、调试完毕；各区域设备继电保护、自动装置和故障录波联调已完成，结果正确。

（10）计算机监控主站与公用现地控制单元LCU、开关站LCU、机组LCU间的双光纤环网已调试完毕，运行良好。厂用电、公用设备、开关站及机组等相关设备处于监控状态，LCU已具备检测和报警功能，相关运行参数可被监视与记录。

第二节　机组静态试验

水轮发电机组检修后的静态试验，主要包括调速器静态试验、水轮机及调节系统参数测试静态试验、一次调频静态试验、励磁装置静态试验、监控保护装置静态试验。

一、调速器静态试验

（一）调速器静态试验条件

（1）上游流道与尾水流道未充水，机组处于静止状态。

（2）调速系统及其设备已检修回装完成、调试合格；油压装置压力、油位正常，透平油化验合格；各表计、自动化元件均已整定符合要求。

（3）压力油罐安全阀按规程要求已调整合格，且动作可靠；油压装置油泵在工作压力下运行正常，无异常振动和发热，主备用切换及手动、自动工作正常；集油箱油位信号器动作正常；压油罐补气装置手动、自动动作正确；漏油装置手动、自动调试合格。

（4）检查各油压管路、阀门、接头及部件等均无渗油现象。

（5）调速器机械柜、电气柜已检修完成并上电正常，调速器的电气—机械或液压转换器工作正常，各反馈信号准确。

（6）导叶锁定装置调试合格，信号指示正确，试验开始前应处于锁定状态。

（7）机组测速装置已检修回装完成并调试合格，动作触点已按要求整定完成。

（二）导叶和桨叶接力器静态漂移试验

1. 试验目的

检验调速器是否满足导叶、桨叶在纯机械手动位置时，其位置漂移量在30min内不超过1%，且静止态油泵加载间隔时间不得小于30min。

2. 试验步骤

（1）将调速器设定在手动运行状态，将导叶和桨叶接力器开启至50%行程左右。

（2）用调节系统综合测试仪记录导叶接力器的位移变化情况，测量时间为10min。

（三）调速器整机静特性试验

1. 试验目的

检验调速器的非线性度、转速死区是否满足GB/T 9652.1—2007《水轮机控制系统技术条件》要求。

2. 试验步骤

（1）将导叶接力器行程信号接入调节系统综合测试仪，由调节系统综合测试仪给调速器提供机组额定频率信号，手动调整导叶接力器至 50%行程，将调速器切为自动运行方式。

（2）改变输入调速器的频率信号，使导叶接力器分别停留在 20%、50%、80%行程处，用调节系统综合测试仪记录导叶接力器摆动值，记录时间为 3min。

（3）重复步骤（1），再次手动调整导叶接力器至 50%行程，将调速器切为自动运行方式。

（4）升高或降低频率使接力器全关或全开，调整频率信号值，使之按一个方向递增或递减，在导叶接力器每次变化稳定后，用调节系统综合测试仪记录该次动作的频率和导叶接力器行程（试验时切除人工频率死区）。

（5）根据试验数据分别绘制频率升高和降低时的调速器静态特性曲线，计算转速死区 I_x、线性度误差、实测永态转差系数 b_p（试验连续进行 3 次，试验结果取其平均值）。

（6）投入人工频率死区，置人工频率死区为 0.2Hz，按以上方法进行试验，根据试验结果绘制曲线，求出实测人工频率死区值。

（7）试验应在调速器 A、B 套调节器主用运行方式下各测试 1 次。

（四）协联曲线及桨叶随动系统不准确度 I_a 测定试验

1. 试验目的

检验设定协联与实际协联的偏差是否不大于桨叶全行程的 1%及测定桨叶随动不准确度是否不大于 0.8%。

2. 试验步骤

（1）将导叶和桨叶接力器行程信号接入调节系统综合测试仪，由调节系统综合测试仪给调速器提供机组额定频率信号，手动置水头信号为设计值，手动调整导叶接力器至 50%行程，将调速器切为自动运行方式。

（2）升高或降低频率使接力器全关或全开，调整频率信号值，使之按一个方向递增或递减，在导叶和桨叶接力器每次变化稳定后，用调节系统综合测试仪记录该次动作的导叶和桨叶接力器行程（试验时切除人工频率死区），如表 6-2 所示。

表 6-2　　机组协联曲线校验记录表

水头（m）	桨叶开度（%）	导叶开度（%）	桨叶角度（°）	备　注
				至少模拟 3 个及以上水头值进行试验

(3) 根据试验数据绘制协联曲线并求取桨叶随动系统不准确度 I_a 和实际协联曲线与理论协联曲线的偏差(试验连续进行 3 次,试验结果取其平均值)。

(4) 分别置水头信号为最大值、最小值和额定值,按上述方法进行试验,根据试验结果绘制协联曲线。

(5) 试验应在调速器 A、B 套调节器主用运行方式下各测试 1 次。

(五) 开关机时间测定试验

1. 试验目的

检验导叶、桨叶的开关机时间是否满足设计值要求。

2. 试验步骤

(1) 将导叶和桨叶接力器行程信号接入调节系统综合测试仪,操作导叶和桨叶接力器开启和关闭,记录接力器在 25%~75%行程之间移动所需的时间,取其 2 倍作为接力器开启和关闭时间。

(2) 操作导叶接力器,使导叶接力器从全关向全开动作或从全开向全关动作,用调节系统综合测试仪记录导叶接力器行程变化情况。

(3) 操作桨叶接力器,使桨叶接力器从全关向全开动作或从全开向全关动作,用调节系统综合测试仪记录桨叶接力器行程变化情况。

(4) 操作紧急停机电磁阀,使接力器从全开向全关动作且桨叶接力器处于协联自动调节状态,用调节系统综合测试仪记录导叶和桨叶接力器行程变化情况。

(六) 导叶接力器反馈信号消失试验

1. 试验目的

检验调速器导叶反馈故障时导叶开度扰动量大小是否满足运行要求,导叶开度扰动量大小不超过 1%。

2. 试验步骤

(1) 将导叶和桨叶接力器行程信号接入调节系统综合测试仪,由调节系统综合测试仪给调速器提供机组频率信号。

(2) 短接调速器开机令输入端子,由调节系统综合测试仪改变给调速器的频率信号,模拟机组开机过程,在开机过程中人为断开调速器的导叶接力器行程信号,用调节系统综合测试仪记录导叶和桨叶接力器行程变化情况。

(3) 由调节系统综合测试仪给调速器提供机组额定频率信号,导叶接力器行程处于略小于空载开度限制的位置,模拟机组空载运行工况,人为断开调速器的导叶接力器行程信号并恢复,用调节系统综合测试仪记录导叶和桨叶接力器行程变化情况。

(4) 短接断路器位置信号,由调节系统综合测试仪给调速器提供机组额定频率信号,导叶接力器处于 50%行程,模拟机组负载运行工况,人为断开调速器的导叶接力器行程信号并恢复,用调节系统综合测试仪记录导叶和桨叶接力器行程变化情况。

(5)模拟机组负载工况,人为断开调速器的导叶接力器行程信号,并拆除断路器短接信号模拟机组甩负荷，用调节系统综合测试仪记录导叶和桨叶接力器行程变化情况。

（6）试验应在调速器 A、B 套调节器主用运行方式下各测试 1 次。

（七）机组频率信号消失试验

1. 试验目的

检验调速器在发电机频率参数故障时导叶开度扰动量大小是否满足运行要求，导叶开度扰动量大小不超过 1%。

2. 试验步骤

（1）将导叶和桨叶接力器行程信号接入调节系统综合测试仪，由调节系统综合测试仪给调速器提供机组频率信号。

（2）短接调速器开机令输入端子，由调节系统综合测试仪改变给调速器的频率信号，模拟机组开机过程，在开机过程中人为断开调速器的机组频率信号，用调节系统综合测试仪记录导叶和桨叶接力器行程变化情况。

（3）由调节系统综合测试仪给调速器提供机组额定频率信号，导叶接力器行程处于略小于空载开度限制位置，模拟机组空载运行工况，人为断开调速器的机组频率信号并恢复，用调节系统综合测试仪记录导叶和桨叶接力器行程变化情况。

（4）短接断路器位置信号，由调节系统综合测试仪给调速器提供机组额定频率信号，导叶接力器处于 50%行程，模拟机组负载工况，人为断开调速器的机组频率信号并恢复，用调节系统综合测试仪记录导叶和桨叶接力器行程变化情况。

（5）模拟机组负载工况，人为断开调速器的机组频率信号，并拆除断路器短接信号模拟机组甩负荷，用调节系统综合测试仪记录导叶和桨叶接力器行程变化情况。

（6）试验应在调速器 A、B 套调节器主用运行方式下各测试 1 次。

（八）电源消失试验

1. 试验目的

检验调速器电源故障时导叶开度扰动量大小是否满足运行要求，导叶开度扰动量大小不超过 1%。

2. 试验步骤

（1）将导叶和桨叶接力器行程信号接入调节系统综合测试仪，由调节系统综合测试仪给调速器提供机组频率信号。

（2）由调节系统综合测试仪给调速器提供机组额定频率信号，导叶接力器行程处于略小于空载开度限制位置，模拟机组空载运行工况，人为切除调速器的工作电源并恢复，用调节系统综合测试仪记录导叶和桨叶接力器行程变化情况。

（3）短接断路器位置信号，由调节系统综合测试仪给调速器提供机组额定频率信号，导叶接力器处于 50%行程，模拟机组负载工况，人为切除调速器的工作电源并恢复，用调节系统综合测试仪记录导叶和桨叶接力器行程变化情况。

（4）试验应在调速器 A、B 套调节器主用运行方式下各测试 1 次。

（九）水头信号消失试验

1. 试验目的

检验调速器水头故障时导叶开度扰动量大小是否满足运行要求，导叶开度扰动量大小不超过 1%。

2. 试验步骤

（1）将导叶和桨叶接力器行程信号接入调节系统综合测试仪，由调节系统综合测试仪给调速器提供机组频率信号。

（2）由调节系统综合测试仪给调速器提供机组额定频率信号，导叶接力器行程处于略小于空载开度限制位置，模拟机组空载运行工况，人为断开调速器的水头信号并恢复，用调节系统综合测试仪记录导叶和桨叶接力器行程变化情况。

（3）短接断路器位置信号，由调节系统综合测试仪给调速器提供机组额定频率信号，导叶接力器处于 50%行程，模拟机组负载工况，人为断开调速器的水头信号并恢复，用调节系统综合测试仪记录导叶和桨叶接力器行程变化情况。

（4）试验应在调速器 A、B 套调节器主用运行方式下各测试 1 次。

（十）运行方式切换试验

1. 试验目的

检验调速器运行方式切换时导叶开度扰动量大小是否满足运行要求，导叶开度扰动量大小不超过 1%。

2. 试验步骤

（1）将导叶和桨叶接力器行程信号接入调节系统综合测试仪，由调节系统综合测试仪给调速器提供机组额定频率信号。

（2）导叶接力器行程处于略小于空载开度限制位置，模拟机组空载运行工况，对调速器进行导叶接力器手动和自动运行方式的相互切换，用调节系统综合测试仪记录导叶和桨叶接力器行程的变化情况。

（3）短接断路器位置信号，导叶接力器处于 50%行程，模拟机组负载工况，对调速器进行导叶接力器手动和自动运行方式的相互切换，用调节系统综合测试仪记录导叶和桨叶接力器行程的变化情况。

（4）试验应在调速器 A、B 套调节器主用运行方式下各测试 1 次。

（十一）运行模式切换试验

1. 试验目的

检验调速器运行模式切换时导叶开度扰动量大小是否满足运行要求，导叶开度扰动量大小不超过 1%。

2. 试验步骤

（1）将导叶和桨叶接力器行程信号接入调节系统综合测试仪，由调节系统综合测试仪给调速器提供机组额定频率信号。

（2）短接断路器位置信号，导叶接力器处于 50%行程，模拟机组负载工况，对调速器进行频率模式和开度模式的相互切换，用调节系统综合测试仪记录导叶和桨叶接力器行程的变化情况。

（3）试验应在调速器 A、B 套调节器主用运行方式下各测试 1 次。

（十二）主/备用调节器切换试验

1. 试验目的

检验调速器主/备用切换时导叶开度扰动量大小是否满足运行要求，导叶开度扰动量大小不超过 1%。

2. 试验步骤

（1）将导叶和桨叶接力器行程信号接入调节系统综合测试仪，由调节系统综合测试仪给调速器提供机组额定频率信号。

（2）导叶接力器行程处于略小于空载开度限制位置，模拟机组空载运行工况，对调速器进行 A、B 套调节器（即主/备用调节器）的相互切换，用调节系统综合测试仪记录导叶和桨叶接力器行程的变化情况。

（3）短接断路器位置信号，导叶接力器处于 50%行程，模拟机组负载工况，对调速器进行 A、B 套调节器（即主/备用调节器）的相互切换，用调节系统综合测试仪记录导叶和桨叶接力器行程的变化情况。

（十三）导叶二段关闭试验

1. 试验目的

检验导叶接力器的最短关闭时间及分段关闭拐点是否满足机组投产报告要求。

2. 试验步骤

（1）导叶接力器行程信号接入调节系统综合测试仪。

（2）手动操作导叶至全开，保证油压装置在额定油压，操作紧急停机电磁阀动作关闭导叶，由调节系统综合测试仪录取导叶关闭过程中导叶开度信号变化过程曲线和导叶分段关闭位置点。

（3）如分段关闭拐点偏离设定位置，则进行调整，按本试验步骤（2）进行测试直至满足设定值为止。

（十四）重锤关机试验

1. 试验目的

检验重锤关机时导叶开度从 100%关至 1%的时间是否满足调保计算设计值范围内的要求。

2. 试验步骤

（1）导叶接力器行程信号接入调节系统综合测试仪，检查重锤关机电磁阀电源正常。

（2）手动操作导叶至全开，手动停止调速器油压装置，手动关闭压油槽隔离阀，切断调速器系统油压，按下重锤关机电磁阀动作按钮，由调节系统综合测试仪录取导叶关闭过程中导叶开度信号变化过程曲线。

（3）如重锤关机时间不符合调保计算设计时间，则调整重锤关机旁通阀节流阀芯，按步骤（2）进行测试直至满足设计值为止。

二、水轮机及调节系统参数测试静态试验

（一）水轮机及调节系统参数测试静态试验条件

（1）机组停机，上游流道、尾水流道未充水。

（2）退出调速器控制系统送给监控和保护停机信号。

（3）发电机制动风闸投入，尾水闸门关闭。

（4）断开调速器控制系统取至机组出口 TV 二次开关的测频信号。

（5）断开调速器控制系统送技术供水系统、高压油顶起装置、制动风闸的信号。

（6）频率给定为额定值，人工频率死区设置为 0Hz。

（7）开度限制值设为 100%。

（8）短接调速器并网信号。

（9）机组一次调频参数已确定。

（二）调速控制器 PID 调节特性测试

1. 试验目的

检验 PID 参数的输入输出特性，辨识和校核 PID 参数。

2. 试验步骤

（1）调速器置“现地-试验方式”，由调节系统综合测试仪向调速器输入 50Hz 稳定频率信号，永态转差系数 b_p 设置为 0，设置不同的加速时间常数 T_n、缓冲时间常数 T_d、暂态转差系数 b_t 值，改变输入调速器的频率信号进行阶跃扰动（频率扰动量分别为 ±0.1Hz、±0.2Hz、±0.3Hz），由调节系统综合测试仪录取扰动后频率变化、调节器 PID 控制输出信号变化过程曲线。

（2）调速器置“现地-试验方式”，由调节系统综合测试仪向调速器输入 50Hz 稳定频率信号，设置 b_p 为 0，T_d、T_n、b_t 为一次调频设定值，改变输入调速器的频率信号进行阶跃扰动（频率扰动量分别为 ±0.1Hz、±0.2Hz、±0.3Hz），由调节系统综合测试仪录取扰动后频率变化、调节器 PID 控制输出信号变化过程曲线。

（3）调速器置“现地-试验方式”，由调节系统综合测试仪向调速器输入 50Hz 稳定频率信号，分别设置 b_p 为 4%、5%，T_d、T_n、b_t 为一次调频设定值，改变输入调速器的频率信号进行阶跃扰动（频率扰动量分别为 ±0.1Hz、±0.2Hz、±0.3Hz），由调节系统综合测试仪录取扰动后频率变化、调节器 PID 控制输出信号变化过程曲线。

（三）液压随动系统调节特性测试

1. 试验目的

获取调速器液压随动系统的调节特性。

2. 试验步骤

（1）调速器置“现地-试验方式”，手动增加导叶开限至 50%，分别设置 b_p 为 4%、5%，T_d、T_n、b_t 为一次调频参数设置值。

（2）短接并网信号模拟调试器处于并网状态，将机组导叶开至 50%开度，调速器置

“现地-手动方式”，导叶开限调整至100%。

（3）改变输入调速器的频率信号进行阶跃扰动（频率扰动量分别为±0.1Hz、±0.2Hz、±0.3Hz），由调节系统综合测试仪录取扰动后频率变化、调节器PID控制输出信号、导叶开度信号变化过程曲线。

（四）接力器开启关闭特性试验

1. 试验目的

获取执行机构全开和全关的动作曲线，计算执行机构的开启和关闭时间常数。

2. 试验步骤

（1）导叶全开，调速器压油槽在额定油压情况下，操作紧急停机电磁阀动作关闭导叶，由调节系统综合测试仪录取导叶关闭过程中导叶开度信号变化过程曲线。

（2）导叶全关，调速器压油槽在额定油压情况下，导叶开度给定为100%的方式动作开启导叶，由调节系统综合测试仪录取导叶开启过程中导叶开度信号变化过程曲线。

（五）导叶开度给定阶跃试验

1. 试验目的

检查调速系统动态调节特性。

2. 试验步骤

（1）导叶开限置于100%位置，将导叶开到30%位置，进行导叶给定阶跃试验，阶跃量分别为±1%，±2%，±5%，±10%及±30%，各阶跃试验重复1次。

（2）导叶开限置于100%位置，将导叶开到50%位置，进行导叶给定阶跃试验，阶跃量分别为±1%，±2%，±5%，±10%，±20%及±50%，各阶跃试验重复1次。

（3）导叶开限置于100%位置，将导叶开到80%位置，进行导叶给定阶跃试验，阶跃量分别为±1%，±2%，±5%，±10%及±20%，各阶跃试验重复1次。

（六）人工频率死区检查校验

1. 试验目的

测量调速器人工死区、动态响应时间。

2. 试验步骤

（1）调速器置“现地-试验方式”，手动增加导叶开限至 50%位置，短接并网信号模拟调试器处于并网状态，将机组导叶开至50%开度，调速器置“现地-手动（自动）方式”，导叶开限置于 100%位置。人工频率死区置为±0.05Hz，改变输入调速器的频率信号进行阶跃扰动，由调节系统综合测试仪录取扰动后频率变化、导叶开度信号变化过程曲线。频率扰动量分别为±0.05Hz、±0.1Hz、±0.2Hz、±0.3Hz。

（2）调速器置“现地-试验方式”，手动增加导叶开限至 50%位置，短接并网信号模拟调试器处于并网状态，将机组导叶开至 50%开度，调速器置“现地-手动（自动）方式”，导叶开限置于 100%位置。人工频率死区置为±0.05Hz，以 0.01Hz 步长将机组频率由 50Hz 逐次降低到 49.8Hz，稳定后再返回到 50Hz，然后再由 50Hz 逐次加到

50.2Hz，稳定后返回，由调节系统综合测试仪录取扰动后频率变化、导叶开度信号变化过程曲线。

（七）水轮机调节系统静态特性

1. 试验目的

获取调速器升频和降频的静特性，校核永态转差系数 b_p 值、转速死区是否满足要求。

2. 试验步骤

（1）由调节系统综合测试仪给调速器提供额定的机组频率输入信号，以开度给定方式将导叶接力器调整到50%行程。

（2）将调速器处于自动运行方式，升高或降低频率使接力器关全或全开，调整频率信号值，使之按一个方向递增或递减，在导叶接力器每次变化稳定后，用调节系统综合测试仪记录该次信号频率值及相应的接力器行程，分别绘制频率升高或降低的静态特性曲线。

（3）每条曲线在接力器行程10%～90%的范围内，测点不少于8点。分别设定 b_p 为3%、4%、6%进行试验。

三、一次调频静态试验

（一）一次调频静态试验条件

（1）上游流道、尾水流道未充水。

（2）调速器系统调整试验完毕，调速器处于自动运行方式。

（二）调节系统静态试验

1. 试验目的

测定调节系统在无人工频率死区时的静态特性（转速死区、非线性度）及投入人工频率死区后的调节特性。

2. 试验步骤

（1）将调速器设定为开度调节工作模式，由调速器测试仪给调速器提供额定的机频输入信号，以开度给定方式将导叶接力器调整到50%行程。

（2）用调速器测试仪升高或降低频率使接力器全关或全开，调整频率信号值，使之按一个方向递增或递减，在导叶接力器每次变化稳定后，用调速器测试仪记录该次信号频率值及相应的导叶接力器行程，分别绘制频率升高或降低的静态特性曲线。每条曲线在接力器行程10%～90%的范围内测点不少于8点。

（3）根据试验结果计算开度调节工作模式下的永态转差系数 b_p、转速死区 I_x、线性度误差ε。试验进行两次，试验结果取其平均值。

（4）将调速器设定为功率调节工作模式，由调速器测试仪给调速器提供额定的机频输入信号，由电流信号源提供调速器的功率输入信号，并将功率信号给定为50%额定功率。

（5）用调速器测试仪升高或降低频率使接力器全关或全开，调整频率信号值，使之按一个方向递增或递减，同时调整电流信号源改变功率信号，直到导叶接力器每次变化稳定后，用调速器测试仪记录该次信号频率值及相应的功率值，分别绘制频率升高或降低的静态特性曲线。每条曲线在接力器行程10%～90%的范围内测点不少于8点。

（6）根据试验结果计算功率调节工作模式下的功率调差系数 e_p、转速死区 I_x、线性度误差ε。试验进行两次，试验结果取其平均值。

（7）试验分切除人工频率死区和投入人工频率死区两种情况进行。

（三）接力器响应试验

1. 试验目的

检验在一次调频运行方式下，接力器随频率变化的响应能力，并初步选定一次调频的备选参数。

2. 试验步骤

（1）在调速器开度调节模式下，由调速器测试仪给调速器提供额定的机频输入信号，以开度给定方式将导叶接力器调整到50%行程。

（2）用调速器测试仪阶跃改变机组输入频率，每次频率变化幅度为0.1Hz，记录频率改变后导叶接力器行程变化过程曲线。

（3）试验在不同的PID参数下进行，初步确定3～4组响应迅速、稳定时间短的PID参数作为一次调频运行的被选参数。

四、励磁装置静态试验

（一）励磁装置静态试验条件

（1）励磁系统屏柜及相关设备检修工作结束，且符合质量标准和设计要求。

（2）励磁变压器、励磁柜、励磁母线及电缆已检修回装完成，主回路连接可靠，绝缘良好，相应的高压试验合格。

（3）励磁变压器自然通风良好，励磁功率柜冷却回路正常。

（4）励磁装置柜旁照明完好，励磁装置工作和试验电源检查正常，现场清扫完毕。

（二）上电前的励磁装置检查

（1）检查励磁系统所有机柜、机箱必须可靠接地；检查外观结构、机柜电源和屏蔽线良好。

（2）按图纸核对二次回路，确认接线正确；检查所有电路板的硬件设置无误；检查软件及参数，确认软件版本是否正确及运行是否正常。

（3）检查并确认LCU系统与励磁系统的所有控制电缆连接正确；检查并确认所有保护与励磁系统的控制电缆连接正确。

（4）检查并确认所有交、直流电源均与励磁系统连接正确且可使用，各电源都处断开状态；测试各回路对地绝缘是否符合要求。

（三）上电后的励磁装置检查

1. 开入信号检查

分别在远方和近方端子模拟开关量信号输入，对应检查励磁系统的开关量信号输入板以及调节器内部开入信号参数组的信号输入是否正常。

2. 开出信号检查

将励磁系统调节器内部开出信号参数组的相关信号进行强制输出，检查开关量信号输出板对应的信号灯以及端子上有无信号输出。

3. 模拟量信号检查

利用继电保护测试仪模拟提供发电机电压、电流、有功、无功及功率因数，将电气量从端子上输入调节器，观察励磁装置显示值并进行准确度校核。主要检查项目包括电压、电流模拟输入显示及校核试验，有功功率 P、无功功率 Q、功率因数 $\cos\phi$ 模拟输入显示及校核试验，励磁变压器低压侧 TA 量校验。

4. 功率桥监视回路检查

模拟桥臂过流、温度过高等保护动作信号，检查功率桥监视回路的所有功能是否正常。

5. 灭磁单元检查

（1）灭磁开关监测回路检查：由远方/就地操作灭磁开关进行合分操作，验证开关动作正确及开关量输入正常。

（2）外部跳闸信号试验：就地控制合上灭磁开关，由远方保护发跳闸 1 和跳闸 2 命令，确认能正确跳开灭磁开关。

6. 起励电源回路检查

将起励电源开关合上，按励磁投入命令，直流接触器动作，检查输出直流电压的大小和极性。

7. 励磁调节器保护和限制功能模拟校验

励磁调节器保护和限制功能模拟校验主要包括 TV 断线模拟校验、电压/频率（V/Hz）限制模拟校验、P/Q 限制模拟校验。

（四）励磁开环小电流试验

1. 试验目的

使用开环的办法检查励磁装置调节部分的正确性，为励磁控制系统闭环试验做准备，包括逻辑控制部分的检查。

2. 试验步骤

（1）解开励磁变压器高压侧与发电机机端的连接片，断开励磁变压器低压侧与整流桥输入端的连接母排，断开整流桥直流输出端子与转子连接电缆，断开起励电源开关。解开起励变压器第一副边端子。起励变压器第二副边经过空开直接接至进线柜铜排上，灭磁开关输出端接滑线变阻器及示波器；直接通过调试软件改变可控硅控制角，通过示波器观察整流后的电压波形，确认触发脉冲工作正常及波形显示正确，六个波头齐全；用万用表测量输出电压幅值，且直流电压幅值能平滑变化，确认功率传输通道正常。

励磁系统开环小电流试验原理图如 6-1 所示。（以 ABB UNITROL6080 系列励磁装置为例）

（2）修改励磁调节器内部参数，使励磁系统处于它励方式。

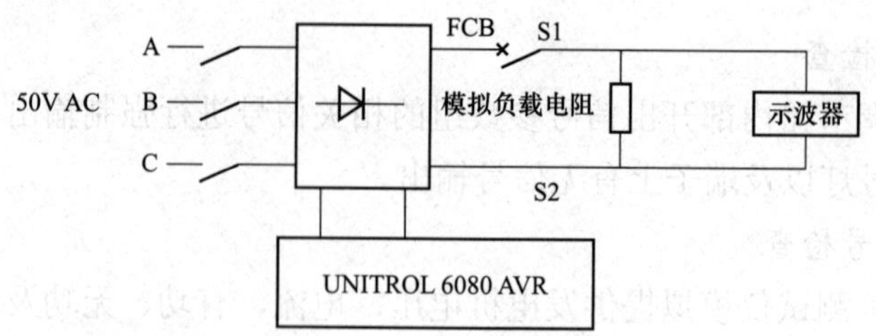

图 6-1　开环（小电流）试验原理图

（3）修改励磁调节器内部参数，将励磁同步电压值调整为试验机组励磁变压器副边电压值；并将整流桥控制方式改为开环模式。

（4）合上灭磁开关，送上试验电源，观察整流桥测得的阳极电压数值和实际测量值相符，再投入励磁系统。

（5）修改励磁调节器内部参数，由下限至上限按照每次增加 10%的幅度，改变调节器给整流桥的控制信号，观察示波器的波形是否正常，并记录输出电压 U_f 以及整流桥控制角 a。

（6）检查输出波形无异常；逐个单独投入，确认每一个功率柜输出都正常。

（7）修改触发角限制参数，检验限制情况。

（8）试验完成后，将所有修改过的参数恢复至原值。

（五）转子过电压保护试验

1. 试验目的

检验保护装置是否按逻辑要求动作以及实际测试出在过电压情况下的保护动作定值。

2. 试验步骤

（1）根据 DL/T 489—2006《大中型水轮发电机静止整流励磁系统及装置试验规程》要求，对励磁调节系统开展转子过压保护装置试验。施加实际的高电压，测量转子过电压保护元件的动作电压值。试验接线如图 6-2 所示。

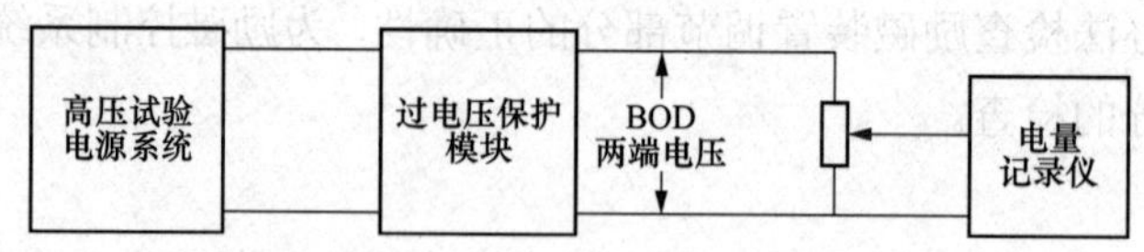

图 6-2　转子过压保护试验原理接线图

（2）通过高压电源控制器缓慢增加给定值，当高压电源控制器输出经高压试验变压器升压超过转子过电压保护定值时，转子过电压测量触发板中转折二极管 BOD 模块导通动作，记录动作时的波形。

五、监控保护装置静态试验

（一）监控保护装置静态试验条件

（1）机组 LCU 已检修完成，具备上电调试条件。

（2）发电机、变压器、开关站继电保护装置和故障录波装置检修、调试完毕。

（3）机组相关辅机系统已检修完成，调试正常。

（二）监控系统模拟试验

1. 试验目的

检验各电气回路的手动、自动操作的动作准确性及计算机监控系统对系统设备的运行状态、运行数据、事故报警点的数据采集、监视和控制的命令以及重要数据的变化趋势等采集和传送的正确性。

2. 试验步骤

（1）监控系统上电，各模块运行情况正常，内部程序检查正常。

（2）对下列各电气回路进行模拟试验检查，验证其动作的正确性、可靠性与准确性：

1）机组自动操作回路；

2）水轮机调速系统自动操作回路；

3）发电机励磁系统操作回路；

4）发电机出口断路器、隔离开关、接地开关操作与安全闭锁回路；

5）开关站断路器间隔操作回路；

6）机组辅助设备控制回路；

7）发电机出口、开关站相关断路器同期回路；

8）机组运行所涉及的10kV、400V厂用设备操作回路。

（3）对以上各电气回路的操作试验，除检查手动、自动操作的正确性，还要检查计算机监控系统对上述系统设备的运行状态、运行数据、事故报警点的数据采集、监视和控制命令以及重要数据的变化趋势等采集和传送的正确性。

（三）水机保护装置模拟试验

1. 试验目的

检验水机保护自动化装置动作的正确性、可靠性及水机保护PLC程序中机械事故停机、紧急机械事故停机、电气事故停机等流程执行的准确性、可靠性。

2. 试验步骤

（1）监控系统上电，水机保护PLC各模块运行情况正常，内部程序检查正常，现场水机保护自动化设备正常投入。

（2）采用现地实际动作水机保护自动化元件的方法（包含调速器系统低油压和低油位、电气过速、机械过速、轴承油箱低油位、发电机导轴承和水轮机导轴承油流不足、灯泡头渗漏水位高、紧急停机按钮等），对水机保护各电气回路进行模拟试验检查，逐项进行，验证水机保护自动化装置动作的正确性、可靠性与准确性，验证水机保护PLC程序中机械事故停机、紧急机械事故停、电气事故停机等流程执行的准确性、可靠性。

（四）继电保护装置模拟试验

1. 试验目的

检定保护装置的各个回路、定值、动作特性的准确性。

2. 试验步骤

（1）各电气二次系统的电流回路和电压回路通电检查正常。

（2）对下列继电保护和自动化回路已进行模拟试验，保护带断路器进行传动试验，以验证其动作的正确性与准确性：

1）发电机、励磁变压器继电保护回路；

2）主变压器继电保护回路；

3）发电机-变压器组故障录波回路；

4）开关站母线保护、断路器及故障录波回路；

5）厂用电 10kV 及 400V 电源系统继电保护和备用电源自动投入回路；

6）机组辅助设备交、直流电源主/备用投切、故障切换等各类工况转换控制回路；

7）仪表测量回路。

第三节 机组空载试验

水轮发电机组静态试验正常后，在正式并网运行前，还应进行如下试验。

一、机组充水试验

1. 试验目的

机组各部件组合缝的渗漏检查，机组启动前准备。

2. 试验条件

（1）机组相关检修项目已全部完工，所有工作票已收回。

（2）调速器系统检修工作全部结束，无水调试正常。

（3）水轮机、发电机、技术供水及调速器系统恢复备用，手动紧急停机阀切至停机侧，液压锁定投入。

（4）启动前应做的安全技术措施已完成，满足充水要求。

（5）导叶在关闭状态，桨叶在全倾位置，接力器锁锭在投入位置。

（6）投入发电机制动风闸。

（7）上游流道与尾水流道排水阀在关闭位置。

（8）水轮机检修密封已投入。

（9）各部位监视人员已到位。

（10）尾水门机、坝顶门机工作正常。

（11）流道进人孔已关闭。

（12）充水方案已通过审批。

3. 尾水流道充水

（1）利用尾水门机打开尾水闸门充水阀，利用尾水倒灌方式向尾水流道充水平压。监视伸缩节、排水环、进人孔、各组合缝、测压系统管路有无漏水；监视主轴密封及空气围带处有无漏水；一旦发现漏水过大等异常现象时，应立即停止充水。

（2）充水过程中应检查各测压表计指示是否准确、正常，对各管道和阀门进行排气。

（3）确认平压后，提起尾水闸门。

4. 进水流道充水

（1）利用坝顶门机打开进水口检修门充水阀，向上游流道充水。监视灯泡头内及各组合缝、流道盖板及竖井密封、导叶轴套等有无漏水。

（2）充水过程中观察各测压表计及仪表管接头漏水情况，监视水力量测系统各压力表读数，检查流道排气是否畅通。

（3）确认平压后，提起进水口闸门。

5. 发电机冷却水系统循环试验

（1）将机组技术供水管路系统阀门打开，启动技术供水泵，使压力水通过各冷却水管路，检查管路阀门、接头及法兰漏水情况。

（2）打开机组技术供水管路排气阀，手动启动供水泵反复排气，确保机组技术供水管路流量及压力正常。

二、机组手动启动空转试验

1. 试验目的

检查机组的检修质量，测量机组主轴摆度、振动及轴承温度，测量机组手动控制方式下的空载摆度。

2. 试验条件

流道充水，机组具备开机条件。

3. 试验步骤

（1）在机组 LCU 现地工作站上检查以下条件是否满足：

1）主轴密封水流正常；

2）轴承油冷却器水流正常；

3）水轮机导轴承、发电机导轴承、推力轴承油流正常；

4）高压油顶起装置压力正常；

5）制动风闸退出，检查事故油箱油位正常。

（2）检查机组循环水泵、轴承油泵、轴流风机等辅助设备在自动控制方式，手动启动高压油顶起装置油泵。

（3）在调速器机械柜上手动操作“锁锭投入/退出”把手，手动退出导叶接力器液压锁锭。

（4）点动试验。在调速器机械柜上手动缓慢开启导叶，一旦发现机组转动立即全关导叶，记录机组的启动开度；检查灯泡头、灯泡体及接力器等处是否有异常摩擦、撞击声。

（5）确认机组各部位正常后，手动开启导叶，启动机组，机组转速上升到 50%ne 时暂停，无异常后可继续升速；如有异常，则应立即停机处理。当机组转速达到 100%ne 时，记录当时水头下的机组空载开度。

（6）在机组升速过程中，密切关注各部摆度、振动、轴承油箱、事故油箱及调速器的油位变化；检查调速器运行情况，并仔细观察转动部分与静止部分是否有异常声响。如发现金属碰撞或摩擦声、推力瓦和导轴瓦温度突然升高、机组摆度过大等不正常现象应立即停机检查。

（7）在机组升速过程中，应派专人严密监视推力瓦、水轮机导轴承瓦、发电机导轴承瓦瓦温情况，不应有急剧升高或下降情况。机组达到额定转速后，每隔5min记录各轴瓦温度，绘制推力瓦和各导轴瓦的温升曲线。空载运行一段时间使油温稳定后，记录稳定的轴承温度值应不超过设计规定值。

（8）在机组升速过程中，应监视水轮机主轴密封及各部位水温、水压，测量主轴密封漏水量。记录水力量测系统全部表计读数和机组振动、摆度数值。其中水轮机导轴承、发电机导轴承等部位的摆度值应符合设计规定，机组各部位振动值应达到表6-3要求。

表6-3　　灯泡贯流式水轮发电机组各部位振动允许值

序号	项　　目	额定转速（r/min）	
		<100	≥100
		振动允许值（mm）	
1	推力轴承支架的轴向振动	0.10	0.08
2	各导轴承支架的径向振动	0.12	0.10
3	灯泡头的径向振动	0.12	0.10

（9）通过调速器性能测试仪，进行机组手动控制下的空载摆动值测量，测量时间为3min，录制试验波形。

三、机组自动开机、停机试验

1. 试验目的

检查机组在自动控制方式下的转速超调量及开机、停机时间，检查检修后机组自动控制系统动作情况。

2. 试验条件

流道充水，机组具备开机条件，手动开机正常；调速器处于自动运行方式。

3. 试验步骤

（1）在机组LCU现地工作站上，下达“自动开机至空载”令。

（2）启动调速器性能测试仪，记录自动开机过程的波形曲线。通过试验录波，计算从开机脉冲发出至机组开始转动及达到额定转速所需的时间，计算机组自动控制方式下的启动开度、空载开度及转速超调量。

（3）机组在自动方式下稳定空载运行30min后，记录机组的振动、摆度数值，测量机组主轴密封漏量；记录调速器油压装置压油泵的启动运行时间及工作周期；每隔5min记录各轴瓦温度，绘制推力瓦和各导轴瓦的温升曲线。

（4）在机组LCU现地工作站上，下达“自动停机”令，机组进入自动停机过程，录制停机过程曲线，计算从停机脉冲发出后至机组转速降至制动转速及风闸投入至机组全停所需的时间。

四、发电机三相短路零起升流试验

1. 试验目的

（1）检查发电机电流互感器二次回路。

（2）录取发电机短路特性和灭磁特性曲线。

（3）检查发电机差动测量值、低压记忆过流、发电机过负荷保护的测量值及工作情况。

（4）绘制机组额定转速下的定子电流与励磁电流关系曲线。

（5）检查各表计的指示正确性。

2. 试验条件

（1）发电机出口短路铜排已可靠连接。

（2）短接检修机组的主变压器差动保护用TA二次端子。

（3）退出发电机转子一点接地保护。

（4）拆除励磁变压器低压侧电源电缆，在励磁柜电缆接线排处连接好励磁系统试验电源。

（5）断开机组起励电源开关。

（6）拆除励磁柜内励磁系统故障停机端子接线，用绝缘带包好。

（7）拆除励磁柜内起励接触器线圈接线，用绝缘带包好。

（8）在励磁系统控制面板上，将励磁控制模式切换为它励模式，使励磁系统处于它励方式。

（9）在励磁系统控制面板上，将同步电压正常值修改为试验电压值；将励磁手动通道最小设定值和预设值均修改为0%。

（10）检查试验用它励整流桥交流电源电压值和相序是否正确。

（11）注意校核各屏柜上表计是否准确。

（12）退出调速器TV测频装置。

3. 试验步骤

（1）在励磁系统控制面板上，通过修改参数，将“TV失效检测”功能退出。

（2）在励磁系统控制面板上，将励磁调节器置“手动”位置，控制状态置“远方”。

（3）将励磁整定值降到最小值。

（4）分步开机，至励磁投入前一步。

（5）在励磁系统控制面板上，将励磁控制方式置“现地”。

（6）在励磁系统控制面板上，手动投入励磁，励磁电流应为零。

（7）慢慢增加励磁，使定子电流升至20%额定电流 I_e，检查各TA回路电流值和极性是否正确。

（8）降低励磁电流至零，跳开灭磁开关。

（9）在励磁屏上重新手动投入励磁，励磁电流应为零。

（10）慢慢增加励磁，使定子电流按 10%I_e 的梯度逐次增加到 100%I_e，最后增加到 105%I_e。在各阶段当电流加到目标值时应适当停留，读取数据并做好记录。

（11）当定子电流到达 105%I_e 后，应立即读取数据；随即按原数据点降低励磁。

（12）在调整励磁时应单方向调整，不得在升高时进行降低操作，在降低时进行升高操作。

（13）上述检查正常后，手动降压至零。

五、发电机零起升压试验

1. 试验目的

（1）电压互感器二次回路检查。

（2）绘制机组额定转速下的机端电压和励磁电流开环磁饱和曲线。

2. 试验条件

（1）发电机出口开关处断开位置，断开其合闸操作电源开关。

（2）初次升压，注意监视机械振动和异常声响。

（3）注意校核各屏柜上表计是否准确。

（4）放置好用于测量机端电压、励磁电流、励磁电压的仪器，并接好线路。

（5）检查过电压及电压/频率保护定值是否正确。

（6）励磁调节器切手动方式，确保自动通道无效。

（7）升压前退出发电机转子一点接地保护。

（8）将电压表接入发电机出口电压互感器 TV 二次侧任两相，将毫伏表接入励磁回路分流器，测量励磁电流 I_f。

（9）拆除起励接触器线圈二次接线及励磁系统内部故障停机回路端子接线。

（10）发电机电压互感器的一次保险接触良好，二次开关在合上位置。

（11）在励磁系统控制面板上，将励磁控制模式切换为它励模式，使励磁系统处于它励方式。

（12）在励磁系统控制面板上，将同步电压正常值修改为试验电压值；将励磁手动通道最小设定值和预设值均修改为 0%。

（13）在励磁系统控制面板上，通过修改参数，将“TV 失效检测”功能退出。

3. 试验步骤

（1）将励磁调节器置“手动”位置，控制状态置“远方”。

（2）将励磁整定值降到最小值。

（3）分步开机，至励磁投入前一步。

（4）将控制状态置“现地”。

（5）在励磁屏手动投入励磁，励磁电流应为零。

（6）慢慢增加励磁，使定子电压升至 20%额定电压 U_e，检查各组 TV 二次输出电压应正常，检查全部盘柜中 TV 电压值及相序，各电压变送器输入、输出值及各指示表计的指示值是否正确。

（7）降低励磁电流至零，跳开灭磁开关。

（8）在励磁屏重新手动投入励磁，励磁电流应为零。

（9）慢慢增加励磁，使定子电压按 10%额定电压 U_e 的梯度逐次增加到 100%U_e，最后增加到 105%I_{Ue}。各阶段当电流加到目标值时应适当停留，读取数据并做好记录。

（10）当定子电压到达 105%U_e 后，应立即读取数据；随即按原数据点降低励磁。

（11）在调整励磁时应单方向调整，不得在升高时进行降低操作，在降低时进行升高操作。

（12）上述检查正常后，手动降压至零。

（13）试验完毕，停机检查并恢复励磁系统至正常接线方式。

六、调速器空载扰动、空载摆动试验

1. 试验目的

记录调速系统动态特性，检查机组空载运行时调速器 P、I、D 参数的选择是否最佳，测量机组自动控制方式下的频率摆动值。

2. 试验条件

流道充水，机组具备开机条件，自动开机、停机正常。

3. 试验接线图

调速器空载扰动试验接线图如图 6-3 所示。

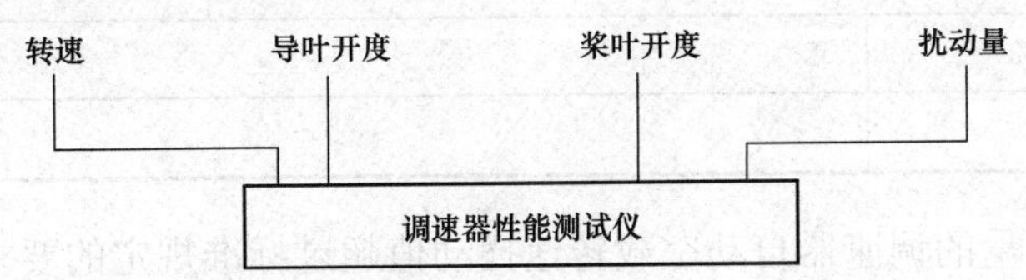

图 6-3　调速器空载扰动试验接线图

4. 空载扰动试验

（1）机组频率信号、导叶和桨叶接力器行程信号接入调节系统综合测试仪。

（2）将调速器置于频率调节方式，改变给定频率，对调速器施加±2Hz 的频率阶跃扰动，用调节系统综合测试仪记录频率扰动过程的机组频率、导叶和桨叶接力器行程的变化情况。根据机组过渡过程变化情况，反复调整调速器参数，选取超调量小、波动次数少、稳定快的一组调速器参数，提供空载运行使用。试验分别在调速器处于 A、B 套可编程控制器运行方式下进行。

5. 空载摆度试验

（1）机组频率信号、导叶和桨叶接力器行程信号接入调节系统综合测试仪。

（2）用调节系统综合测试仪记录机组在空载稳定运行时的机组频率、导叶和桨叶接力器行程的变化情况，记录时间 3min（为观察到有大致固定周期的摆动，可延长至 5min）。

（3）根据试验结果计算调速器空载转速摆动值。试验连续进行 3 次，参数记录如表

6-4所示，试验结果取其平均值。试验分别在调速器处于A、B套可编程控制器运行方式下进行。

表 6-4　　　　机组空载摆动试验记录表

项　　目	空摆试验 1	空摆试验 2	空摆试验 3	备　　注
一、调速器手动控制方式				
最高频率（Hz）				
最低频率（Hz）				
频率差（Hz）				要求变化率<±0.3%
变化率（%）				
变化率平均值（%）				
测试水头（m）				
二、调速器自动控制方式				
最高频率（Hz）				
最低频率（Hz）				
频率差（Hz）				要求变化率<±0.25%
变化率（%）				
变化率平均值（%）				
测试水头（m）				

（4）如试验测量的调速器自动空载转速摆动值超过标准规定的要求，应进行手动运行工况的下空载摆动试验，测量其空载转速摆动值。

七、发电机空载时励磁试验

1. 试验目的

（1）电压互感器二次回路检查。

（2）绘制在额定转速下的机端电压和励磁电流开环磁饱和曲线。

2. 试验条件

（1）流道充水，机组具备开机条件，机组空载试验正常。

（2）拆除它励电源，将励磁变压器低压侧电缆连到励磁装置。

3. 起励试验

（1）恢复起励接触器线圈回路接线。

（2）检查起励电源正常。

（3）断开所有励磁系统内部故障停机信号。

（4）恢复发电机零起升流、零起升压中所修改的参数。

（5）定义录波曲线：电压给定、励磁电流、励磁电压、机端电压。

（6）合上灭磁开关并起励，记录上面的曲线。

（7）起励后，同时测量励磁变压器相序，I_f用表从分流器上测量，记录发电机机端电压 U_G、励磁电压 U_f、励磁电流 I_f。

4. 手动通道试验

（1）在励磁系统控制面板上，将手动通道最小设定值和预设值均修改为20%。

（2）在励磁手动方式下起励，记录励磁电流最小值，慢慢将发电机电压升到 90%Ue 和 100%Ue，记录相应的设定值。修改对应参数，改变预置值。起励后如果出现电压抖动或者其他异常情况，可以调整 PID 参数。

（3）在励磁控制面板的试验界面直接点击阶跃试验按钮，进行阶跃试验及录波，根据波形调整 PID 参数，使响应特性符合要求；或者修改手动通道输入增加值参数，输入机端电压标幺值－0.1（代表 10%下阶跃），观察下跃波形，再将该值修改为 0，即可得到 10%上阶跃波形。做阶跃响应从±1%～±10%。如果波形不合格，可通过调整手动通道 PID 参数使波形符合要求。

（4）增、减励磁至给定值上、下限，检查限制是否有效。

（5）恢复参数为初始值。

（6）依次做手动方式下起励、逆变灭磁和灭磁开关 FCB 灭磁试验，录波。

5. 自动通道试验

（1）自动方式起励，修改对应参数，改变预置值。起励后如果出现电压抖动或者其他异常情况，可以调整 PID 参数。

（2）在励磁控制面板的试验界面直接点击阶跃试验按钮，进行阶跃试验及录波，根据波形调整 PID 参数，使响应特性符合要求；或者修改自动通道中的输入增加值参数，输入机端电压标幺值－0.1（代表 10%下阶跃），观察下跃波形，再将该值修改为 0，即可得到 10%上阶跃波形。做阶跃响应从±1%～±10%，如果波形不合格，可通过调整自动通道的 PID 参数使波形符合要求。

（3）增、减励磁至给定值上、下限，检查限制是否有效。

（4）依次做自动方式下起励、逆变灭磁、FCB 灭磁试验（直接分灭磁开关），录波。

（5）恢复参数至初始值。

6. 手动/自动通道切换试验

（1）起励，发电机升至额定电压。

（2）在励磁控制面板做自动—手动—自动通道切换，录波。

（3）在励磁控制面板上修改通道切换参数，进行励磁主用通道切换，录波。

7. TV 断线试验

（1）检查励磁调节器内部“TV 断线检测”功能有效。

（2）励磁系统工作在自动 1 通道：从自动通道起励到发电机额定电压，解开 TV 接线，调节器应切换至 2 通道运行，监视相应参数并记录切换波形。切换通道，用同样方法做 2 通道至 1 通道 TV 断线试验并录波。

（3）置励磁调节器于手动通道运行，依次断开 2 组 TV 接线，检验 TV 断相检测功能，对外发报警信号。

（4）试验录波。

8. 模拟远控操作

（1）恢复励磁系统内部故障停机信号，恢复试验已修改的所有参数。

（2）通过监控系统下令，检查监控系统远方起励、增磁、减磁、逆变功能是否正常。

八、假同期试验

1. 试验目的

（1）检查同期回路的正确性。

（2）检查同期装置的完好性。

2. 试验条件

（1）发电机出口开关在试验位置，开关操作电源已恢复。

（2）励磁系统在自动方式。

（3）发电机保护跳灭磁开关压板必须投入，跳主变压器高压侧开关压板必须退去。

3. 试验步骤

（1）将手动同期装置接入同期回路。

（2）将示波器接入同期回路，监视同期电压。

（3）监控分步开机到同期投入。

（4）在示波器和手动同期装置上监视同期条件满足时同期投入的情况。

（5）检查发电机出口开关是否合闸。

九、低油压停机试验

1. 试验目的

（1）检查低油压动作回路的准确性。

（2）检查监控系统程序流程的正确性。

（3）检查低油压压力开关设备的稳定性。

2. 试验条件

（1）流道充水，机组具备开机条件。

（2）自动开机、停机正常。

3. 试验步骤

（1）机组在空转状态。

（2）手动切停调速器油压装置油泵。

（3）缓慢打开压油槽排油阀，调速器系统压力缓慢降低。

（4）压力下降至低油压值后，低油压启动机械事故停机，记录导叶关闭曲线和低油压动作值。

（5）关闭压油槽排油阀。

（6）待导叶全关后，上位机复归故障和事故信号。

（7）启动调速器油压装置，恢复调速器系统油压至额定值。

第四节 机组负载试验

在机组并网前的所有试验完毕并正常后，可以进行机组的负载试验，具体项目如下。负载试验正常后机组就可投入正常运行。

一、并网及带负荷试验

1. 试验目的

（1）检查机组的检修质量，测量机组的技术性能指标。

（2）检查发电机-变压组保护装置工作情况。

（3）检查调速器及励磁装置在负荷下的调节参数及调节特性。

2. 试验条件

（1）发电机-变压组保护屏内所有出口连片均投入，各保护正常投入。

（2）发电机出口开关假同期试验正确。

（3）并网后，能在短时间内进行全范围的负荷调整。

3. 并网及带负荷检查

（1）机组自动开机至并网。

（2）将机组负荷加至 25%P_e、50%P_e、75%P_e，100%额定功率 P_e，在各阶段短时停留，检查 TA 二次输出是否正常，检查各变送器输出和各指示表计是否正确。

（3）检查发电机各部分设备有无发热冒烟现象、声音有无异常等。

（4）在每一个负荷区，仔细观察机组的稳定性和调速器的稳定性。

（5）在中控室进行远方增/减有功、无功操作试验（脉冲和设置两种方式）。

4. 50%Pe 与 80%Pe 下频率扰动试验

（1）机组启动并稳定运行于 50%P_e（80%P_e），调速器处于开度模式运行。逐次改变输入调速器的频率值进行频率阶跃扰动，频率扰动值分别为±0.1Hz、±0.2Hz、±0.25Hz，由调节系统综合测试仪录取扰动后频率变化、导叶开度信号、机组有功功率信号变化过程曲线。

（2）机组稳定运行于 50%P_e（80%P_e），调速器处于功率模式运行，逐次改变输入调速器的频率值进行频率阶跃扰动，频率扰动值分别为±0.1Hz、±0.2Hz、±0.25Hz，由调节系统综合测试仪录取扰动后频率变化、导叶开度信号、机组有功功率信号变化过程曲线。

5. 80%P_e下监控系统功率给定扰动试验

机组稳定运行于 80%P_e，调速器处于开度模式运行，由监控系统进行功率闭环控制，进行监控系统功率阶跃扰动，由调节系统综合测试仪录取扰动后频率变化、导叶开度信号、机组有功功率信号变化过程曲线。功率扰动值分别为 10%P_e、20%P_e、30%P_e。

6. 80%P_e下开度给定扰动试验

机组稳定运行于 80%P_e，调速器处于开度模式运行，改变开度给定方式进行开度阶跃扰动，由调节系统综合测试仪录取扰动后频率变化、导叶开度信号、机组有功功率信号变化过程曲线。开度给定扰动值分别为2%P_e、5%P_e、8%P_e。

7. 监控系统与一次调频协调动作试验

（1）设置b_p=4%或e_p=4%，人工频率死区设定为0.05Hz。

（2）机组带80%P_e左右，用调速器测试仪改变输入调速器的频率，模拟改变电网频率，同时由监控系统改变机组出力，用调速器测试仪记录机组频率、机组出力、导叶接力器行程变化过程曲线。

（3）试验分别在调速器开度调节和功率调节模式下进行。

8. 一次调频的调速器PID参数优化试验

（1）设置b_p=4%或e_p=4%，人工频率死区设定为0.05Hz，开度限制投入。

（2）机组带80%P_e左右，用调速器测试仪阶跃改变机组输入频率，每次频率变化幅度为0.1Hz，模拟改变电网频率。用调速器测试仪记录频率给定改变前、后的机组频率、机组出力、导叶接力器行程变化过程曲线。根据试验结果选取机组出力响应迅速、稳定时间短的一组参数作为一次调频运行的PID参数。

（3）试验分别在调速器开度调节和功率调节模式下进行。

9. 一次调频响应行为试验

（1）设置b_p=4%或e_p=4%，人工频率死区设定为0.05Hz，开度限制投入。

（2）机组带80%P_e左右，用调速器测试仪阶跃改变机组输入频率，每次频率变化幅度为0.1Hz，模拟改变电网频率。用调速器测试仪记录频率给定改变前、后的机组频率、机组出力、导叶接力器行程变化过程曲线。

（3）试验分别在调速器开度调节和功率调节模式下进行。

10. 机组一次调频能力试验

（1）设置b_p=4%或e_p=4%，人工频率死区设定为0.05Hz，开度限制投入。

（2）机组带80%P_e左右，设定调速器在一次调频下的PID参数为优选后的参数，模拟电网频率连续阶跃变化，用调速器测试仪记录电网频率变化时机组频率、机组出力、导叶接力器行程变化过程曲线。同时观察调速器油压装置油泵启动时间间隔以及油温变化情况。

（3）机组带80%P_e左右，设定调速器在一次调频下的PID参数为优选后的参数，电网频率为实际频率，用调速器测试仪记录电网频率变化时机组频率、机组出力、导叶接力器行程变化过程曲线。同时观察调速器油压装置油泵启动时间间隔以及油温变化情况。

（4）试验分别在调速器开度调节和功率调节模式下进行。

11. 当前水头下开度调节模式的e_p测定试验

（1）开启机组至空载运行，以开度给定或出力给定，逐次增加机组出力至当前水头下最大出力，在机组出力稳定后，用调速器测试仪记录该工况下的机组出力及相应的导叶接力器行程，绘制机组出力与导叶接力器行程之间的关系曲线。每条曲线在空载和试验水头下的最大出力之间（或空载开度与最大开度之间）的范围内测点不少于 8 点。

（2）根据得到的机组出力与导叶接力器行程之间的关系曲线和设定的 b_p 值，计算机组在当前水头下的调差率 e_p。

二、发电机负载时励磁试验

（一）试验目的

检查带负载条件下励磁装置性能。

（二）试验条件

机组带负荷检查正常。

（三）定义录波曲线

电压给定、励磁电流、励磁电压、机端电压、定子电流、有功功率、无功功率。

（四）调差试验

机组在并网状态下进行试验，修改电压调节器调差设定参数，值为负时相当于正调差，调差绝对值增大，无功减小；值为正时，调差增大，无功增大。

（五）有功负荷（P/Q 限制）试验

（1）发电机并网，调节有功功率小于 5%（$P\approx0$）。

（2）缓慢降低励磁电流 I_f，直到 P/Q 限制器动作，记录 I_f、Q、P、U_G 的相对值，观察 UE 限制器动作时对应的无功值是否与设定值对应，观察参数 U_G、I_f、P、Q 的相对值。

（3）增加励磁电流 I_f，直到 P/Q 限制器复位，用阶跃使其动作，录波。

（4）从额定负荷的 25%、50%、75%、100%依次改变有功大小，重复（2）、（3）过程，录波。

（六）IE（过励）限制试验

修改过励限制值为额定值的 1.02 倍、过励保护值为额定值的 1.1 倍，均稍高于稳定运行励磁电流值，然后增磁至过励限制动作，观察参数 U_g、I_f、P、Q 的变化情况。

（七）电力系统稳定器（PSS）试验

1. 励磁系统频率响应特性测试（无补偿特性试验）

将转子励磁电压、电流，发电机电压、电流等电气量接至录波仪。Ⅰ通道运行，Ⅱ通道不跟踪试验Ⅰ通道，并调整Ⅱ通道电压给定与Ⅰ通道一致；对 PSS 白噪声通道接线，噪声信号接至 2 号模拟量采集输入端口。接线完毕后，先在Ⅱ通道加少量 PSS 白噪声，并观察Ⅱ通道白噪声是否已加入，确认无异常后，将噪声信号降至零；再将噪声信号切至Ⅰ通道，逐步增大白噪声电平，使发电机电压波动不超过 2%，用频谱仪测量输出的白噪声与发电机电压之间的频率特性即励磁系统无补偿频率响应特性曲线，并计算 PSS 参数。

2. PSS 增益调整

在选定的相位补偿下，改变 PSS 的增益至正常运行的 3 倍，再投入 PSS，进行阶跃试验，同时观察励磁系统的变化，不出现不稳定现象即可，这时的 PSS 增益即为最大增益。

3．PSS 效果校核试验

调节器打至监控位置，在 PSS 投入和退出两种工况下进行发电机负载阶跃响应试验，计算两种工况下有功功率振荡的阻尼比。

4．PSS 反调试验

正常增、减有功功率时，观测对励磁系统产生的影响；对于汽轮发电机，调节速度较慢，“反调”的影响较小，在执行增、减有功功率操作时，确定反调的影响在正常范围内。

5．试验接线恢复

将励磁切至Ⅱ通道，试验人员拆除Ⅰ通道 PSS 试验接线，再拆除其他试验接线。

三、水轮机稳定性试验

1．试验目的

（1）检查机组大修后的运行稳定性。

（2）掌握机组运行稳定特性及变化规律。

（3）为机组检修质量的评价提供相关数据。

2．试验条件

（1）机组自动开机、停机及并网带负荷试验检查正常。

（2）机组运行水头满足试验要求，水头波动在 2%以内。

3．试验步骤

（1）将试验所需的各类振动、压力脉动等传感器，按照试验规程要求安装在机组各部位。主要测点包括水轮机导轴承摆度 *X*/*Y* 方向振动、键相、转轮室径向 *X*/*Y* 方向振动、水轮机导轴承径向 *X*/*Y* 方向振动、发电机导轴承径向 *X*/*Y* 方向振动、发电机导轴承轴向振动、受油器轴承座径向 *X*/*Y* 方向振动、灯泡头径向振动、转轮进口水压脉动、转轮出口水压脉动、尾水管水压脉动、机组有功功率、导叶开度、桨叶开度、机组运行水头。

（2）机组自动开机至并网；待机组在各试验工况下稳定运行 3～5min 后，用测试仪记录机组各测点数据的变化情况。

四、机组甩负荷试验

1．试验目的

（1）水轮机调节保证值校核。

（2）调速器、水轮机甩负荷情况下的工作情况。

（3）检查励磁系统波形。

（4）检验水轮发电机组的机械特性。

2．试验条件

机组带负荷试验正常。

3．接力器不动时间测量试验

（1）机组频率信号、导叶和桨叶接力器行程信号、导叶前水压信号接入调节系统综合测试仪。

（2）甩 25%P_e，用调节系统综合测试仪记录甩负荷过程中机组频率信号、导叶和桨叶接力器行程信号、定子电流信号的变化情况。

4. 甩负荷试验

（1）机组频率信号、导叶和桨叶接力器行程信号、导叶前水压信号接入调节系统综合测试仪。

（2）分别甩负荷 50%P_e、75%P_e和 100%P_e，用调节系统综合测试仪记录甩负荷过程中机组频率信号、导叶和桨叶接力器行程信号、导叶前水压信号的变化情况，具体参数记录如表 6-5 所示。

表 6-5　　甩负荷试验数据记录表

机组负荷（MW）		25%			50%			75%			100%		
记录时间		甩前	甩时	甩后	甩前	甩时	甩后	甩前	甩时	甩后	甩前	甩时	甩后
机组转速（r/min）													
导叶开度（%）													
桨叶开度（°）													
进水流道压力（MPa）													
尾水管真空压力（MPa）													
推力支架轴向振动（mm）													
径向振动	水轮机导轴承支架（mm）												
	发电机导轴承支架（mm）												
	灯泡头（mm）												
推力轴承瓦温	正推力瓦（℃）												
	反推力瓦（℃）												
导轴承瓦温	水轮机导轴承（℃）												
	发电机导轴承（℃）												
主轴轴向移位（mm）													
导叶关闭时间（s）													
桨叶关闭时间（s）													
接力器活塞往返次数													
调速器调节时间（s）													
转速上升率（%）													
水压上升率（%）													
永态转差系数	整定值（%）												
	实际值（%）												
实际调差率（%）													

5. 甩负荷试验要求

每次甩负荷时，应严密监视机组有无异常，全部试验完毕后，应停机全面检查。

五、发电机定子绕组与铁芯温升试验

1. 试验目的

（1）检查机组带负荷情况下定子绕组、铁芯的发热情况。

（2）确定各绝缘材料、结构部件的运行温度是否超过允许范围。

2. 试验条件

（1）机组并网带负荷试验正常。

（2）机组测温屏上定子绕组、定子铁芯、空气冷却器进/出风温等各测温点的仪表运行良好。

3. 试验步骤

（1）机组自动开机并网。

（2）保持机组在额定负荷下运行。

（3）现场各部位人员加强对机组运行情况的监视，发现异常情况及时通知。

（4）密切监视定子绕组、铁芯温升及空气冷却器进口、出口风温等部位的温度变化情况，每10min记录1次，如表6-6所示。

表6-6　　机组温升试验记录表

项　目	1	2	3	4	5	6	7	8	9	10
定子绕组温度（℃）										
定子铁芯温度（℃）										
正推力轴承温度（℃）										
事故油箱温度（℃）										
轴承油箱温度（℃）										
空气冷却器进水温度（℃）										
空气冷却器出水温度（℃）										
空气冷却器进风温度（℃）										
空气冷却器出风温度（℃）										

续表

项　　目		1	2	3	4	5	6	7	8	9
发电机导轴承温度（℃）										
水轮机导轴承温度（℃）										
反推力轴承温度（℃）										
轴承油冷却器进水温度（℃）										
轴承油冷却器出水温度（℃）										
励磁变压器绕组温度（℃）										

（5）保持机组连续运行4h，待定子绕组、铁芯温度稳定后，记录稳定后的数值。

（6）试验过程中出现异常，应立即停机检查。

灯泡贯流式水轮发电机组运行与维护

第一节 开停机与黑启动

一、正常开机前检查

机组安装或检修后，各部分调试正常，并具备以下条件：

（1）待开机组的工作票已全部收回，安全措施已全部拆除，场地已全部清理完成，无妨碍机组运行。

（2）全部机械、电气设备及其控制回路正常。

（3）油、气、水系统均正常。

（4）无任何报警信号和影响开机的因素，具备开机条件。

二、开机条件及开机、停机流程

（一）机组开机前应满足的条件

（1）机组无事故。

（2）泄压阀组复归。

（3）调速器紧急停机阀未动作。

（4）出口断路器分闸，手车在“工作”或“试验”位置。

（5）导叶全关位置。

（6）励磁 TV 工作位置。

（7）发电机 TV 工作正常。

（8）油压装置无故障。

（9）油压装置油位、油压正常，压油泵工作正常。

（10）发电机、水轮机等保护装置工作正常且按照要求投入。

（11）制动气源压力正常，风闸在退出位置。

（12）机组转速信号装置正常。

（13）机组 LCU 远方控制。

（14）励磁调节器远方控制。

（15）机组进水闸门、尾水闸门全开。

（16）机组辅机（含压油泵、漏油泵、技术供水泵、轴承油泵、高压油泵等）工作正常，且在“自动”位置。

以上 16 个开机条件需全部满足才能开机。有条件不满足，应检查分析原因，处理好后满足全部条件才能开机。

（二）自动开机流程

计算机监控系统自动开机时，一般分以下步骤进行，只有前一个步骤全部完成后才会启动下一个步骤。基本开机流程如下。

第一步：发导轴承、水导轴承及推力轴承润滑油投入。

第二步：技术供水投入、轴承油冷却水投入。

第三步：辅助设备开机令（启动发电机空气冷却器冷却水泵、冷却风机、退除湿器）。

第四步：高压顶起油泵投入、制动风闸退出、导叶液压锁定拔出。

第五步：调速器开机令，一定转速后高压顶起油泵退出。

第六步：励磁开机令。

第七步：自动准同期。

第八步：机组带预定负荷、桨叶协联。

（三）自动停机流程

自动停机一般分以下步骤。

第一步：降低发电机组有功功率、无功功率，机组空载运行，下发停机指令。

第二步：发电机出口断路器断开。

第三步：励磁系统退出。

第四步：调速器下发停机令，导叶关闭。

第五步：高压顶起油泵投入运行。

第六步：转速下降至30%额定转速时，制动风闸投入。

第七步：发电机辅助设备退出（发电机冷却风机退出、轴承润滑油泵退出、高压顶起油泵退出、技术供水泵退出、发电机空气冷却器冷却水泵退出）、导叶接力器液压锁定装置投入、除湿器投入。

第八步：制动风闸退出，停机完成。

（四）事故停机流程

当发电机组发生故障或事故时，需要启动事故停机流程，一般情况下，灯泡贯流式水轮发电机组事故停机流程如下：

第一步：立即跳发电机出口断路器、调速器启动停机关闭导叶指令，励磁系统退出。

第二步：高压顶轴油泵投入运行。

第三步：转速下降至30%额定转速时，制动风闸投入。

第四步：发电机辅助设备退出（发电机冷却风机退出、轴承润滑油泵退出、高压顶起油泵退出、技术供水泵退出、发电机空气冷却器冷却水泵退出）、导叶接力器液压锁定装置投入、除湿器投入。

第五步：制动风闸退出，停机完成。

三、机组黑启动

（一）黑启动定义

黑启动是当系统故障导致电站与系统解列、机组全停、外来电源全部中断、全厂失电后，利用厂内备用电源（柴油发电机及蓄电池组），启动发电机组，以孤网运行方式恢复厂用电及电网的开机方式。

（二）黑启动机组选择

（1）机组调节性好，运行稳定性好的机组。

（2）压油槽油位或压力较高的机组，必要时可手动对压油槽进行手动补气，提高压力。

（三）黑启动准备工作

（1）切除不参与机组黑启动的所有厂用负载：备用机组全部辅机负荷（高压顶起油泵、轴承润滑油泵、调速器油泵、发电机冷却水泵、发电机冷却风机）、高压气机、低压气机、渗漏水泵、检修水泵及雨水泵等。

（2）安排人员在调速器电气柜、机械柜等重点设备间进行监视，当自动操作不成功时立即手动进行设备操作。

（3）配备足够的对讲机等通信设施。

（四）黑启动操作

（1）开机时以监控系统自动开机为主、操作人员电气手动开机为辅。

（2）开机前应将主变压器接入，以便开机成功后及时恢复电网系统。

（五）黑启动运行注意事项

（1）黑启动开机成功孤网运行时，应及时倒换厂用电。

（2）机组接带的负荷要稳定，波动性大的负载尽量切除。

（3）安排人员在调速器电气柜、机械柜和压油槽等重点设备处值班，发现问题及时处理。

（4）安排人员对机组进行全范围、全过程的设备巡视。

第二节　并　网　操　作

一、并网条件

发电机与系统之间无特殊规定时应采用准同期并列，必须满足以下条件：

（1）相序一致。

（2）待并发电机组与系统频率基本相等，频差不大于 0.5Hz。

（3）待并发电机组与系统两侧电压基本相等，220kV 及以下系统电压差不大于额定的 20%。

二、并列方式与特点

发电机与系统并列方式有准同期并列、自同期并列两种。

（1）准同期并列。该方式是将发电机升速到 90%ne 时先投入励磁，95%ne 时投入同期装置，当检测到发电机端电压、频率、相位与并列点的系统侧电压、频率、相位大小接近相同时，同期装置发出合闸命令将发电机出口断路器合闸，完成机组并列。准同期并网方式的特点是操作复杂，并列过程较长，但对系统和发电机冲击较小，因此发电机正常并网时一般采用准同期并列方式。

（2）自同期并列。该方式是在相序正确的条件下，先启动发电机组升速，当机组转速接近同步转速时合上发电机出口断路器，将发电机投入系统，然后再投入励磁，在原动机转矩、异步转矩及同步转矩等作用下，将发电机拖入同步运行。自同期并列的最大特点是并列过程短，时间少，操作简单。在系统电压和频率降低的情况下，仍有可能将发电机并入系统，容易实现自动化。但由于发电机并网时未加励磁，相当于把一个有铁芯的电感线圈接入系统，会从系统中吸收很大的无功电流而导致系统电压降低，并且合闸时会产生很大的冲击电流，对电网和发电机均有影响。所以自同期并列方式仅在小容量发电机上采用，大中型发电机均采用准同期并列。

三、准同期并网注意事项

机组准同期并网有自动准同期和手动准同期并网两种方式，一般采用自动准同期方式并网。若自动准同期装置故障或自动准同期并网不成功时，可进行手动准同期并网操作，但过程复杂，应由熟悉设备、经验丰富的值班员进行操作，值长监护。为防止非同期并列，应注意以下几点：

（1）手动准同期闭锁回路可靠投入。

（2）全厂同期钥匙在同一时间上只允许一片钥匙投入且只选择一个同期点。

（3）同步表指针必须均匀缓慢转动 1 周以上，证明同步表无故障后方可进行并列操作。

（4）同步表指针经过同期点不平稳或有跳动现象时，不准合闸。

（5）同步表指针在同期点上指示不动时，不准合闸。

（6）同步表指针旋转过快时，不准合闸。

（7）因人员反应及断路器动作固有时间影响，应提前一定角度（15°）进行合闸操作。

（8）手动准同期操作时必须严格按相关操作规程进行。

四、非同期

（一）非同期现象

发电机非同期并列时，会产生强大的电流冲击，定子电流表剧烈摆动，定子电压表也随之摆动，发电机剧烈振动，并发出轰鸣声，其节奏与表计摆动相同。

（二）非同期危害

发电机非同期并列时冲击电流很大，巨大的冲击电流对发电机、变压器及电网系统造成严重冲击，机组强烈振动，将使发电机绕组变形，绝缘崩裂，定子绕组并头套融化甚至将绕组烧毁。对电力系统而言，若一台大型机组发生非同期并列，引起的功率振荡严重时会造成整个电网崩溃。

（三）非同期原因

1. 电压不相等，其他条件满足

电压不相等时并列，发电机与系统之间产生的电压差将在发电机与系统之间产生回流，由于回路中电阻远小于感抗。当在电压相角差较大或极性相反的情况下发生非同期并列，产生的冲击环流可达额定电流的4～6倍。

2. 频率不相等，其他条件满足

频率不相等时并列，发电机转速与系统频率之间具有相对运动，如果这个差值相对较小，则发电机与系统之间的自同步作用会将发电机拉入同步；如果频率相差较大，发电机会出现向系统发出有功功率或吸收有功功率现象，发电机产生振动，严重时导致失步。

3. 相位不同，其他条件满足

相位不相同并网时，发电机端电压与系统电压之间的相位差使两者之间产生一个电压差$\Delta\dot{U}$，如发电机频率与系统频率基本一致，两者之间的相位差维持不变，电压差$\Delta\dot{U}$不随时间变化而变化，产生的环流$\Delta\dot{I}$可达额定电流的4～6倍。

（四）非同期处置方法

发电机发生非同期并列时应立即减少有功出力、增加无功功率，根据事故现象及时进行针对性的判断处理。当发电机无强烈振动和轰鸣声、表计摆动能很快趋于缓和时，则不必解列停机，机组会被系统拉入同步；当发电机发生强烈振动、表计摆动不衰减时，应立即解列停机，经检查确认机组无损坏后，方可重新开机并网。

第三节　日常运行与维护

发电机组正常运行过程中，应时刻监视设备运行参数，密切关注设备运行情况，加强各部位的巡视检查工作，以使机组高效经济运行。

一、运行监视

（1）对发电机有功功率、无功功率、定子电压、定子电流、转速、转子电流、转子电压、工作水头、导叶开度和桨叶开度每小时记录1次（计算机监控系统不能自动分析与保存或监控系统不完善的电站应采用人工手动记录，下同）。

（2）对发电机定子铁芯温度、三相绕组温度和转子温度每小时记录1次。

（3）对发电机的正推力轴承瓦温、反推力轴承瓦温、发导轴承瓦温、水导轴承瓦温及油温、轴承油箱及高位油箱油温、发电机热风温度、冷风温度等每小时记录1次。

（4）对机组振摆监测系统测量的各部位振动每小时记录1次。

（5）监视各表计变化，定期对以上数据进行分析是否超出规程范围、是否有明显变化，否则应查明原因。及时调整机组有功功率和机端电压，力求经济运行，应尽量避免机组在振动区和空蚀区内长时间运行。

（6）监视发电机运行情况，包括油、气、水系统各部位温度、油位、油压、水压和冷却器等。

（7）根据水头的变化及时调整导叶开度，控制好机组负荷。枯水期时应根据上游来水量及系统调度要求，合理决定开机台数，尽量减少不必要的开、停机。

（8）控制机组不超设计值运行，发电机运行时最高电压不得大于额定电压的105%，最低电压不得低于额定电压的95%。

二、日常巡视

机组运行中，应定期开展设备巡视工作，主要巡视范围包括励磁系统、监控系统、继电保护及自动化装置、组合轴承、水导轴承、导水机构、主轴密封、转轮室、伸缩节、轴承油系统、调速器系统、冷却水系统、机组制动系统、振摆监测系统、定子、转子、受油器和集电环等。灯泡贯流式水轮发电机组重点部位巡视项目与标准见表7-1。

表7-1　　　　重点部位巡视项目与标准

序号	巡视部位	巡视项目	巡视内容	巡视方法	巡视周期	巡视标准
1	转轮室	水轮机运行声响检查	运转声音	听	周	运行声响平稳，噪声不超过标准
		转轮室金结检查	构件外观及连接情况	目视	周	螺栓无松动现象，构件无裂纹、无渗水
2	在线检测柜	定子振动检查	振动	目视	周	数据不超过定值
		转轮室振动检查	振动	目视	周	数据不超过定值
		组合轴承振动检查	振动	目视	周	数据不超过定值
		水导轴承振动检查	振动	目视	周	数据不超过定值
		水导轴承摆度检查	摆度	目视	周	数据不超过定值
3	中控室	调速器保压时间检查	调速器油泵启停间隔时间	计算	周	机组未进行负荷调节时，间隔时间应超过30min
4	机调柜	调速器本体检查	根据触感先导活塞与缸体的位移情况判断主配压阀组有无抽动	目视触感	周	主配压阀组无抽动
			主配压阀组及运行声音	目视	周	声音正常，无异音
			主配压阀组各部件渗油情况	目视	周	无漏油现象
5	调速系统操作管路	调速系统操作管路	管道金结	目视	周	螺栓无松动、构件无裂纹
			分段关闭阀	目视	周	无渗油、无异常
			重锤关闭阀	目视触摸	周	没有动作、无渗油、无异常
			各部件渗油情况	目视	周	无渗油现象
6	调速器压油装置	压油装置检查	压油槽油位	目视	周	油位正常
			压油槽油压	目视	周	油压正常
			油泵运行声响	听	周	油泵、阀组运行声响正常，无异音，油泵启停定值正确
			油泵出口组合阀	听 目视	周	
			金结	目视	周	螺栓无松动、构件无裂纹
			各部位渗油情况	目视	周	无渗油现象
7	伸缩节	伸缩节检查	螺栓紧固情况	目视、扳手	周	无松动、无裂纹、无断裂，无渗水
			压环	目视	周	无裂纹、位置无歪斜

续表

序号	巡视部位	巡视项目	巡视内容	巡视方法	巡视周期	巡视标准
8	导水机构、电调柜	导叶开关情况检查	导叶开度	目视	周	机旁屏电调柜、中控室导叶开度显示与导叶现场机械开度指示一致
			连杆长度	目视	周	连杆无弯曲、无裂纹。机组开机时检查弹簧连杆信号杆，信号杆无位移、无告警； 机组停机时检查导叶拐臂与限位块间隙
9	导水机构	导叶机构检查	内、外配水环	目视	周	密封无渗水，螺栓无松动、各构件无裂纹
			内、外导叶轴承及轴承座	目视	周	密封无渗水，螺栓无松动，各构件无裂纹、无卡涩
			导水叶	听	周	动作时无异常声音，停机时无漏水声
			导叶连杆	目视	周	无裂纹、无弯曲，与导叶拐臂、调速环连接无异常，导叶传动机构各部件螺栓无松动
			调速环	目视	周	无松动、无裂纹
			导叶拐臂与限位块	目视	周	紧固件无松动，金结（含焊缝）无裂纹
			导叶接力器	目视	周	无松动、无裂纹、无渗油现象
			液压锁锭	目视	周	投退到位，与活塞杆无摩擦现象
			灵活度	目视听	周	无卡涩，无爬行现象，动作时无异常声音
10	主轴密封	主轴密封检查	密封运行声音	听	周	主轴密封运行无刮、碰声音，平稳无异常
			金结检查	目视	周	各构件、紧固件无松动、无裂纹、无渗水
			漏水量检查	目视、测量	周	工具测量漏水量
11	灯泡体水导轴承	水导轴承检查	运行声音	听	周	平稳、无异音
			水导轴承现地	目视触摸	周	测温柜温度正确、与轴承现地相符，轴承下部多点检查无大的温差，无异常
	测温柜		电测值	目视	周	
12	灯泡体推力轴承	推力轴承检查	运行声音	听	周	平稳、无异音
			推力轴承现地	目视、触摸、测温仪	周	测温柜温度正确、与轴承现地相符，无异常
	测温柜		电测值	目视	周	测温柜与轴承现地温度正确，油流定值正确，无异常声音

续表

序号	巡视部位	巡视项目	巡视内容	巡视方法	巡视周期	巡视标准
13	发电机风洞	大轴与发电机转子联轴检查	大轴与发电机转子联轴	目视	季度	大轴与发电机转子联轴螺杆、螺母及锁锭片完好，螺栓无松动、各构件无裂纹
14		发电机转子	金结检查	目视	季度	转子轮毂无裂纹，发电机转子与绕组连接螺杆、螺母及止动块完好，螺栓无松动，各构件无裂纹
15		发电机风洞渗漏检查	制动闸、气管	目视	季度	无渗漏
			发导轴承	目视	季度	无渗漏
			风洞	目视	季度	无油污
16	灯泡头、冷却套	灯泡头、冷却套检查	金结	目视	周	无渗水，各部件完好，螺栓无松动、各构件无裂纹
17	管型座	管型座检查	金结	目视	周	无渗水，各部件完好，螺栓无松动、各构件无裂纹，无腐蚀
18	轴承回油箱	轴承油系统检查	轴承回油箱油位	目视	周	油位正常
			油泵运行声响	听	周	油泵、阀组运行声响正常，无异音
			出口过滤器	听、目视	周	切换阀位置正确，运行时无异音
	高位油箱		高位油箱油位	目视	周	油位正常
	轴承油管路		轴承油管路	目视	周	无渗漏
	轴承油系统		油压	目视	周	油压正常
			轴承油系统各部件金结	目视	周	螺栓无松动、构件无裂纹
			各部位渗油情况	目视	周	无渗油
	油流分配器		供油量	目视、计算	周	水导轴承、发导轴承正推、反推供油量满足轴承要求，与定值相差不超过10%
19	流道排水阀及管路	流道排水阀及管路检查	渗漏	目视	周	无渗水
			金结	目视、工具	周	完好，无腐蚀
20	气系统	机组制动气系统检查	机组制动气	目视听	周	无漏气、接头无松动、压力正常、阀门位置正确

（一）巡视要求

（1）设备巡视时做好卫生清扫工作，经常保持设备表面干净。

（2）日常巡视每天不少于一次，重点部位、新投运及改造设备每班不少于一次。

（3）设备巡视要精力集中，仔细观察，进入灯泡头内巡视时应防止受油器接地。

（4）巡视时对照设备运行状态如实记录设备压力、温度、流量、电压、电流等数据。

（5）巡视过程中如遇到危及人身、设备安全的紧急情况，应立即进行应急处置，防止事故扩大，事后应立即汇报并做好记录。

（6）设备巡视中必须做到“五到”“三比较”“三禁止”“四定”“五个重点”。

1）五到：眼到（应看到的地方看到）、耳到（应听到的地方听到）、手到（应摸到的地方摸到）、鼻到（应闻到的地方闻到）、脚到（应走到的地方走到）。

2）三比较：与规程比较、与同类设备比较、与前次检查比较。

3）三禁止：禁止乱动乱摸运行设备、禁止乱验电、禁止做与巡视无关的工作。

4）四定：按照规定的路线巡视、按照规定的时间巡视、按照规定的项目巡视、按照规定的标准巡视。

5）五个重点：重点检查检修过的设备、重点检查启动频繁的设备、重点检查运行方式变化的设备、重点检查负荷重的设备、重点检查带缺陷运行的设备。

灯泡贯流式水轮发电机组重点部位的巡视可参照表 7-1 进行。

（二）机组控制室巡视项目

（1）机组现地控制柜 LCU 电源正常，控制方式开关位置正确，无告警信号。

（2）发电机-变压组保护屏电源正常，连片投退正确，电气量显示正确，无告警。

（3）励磁系统电源正常，控制方式开关位置正确，冷却风机运行正常，电气量显示正确，无告警信号。

（4）调速器电气柜电源正常，控制方式开关位置正确，电气量显示正确，无告警信号。

（5）机组测温屏各表计显示正确，瓦温正常，温差偏差不超过规定值。

（6）发电机辅机控制柜上辅机控制方式开关位置正确，辅机运行正常，无告警。

（7）机旁动力屏各电源开关位置正常，三相电压指示正常。

（8）机械制动柜气源气压在 0.68～0.75MPa 之间，各阀门位置正确。

（三）调速器系统巡视项目

（1）检查压油槽油压、油位、温度是否正常，油、气比例是否正常。

（2）检查调速器油箱油位、温度是否正常，油混水装置是否动作。

（3）检查调速器油泵运行有无异常振动、声音，油泵启停压力值是否正常。

（4）检查导叶、桨叶主配压阀工作是否正常，有无频繁抽动现象。

（5）检查各管道阀门、法兰、接头是否存在漏油漏气现象，发现异常及时处理。

（6）检查导叶接力器管路、法兰、接头有无漏油。

（7）检查自动补气装置投退是否正常，安全阀有无漏气现象。

（8）检查各液压阀组、事故低油压装置工作是否正常，电磁阀组发热是否在允许范围内。

（9）检查导叶、桨叶机械开度指示与电气开度是否一致。

（10）对调速器系统“六件”（紧固件、连接件、结构件、密封件、过流部件和转动部件）进行检查，发现有松动、断裂、裂纹等应及时处理。

（四）发电机灯泡头巡视项目

（1）检查发电机出线、励磁引线是否正常，有无发热等现象。

（2）检查发电机的振动摆度是否超标、有无异常声音和气味。

（3）检查发电机冷却风机的运行情况，振动是否超标及轴承是否有杂音。

（4）检查各冷却器、油、气、水阀门和接头的渗漏情况，发现有管道、法兰渗漏等危及设备安全时，应联系人员及时处理。

（5）对比桨叶开度机械指示值是否与调速器面板上数据一致。

（6）检查受油器及管道、接头漏油情况；对比受油器内泄漏是否发生变化，当漏油较大时应尽快停机检查处理。

（7）检查停机状态下灯泡头除湿机（空调系统）是否投入，排水是否通畅，防止因发电机长期停机导致定子、转子绝缘下降。

（8）检查停机后加热装置工作是否正常。

（9）检查制动系统管路的漏气情况。

（10）检查发电机上风洞内有无油雾等异常情况，灯泡头底部是否有积水。

（11）检查滑环工作情况，运行时滑环与炭刷的接触面应无火花，检查炭刷磨损量，磨损超过 2/3 时应进行更换，发现碳粉较多时应及时清扫。

（12）检查炭刷架是否牢固，固定螺栓有无松动，炭刷架弹簧压力小于 80%时必须更换弹簧或炭刷架。

（13）检查发电机冷却水泵运行情况，轴承有无异音，密封有无漏水。

（14）检查膨胀水箱水位是否在正常位置，低于最低值时应及时补水。

（15）检查冷却水流量是否满足要求，检查冷却水进、出压力是否满足要求。

（16）对灯泡头内“六件”进行检查，发现有松动、断裂、裂纹等应及时处理。

（17）检查碳粉吸收装置工作是否正常。

（五）水轮机灯泡体巡视项目

（1）检查水导轴承、发导轴承、正推力轴承、反推力轴承的油流值，发现异常应分析原因并及时处理。

（2）检查主轴密封的运行情况，测量主轴密封漏水量，并做好记录。

（3）检查水导轴承是否有甩油情况，观察发电机下游侧风洞内设备运行情况，转子机械锁锭装置投退情况是否符合要求。

（4）检查主轴接地炭刷的运行情况，磨损超过 2/3 时应进行更换。

（5）检查测速装置、过速安全摆等工作情况。

（6）检查各油、气、水管道有无渗漏，发现有渗漏及时进行处理。

（7）检查各轴承温度是否正常。

（8）检查主轴摆度、各轴承振动有无异常。

（9）对灯泡体内“六件”进行检查，发现有松动、断裂、裂纹等应及时处理。

（10）检查导叶内轴承有无渗漏。

（六）水轮机操作廊道巡视项目

1. 轴承油系统

（1）检查轴承油箱油位、温度是否正常。

（2）检查轴承油泵、高压顶轴油泵、油雾泵运行是否正常，各密封有无渗漏。

（3）检查管道阀门、法兰、接头有无漏油。

（4）检查轴承油流是否正常，是否满足运行要求。

（5）开机时检查顶轴油泵运行情况，出口压力是否正常。

（6）检查轴承油冷却水压力、流量是否在正常范围内。

（7）检查油冷却器、管道、阀门、法兰渗漏情况。

（8）检查轴承油箱油混水装置是否动作。

（9）检查油冷却器进/出水温度温差是否在正常范围内。

（10）检查油冷器水流是否畅通，有无堵塞。

2. 漏油箱

（1）检查漏油箱油位装置与标尺油位是否一致。

（2）检查漏油箱油混水装置是否动作。

（3）检查漏油箱人孔门、阀门、法兰、接头有无渗漏。

（4）漏油泵工作是否正常。

3. 导水机构

（1）检查导叶连杆信号装置是否动作，安全连杆、弹簧连杆等装置是否有变形或卡涩情况。

（2）检查导叶外轴承有无漏水。

（3）对导水机构“六件”进行检查，发现有松动、断裂、裂纹等应及时处理。

（4）检查导叶接力器、管道、阀组有无渗油。

（5）检查调速环动作是否灵活。

（6）检查导水机构各结合密封面是否渗漏。

（7）检查运行机组的重锤摆动情况。

（8）检查接力器液压锁定装置、机械锁定装置是否工作正常。

4. 转轮室与伸缩节

（1）对转轮室与伸缩节“六件”进行检查，发现有松动、断裂、裂纹等应及时处理。

（2）检查转轮室振动情况，有无异常响声。

（3）检查伸缩节密封有无渗水。

（4）检查转轮室结合面、法兰面有无漏水。

（5）检查巡视爬梯是否牢固，照明是否充足。

（6）检查上游流道、尾水流道排水阀位置，阀门关闭是否严密，管道及阀门本体、法兰密封有无渗水。

（7）检查廊道排水是否通畅。

5. 水力测量系统

（1）检查各压力表计、压力开关显示值是否正常。

（2）检查管道、阀门、接头有无渗漏。

（3）定期对各测压管道进行排污与吹扫。

三、日常维护

（一）发电机维护项目

1. 发电机定子

（1）定子温度巡视检查，与其他机组、规程、历史数据进行对比分析，一旦发现在同样运行情况下定子温度偏高，立即进行检查，找出原因并处理。

（2）定期清扫发电机定子线棒，以保证表面的清洁。

（3）定期检查定子线棒端部，绑带有无松动，齿压板有无位移，并做好记录。

（4）检查定子绕组绝缘老化情况，检查绝缘是否有损伤、是否有电晕腐蚀现象。

（5）检查齿压片、齿压板与铁芯间有无松动、锈蚀。

（6）检修时检查灯泡头垂直支撑及水平支撑，间隙有无变化，螺栓有无松动。

2. 发电机转子

（1）定期清扫转子磁极和绕组。

（2）定期检查转子绕组接头、阻尼绕组接头、励磁绕组接头及引线绝缘等。

（3）检查转子对地绝缘，测量值不低于 0.5MΩ。

（4）定期测量转子与定子铁芯之间空气间隙值，检查是否符合设计要求。

3. 滑环和炭刷

（1）定期检查滑环的颜色和磨损情况，滑环表面要求无凹陷划痕且光滑、平整。

（2）每季度倒换滑环极性一次，延长滑环使用寿命。

（3）检查炭刷弹簧的压力，刷握与集电环表面的距离一般为 3～4mm。炭刷在刷盒内应能自由移动，更换炭刷时应用细砂布反复摩擦炭刷表面，使炭刷磨成圆弧形，使炭刷底面与集电环表面良好接触。

（4）定期清扫滑环，保持滑环炭刷的清洁。

（5）定期清理碳粉吸尘装置，确保设备高效运行。

4. 轴承系统

（1）检修时检查推力轴瓦面、镜板有无磨损、划痕等现象。

（2）检查组合轴承上、下端盖，导轴承外壳是否有漏油现象。

（3）检查组合轴承的轴向总间隙应符合要求。

（4）测量导轴承瓦与轴之间的间隙，应符合设计要求。

（5）定期记录不同工况下导轴承与组合轴承温度，与同运行工况机组进行对比。

5. 冷却系统

（1）检查冷却水泵运行工况，密封是否漏水，轴承运行是否有异常响声。

（2）检查记录冷却水流量、温度；每季度对冷却水进行杂质检查及化验分析。

（3）检查冷却水系统阀门、管道、法兰的渗漏情况，发现缺陷及时处理。

（4）检查发电机风机运行情况、振动及噪声是否超过允许值。

（5）检查冷却水系统表计压力，检查压差与前次是否有变化。

6. 制动系统

（1）检查制动系统管道、阀门、法兰是否有漏气缺陷，发现缺陷及时处理。

（2）检查油喷雾器油杯油位，低于 1/3 时进行补充，不超过 2/3 油位。

（3）检查、测量制动闸制动片厚度，小于设计值 2/3 厚度时进行更换。

（4）检查制动环有无裂纹及固定螺栓有无松动。

7. 润滑油系统

（1）每季度对润滑油进行取样试验，各项指标均应在合格范围内，发现问题及时处理。

（2）定期清扫轴承油箱，发现有异物应及时分析原因。

8. 发电机“六件”检查

（1）制定发电机“六件”（紧固件、连接件、结构件、密封件、过流部件和转动部件）检查内容，对发电机定子、转子和主轴等重要部件开展定期检查试验。

（2）做好台账记录，及时更新。

（二）水轮机维护项目

1. 主轴密封

（1）定期对机组不同工况下主轴密封漏水量进行测量，做好记录。

（2）每周对不同负荷工况下漏水量开展对比分析，根据漏水量结果判断主轴密封运行状态。

2. 水轮机导轴承

（1）定期对水轮机导轴承间隙进行测量，并与上次进行对比分析。

（2）定期检查水轮机导轴承盖有无甩油情况。

3. 导水机构

（1）检查导水机构动作情况，外轴承、调速环动作是否灵活。

（2）检查导叶接力器实际开度与导叶开度是否一致。

（3）检查弯曲连杆是否动作。

（4）检查液压管道焊缝、法兰是否有渗漏，管道固定是否可靠。

（5）检查导叶外轴承是否有渗漏。

（6）定期检查导叶立面、端面间隙，对不符合设计要求的进行调整。

4. 转轮室和伸缩节

（1）定期检查转轮室空蚀情况，测绘空蚀深度、面积、位置，并做好记录。

（2）定期测量转轮室厚度。

（3）检查转轮室运行时有无异常声响，有无桨叶刮碰的声音。

（4）定期检查桨叶与转轮室的间隙。

（5）定期检查伸缩节密封情况，发现有渗水及时调整螺栓。

（6）发现伸缩节密封件老化、密封效果减弱时进行更换。

5. 在线振摆监测系统

定期对机组在线监测装置进行检查，记录机组各工况下振动、摆动数据，发现异常数据及时进行现地检查，核实系统数据与现场情况，做好对比分析，及时处理设备存在的安全隐患。

6. 水轮机“六件”检查

（1）制定水轮机“六件”检查内容，对导水机构、转轮室、伸缩节、转轮及主轴等重点部位按要求开展定期检查试验。

（2）做好台账记录，及时更新。

（三）调速器日常维护项目

（1）定期清洗、切换精密过滤器。

（2）定期检查油泵工作效率。

（3）定期检查校核油位、温度、压力变送器。

（4）检查自动补气装置动作是否正常

（5）定期对压油槽人孔门、连接螺栓、压油槽本体焊缝等进行无损探伤检查。

（四）定期检查项目

灯泡贯流式水轮发电机组运行中，运行维护人员应定期进行设备的轮换及检查工作，常用的定期检查项目见表7-2。

表7-2　　定期检查轮换项目表

序号	工作项目	周期	人数	工作标准
一、水轮机				
1	控制环间隙测量	年	≥2人	控制环间隙在允许范围内
2	导叶连杆机构检查	周	≥1人	无断裂、无变形；各连接部分牢固、无松动，外观无损坏
3	导水机构检查	周	≥2人	外轴承漏水情况、连接固定螺栓无松动
4	水导轴承检查	周	≥1人	温度正常，无渗漏
5	转轮室、伸缩节检查	周	≥2人	无异常响声，外观无锈蚀，连接螺栓无断裂，漏水正常
6	测量表计及管路清扫、检查	周	≥1人	卫生干净；表计显示正常，无渗漏
7	尾水管人孔门检查	周	≥1人	无渗漏、无裂纹，运行时无异常响声
8	“六件”检查	月	≥2人	无松动、裂纹、断裂现象
二、发电机				
1	主备用电动机切换	周	≥2人	电动机运行时间合理
2	励磁滑环碳粉擦拭	月	≥2人	干净、无碳粉堆积
3	励磁滑环、炭刷及电缆接头检查	周	≥1人	检查电缆接头是否有松动情况，滑环、炭刷是否有打火的情况，炭刷磨损是否在允许的范围内

续表

序号	工　作　项　目	周期	人数	工　作　标　准
4	发电机出口软连接检查	周	≥1 人	螺栓接头无损伤、烧糊现象，温度与以往比较无异常；紧固件无松动
5	发电机各部位振动、摆度检查	周	≥1 人	振动小于允许值，数值显示无跳变
6	发电机各部位温度检查	周	≥1 人	温度正常，未达到报警值，温度显示无跳变
7	推力轴承检查	周	≥2 人	温度正常、无异响
8	“六件”检查	月	≥2 人	无松动、裂纹、断裂现象
三、调速器				
1	调速器油泵检查	周	≥1 人	运行声音及运行时间正常、各部位无渗油和异常振动现象，油泵效率测量
2	压油槽保压时间测量	周	≥1 人	测量两次油泵运行间隔时间，对比分析液压系统保压时间有无明显变化
3	调速器油泵电动机轴承润滑油补充	年	≥2 人	润滑油足够，轴承转动灵活
4	漏油泵检查	周	≥1 人	运行声音正常、各部位无渗油现象
5	调速器系统阀门	周	≥1 人	各阀门所处工作状态正确；阀门及管路接头各部位无渗油；管路无破损，管路介质流向标识正确
6	压油槽、回油箱、漏油箱检查	周	≥1 人	外部干净，人孔门密封良好，无漏油
7	双过滤器切换	月	≥2 人	油压正常，过滤器切换后工作无异常
8	主配压阀检查	周	≥1 人	工作位置正确，无渗漏，动作正常无卡塞
9	检修密封电磁阀检查	周	≥1 人	工作状态正确，无漏气
10	接力器检查	周	≥1 人	运行正常，无渗漏；各部位螺栓紧固，压紧行程无异常

灯泡贯流式水轮发电机组故障处理

灯泡贯流式水轮发电机组转速低，定子直径小、铁芯相对较长，结构紧凑，辅助系统复杂，其先天性不足导致机组散热条件差。运行温度高，相比混流式水轮发电机组，故障发生概率相对较大。现就灯泡贯流式水轮发电机组的故障处理案例介绍如下。

第一节　水轮机故障与处理

一、转轮与主轴连接螺栓断裂

（一）事件经过及故障现象

2004 年 3 月 14 日，某电站×机组在进行负荷调整时监控系统发“调速器回油箱油位越下限”“水轮机轴承架 Y 方向振动越上上限”“调速器回油箱油位低动作”告警信号，现场检查发现调速器回油箱油位低，机组振动较大，立即停机。停机后检查发现主轴与轮毂结合面漏油，解体发现主轴连接螺栓断裂 8 个，螺栓规格为 M100mm×6mm×345mm，10.9 级 35CrMo。断裂螺栓编号为 5～12 号共 8 个，其中 6 号螺栓断裂位置为主轴法兰与轮毂结合面处，其余 7 个螺栓断裂位置为螺栓头与螺杆的过渡倒角处，如图 8-1 所示。

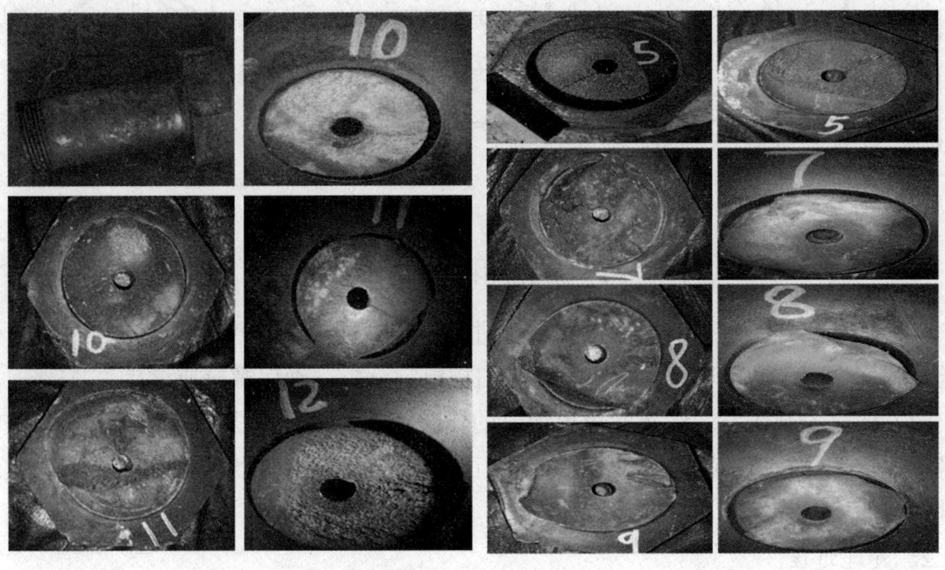

图 8-1　螺栓断裂图

（二）原因分析

根据现场情况比较分析，可能原因有以下几方面：

（1）螺栓质量不合格。检测结果显示螺栓中部及芯部强度低于技术要求，螺栓断口内部存在硫化锰夹杂及钙铝镁盐类夹杂。当螺栓的承载载荷达到一定程度时，夹杂与金属界面由于应力集中产生撕裂，不断扩展导致螺栓断裂。

（2）螺栓设计不合理。螺栓根部过渡圆角偏小造成根部应力集中，厂家未提供螺栓伸长值控制方法，未设置螺栓伸长值测量杆，仅提供了螺栓安装预紧力，影响伸长值测量的准确性，不能完全保证螺栓的正常运行。

（3）螺栓安装工艺不合格。螺栓安装过程中未充分考虑螺栓垫片表面粗糙度影响，未对螺栓的伸长值进行检测，造成螺栓预紧力无法准确控制，机组振动导致螺栓松动，使螺栓承载冲击荷载而断裂。

（三）处理过程与方法

1. 处理方法

（1）改进螺栓结构。将螺栓根部过渡圆角尺寸由半径 4mm 调整为 6mm，增加过渡圆角粗糙度为 231.6 的要求；螺栓头受力面粗糙度由 6.3 提高至 3.2，增加垂直度为 0.04 的要求；螺栓光杆部分尺寸由ϕ93 调整为ϕ90，光杆部分粗糙度由 6.3 提高至 1.6；螺栓内部测量杆安装孔尺寸由ϕ17.5 调整为ϕ20；螺栓表面采取发蓝工艺，增强防腐性能。改进后的螺栓结构如图 8-2 所示。

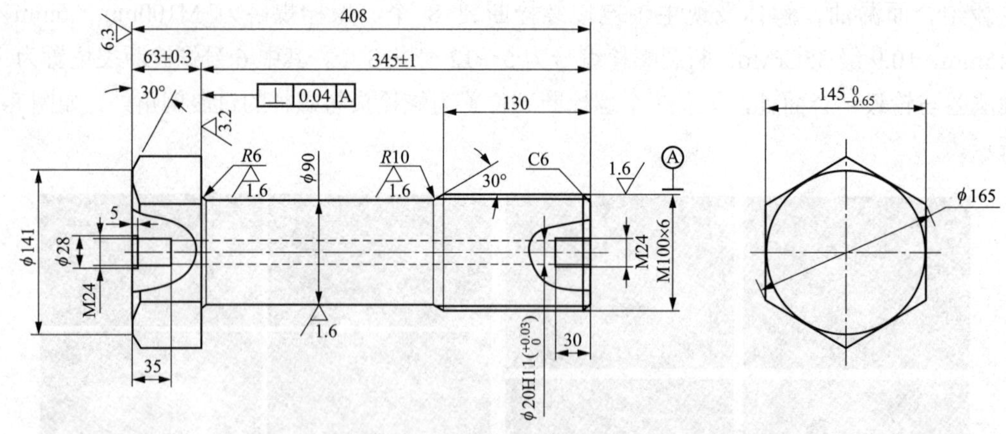

图 8-2 新螺栓结构图（单位：mm）

（2）加强抽样检测。对新购螺栓抽样进行理化性能检测，包括定量光谱分析、硬度试验、强度试验、冲击试验、金相试验和扫描电镜分析，确保螺栓质量。

（3）改进安装工艺。注重螺栓更换时的安装工艺要求，紧固螺栓时对称均匀进行，使螺栓达设计伸长值。螺栓预紧分 3 次进行，第一次达设计伸长值的 30%，第二次达设计伸长值的 70%，第三次达到设计伸长值。

2. 处理过程

参照前述主轴与转轮检修方法及过程，对主轴连接螺栓进行更换。

二、主轴密封抗磨环磨损

（一）事件经过及故障现象

2009 年 7 月 10 日，某电站某机组运行中主轴密封漏水量明显增大，停机后解体水轮机主轴密封，发现主轴密封抗磨环处有两道宽 55mm、深 4mm 的磨损沟槽。该机组主轴密封结构如图 8-3 所示。

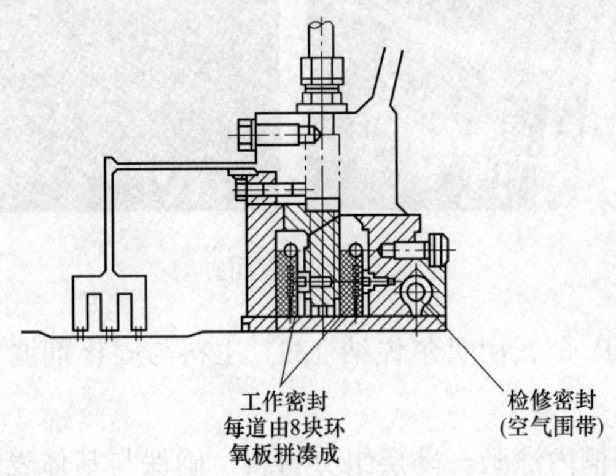

图 8-3 主轴密封结构图

（二）原因分析

（1）机组运行过程中，主轴密封工作密封块在弹簧力的作用下紧贴抗磨环，造成了主轴抗磨环磨损。

（2）泥沙、硬颗粒等杂质进入主轴密封中，卡涩在工作密封块与主轴抗磨环之间，加剧了主轴抗磨环的磨损。

（3）机组在振动区运行时，振动摆度值增大，进一步加大了主轴抗磨环的磨损。

（三）处理过程与方法

1. 处理方法

使用高分子材料贝尔佐纳对主轴抗磨环进行修复，修复过程中要严格控制施工工艺。

2. 处理过程

（1）待修复处粗糙化处理。使用角向磨光机将主轴密封衬套磨损处沿径向打磨出深 4mm、宽 80mm 的沟槽，用平锉修磨沟槽边毛刺，然后对沟槽表面进行粗糙化处理。开槽深度应大于 3mm，沟槽形状为矩形，不能为梯形，沟槽表面不可光滑。打磨情况如图 8-4 所示。

（2）待修复处清洁处理。使用贝尔佐纳清洗剂 9111 擦洗修复处表面及附近区域，确保清洁。

（3）调料。

1）使用超金属修复材料贝尔佐纳 1111 主料与固化剂进行调料，重量调配比为 5∶1，调料时要充分混合均匀，确保组分材料颜色均匀，无杂色。

图 8-4　基体表面打磨

2）贝尔佐纳陶瓷 R 金属由贝尔佐纳 1321 主料与固化剂调料组成，重量调配比为 10∶1。

（4）敷涂。先在沟槽内涂敷一薄层组分材料，确保与基体表面有效接触，再接着涂敷第二层、第三层，每层尽力压实，不留空隙和气泡。涂敷至粘状料略高于基体表面为止，如图 8-5 所示。

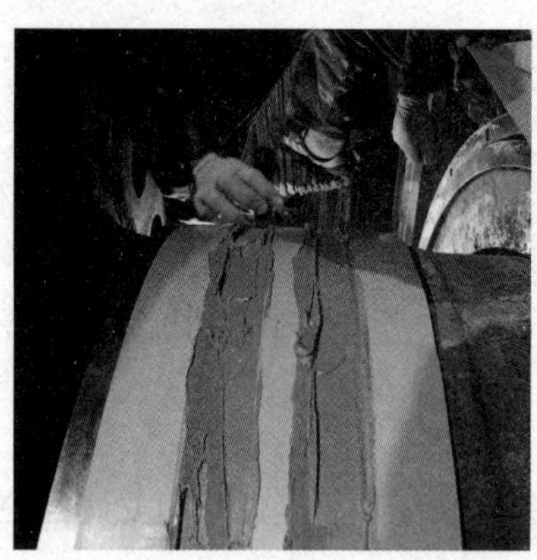

图 8-5　涂敷

（5）固化及后处理。涂敷后自然固化 2～4h，待初步固化后用抛光机打磨凸出部分，当打磨余量为 0.1mm 时，改用细砂纸打磨至规定尺寸。

（6）涂贝尔佐纳陶瓷 R 金属。在固化的超级金属表面均匀涂抹一层贝尔佐纳陶瓷 R 金属，待其完全固化后，用细砂纸打磨表面凸出部位，然后将修复部位用器具保护，继续固化 24h 后装复。

三、导叶拐臂连杆脱落

（一）事件经过及故障现象

2001 年 5 月 19 日，某电站某号机组在进行甩 50%额定负荷试验过程时，8 号导叶拐臂连杆脱落，如图 8-6 所示。

图 8-6　导叶拐臂连杆脱落

（二）原因分析

该机组导叶结构采用固定连杆和安全连杆交错布置形式。检查发现导叶连杆销钉止动螺栓无任何防松动措施，在机组振动、自身重力和零件配合等因素影响下，导叶连杆销钉止动螺栓松动，进而造成导叶拐臂脱落。

（三）处理方法

（1）安全连杆处防脱处理。将导叶拐臂连杆两端球轴承体的铜止动板更换为钢止动板，钢止动板与导叶连接偏心销一起安装在止动销柱上，用内六角连接螺栓紧固钢止动板，然后将内六角止动螺栓与止动板点焊牢固，如图 8-7 所示。

（2）固定连杆处防脱处理。用螺栓将钢止动板紧固，在止动销和轴套压板上距离螺栓孔中心 20mm 处，以该处为中心钻一个直径$\phi 8$、深 20mm 的圆孔，开孔度应达连杆销钉 10mm。加工后安装一个$\phi 8\times 18$mm 的圆柱销，最后将螺栓、销钉与止动板点焊牢固，如图 8-8 所示。

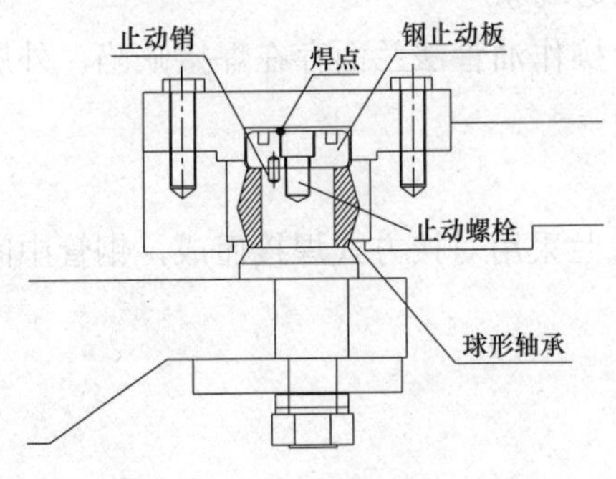

图 8-7　安全连杆处防脱处理

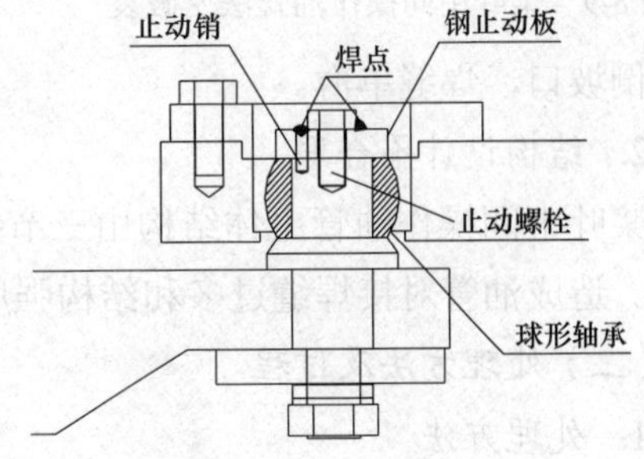

图 8-8　固定连杆处防脱处理

四、桨叶操作油管连接法兰破裂

（一）事件经过及故障现象

2001 年 3 月 19 日，某电站某号机组运行时出现调速器油箱油温高告警信号，在没有进行负荷调整的情况下，调速器油泵启动频繁，启停间隔时间小于 2min，而正常情况下油泵启停间隔时间约为 6min 左右。

停机后组织技术人员进行了故障查找，过程如下。

（1）先对电气控制回路进行了查找核对，排除了调速器电气控制和液压控制导致油泵启动频繁的原因，确认此次故障系机械原因引起。

（2）对可能引起故障的以下 5 个主要机械原因，按照先易后难的顺序，重点进行了排查。

1）桨叶和导叶主配阀芯配合间隙增大，主配压阀组渗漏量异常。

2）导叶接力器活塞密封损坏，缸体内部窜油。

3）受油器密封轴瓦磨损异常，导致桨叶开启腔与关闭腔窜油。

4）桨叶操作油管破裂窜油。

5）桨叶接力器活塞密封损坏，缸体内部窜油。

（3）在桨叶操作油管、接力器油缸整体试压试验中，发现不能升至 5.6～6MPa 额定压力，在拆除试压工具后，发现外操作油管内存留较多油质，从而确认大轴内部桨叶操作油管或桨叶油缸存在窜油现象。

（4）要彻底判断故障点在大轴内部桨叶操作油管和桨叶油缸的哪一个部位，必须对水轮机转轮进行拆卸。对操作油管解体后，发现桨叶中间操作油管连接法兰破裂，如图 8-9 所示，确认为调速器油系统窜油根源。

图 8-9　桨叶中间操作油管法兰破裂

（二）原因分析

1. 焊接工艺不良

（1）桨叶中间操作油管对接焊缝为单面焊、双面成形，焊缝背面并未完全熔合，焊缝不饱满，存在未焊透现象。

（2）操作油管法兰面存在焊接缺陷，外层焊缝未倒坡口，焊缝单薄。

2. 结构设计不合理

桨叶中间操作油管主体结构由三节钢管及法兰采用对接方式焊接而成，钢管中间段较薄。造成油管对接焊缝过多和结构强度偏低。

（三）处理方法及过程

1. 处理方法

改进油管结构。原操作油管结构设计存在诸多不足，现将桨叶中间操作油管由分段焊接连接形式改为钢管整体结构，取消油管中间两道连接焊缝，法兰与钢管采用相配焊接。钢管成为主要受力件，法兰只承担密封和连接作用，使操作油管整体结构得到增强。改造前、后的操作油管结构如图 8-10 和图 8-11 所示。

2. 处理过程

按检修工艺流程，对桨叶操作油管进行更换。

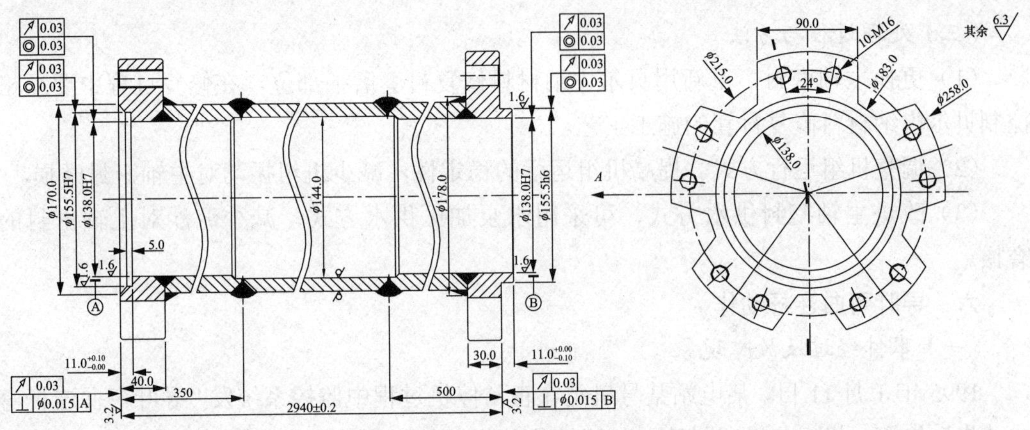

图 8-10　改造前操作油管结构示意图

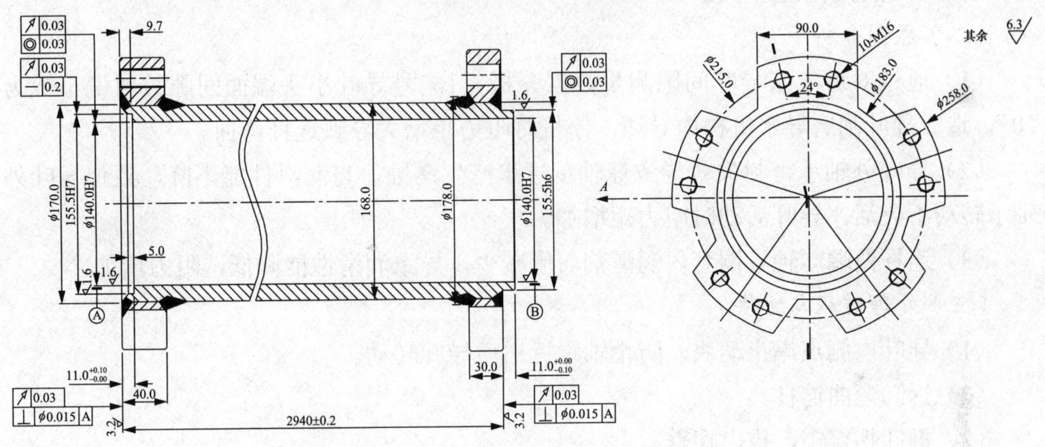

图 8-11　改造后操作油管结构示意图（单位：mm）

五、主轴衬套贝尔佐纳修复材料断裂

（一）事件经过及故障现象

2009 年 7 月 10 日，某电站某号机组运行中主轴密封漏水量明显剧增，停机后解体发现：主轴密封上、下游两道密封材料磨损严重，两道密封边缘磨损深度约 5mm，大轴衬套上游侧的环状贝尔佐纳材料断裂，断口处厚度 2mm，较其他部位厚度薄 1mm。检查贝尔佐纳材料，发现内部存在气孔，表面光洁度下降，手感粗糙。主轴上贝尔佐纳黏附的沟槽部分位置表面光滑，留有水痕，表明贝尔佐纳与衬套沟槽结合并不紧密。

（二）原因分析

（1）对比检查测量新旧密封材料，发现密封较原来磨损了 5mm，密封材料上的密封线完全磨损，已不能与大轴衬套贴合，致使漏水量剧增。

（2）水流中泥沙夹杂在密封材料与衬套之间，不断磨损密封和贝尔佐纳修补面，致使密封面磨损，贝尔佐纳修复面变粗糙，材料断裂。

（3）贝尔佐纳材料与衬套沟槽结合不紧密，存在间隙；材料厚度厚薄不均，内部存在气孔，在机组运行时的外力冲击或持续振动作用下，贝尔佐纳材料发生断裂。

（三）处理过程与方法

（1）更换主轴密封，重新用贝尔佐纳材料修复衬套磨损部位，在修复过程中要严格控制贝尔佐纳材料修复衬套的施工工艺。

（2）调整机组运行方式，提高机组运行的稳定性，减少机组振动对主轴密封磨损。

（3）改进主轴密封供水方式，可采用水泵加压供水方式，减少泥沙对主轴密封的磨损。

六、导叶弯曲连杆动作

（一）事件经过及故障现象

1995 年 1 月 11 日，某电站某号机组在正常停机过程中监控系统发“导叶弯曲连杆弯曲动作”告警，机组启动机械事故停机流程停机。停机后检查发现 16 号导叶连杆呈 90° 弯曲状态，其他导叶已全关。

（二）原因分析

（1）通过对近年来导叶间隙测量数据分析，16 号导叶小头端面间隙数值偏小或为“0”，造成导叶刮磨导水机构内导环，停机时阻力矩增大导致连杆弯曲。

（2）导叶外轴承密封失效导致球轴承进水产生锈蚀，自润滑性能下降，致使导叶外轴承转动不灵活，导叶活动时阻力矩增加。

（3）连杆两端球轴承铜套内润滑剂石墨减少，导致润滑性能降低，阻力增加。

（三）处理过程与方法

（1）导叶内侧点焊止动块，防止轴承拆出后导叶转动。

（2）拆卸弯曲连杆。

（3）拆卸拐臂销，拔出拐臂。

（4）拆卸导叶外轴承座固定螺栓。

（5）安装专用拆卸工具，拆出外轴承座。

（6）清理轴承基座锈蚀，密封面涂抹润滑脂。

（7）根据导叶间隙测量结果减薄调整垫 1mm，使导叶间隙符合要求。

（8）更换轴承座及外轴承、密封件，密封面涂抹润滑脂，进行装复。

（9）连接拐臂、弯曲连杆。

七、桨叶外操作油管焊缝裂纹

（一）事件经过及故障现象

1997 年 4 月 15 日，某电站设备巡视时发现某号机大轴延伸轴桨叶外操作油管焊缝处存在漏油现象。经无损检测发现桨叶外操作油管焊缝处存在 5 条裂纹，如图 8-12 所示。焊接处操作油管厚度为 18mm，1～4 号裂纹为表面轴向裂纹，其中 1 号裂纹深度 2mm、长 55mm，2 号裂纹深 2mm、长 40mm，3 号裂纹深 2mm、长

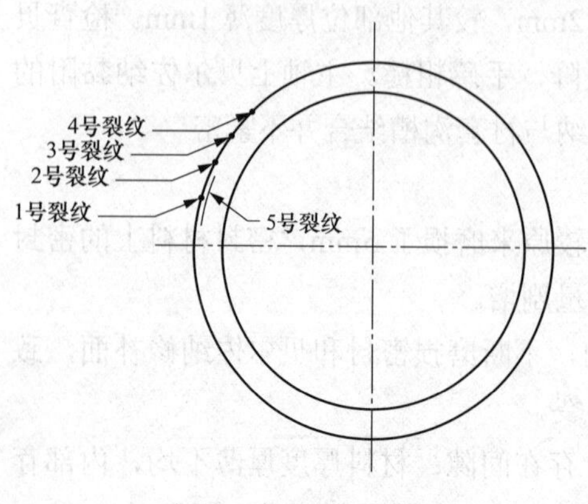

图 8-12 裂纹分布图

40mm，4 号裂纹深 2mm、长 60mm；5 号裂纹为贯穿性径向裂纹，深 18mm、长 50mm。通过对裂纹进行打磨焊接处理后，机组继续投入运行，一段时间后，5 号裂纹再次开裂漏油。

（二）原因分析

（1）焊接工艺不良。桨叶外操作油管焊缝焊接过程存在工艺缺陷。

（2）机组振动。机组运行中桨叶操作油管振动使原始缺陷逐步扩大。

（三）处理过程与方法

1. 处理方法

原操作油管焊接工艺较差，焊缝存在内部缺陷，重新加工操作油管进行更换处理。因操作油管属精密加工部件，必须严格按照厂家图纸的技术要求进行加工，部分尺寸需到现场实测后进行加工。

必须对新操作油管结构焊缝和法兰口焊缝等部位全面进行无损检测，严禁存在任何形式的缺陷。

2. 处理过程

按机组检修工艺要求更换新加工的桨叶外操作油管。

八、桨叶定位铜套磨损

（一）事件经过及故障现象

2006 年 5 月 27 日，某电站某号机大修中，水轮机轮毂排油时发现油中存在大量铜质粉末，初步怀疑转轮内部有铜质部件机械磨损，随即将情况向水轮机厂家反映，并要求厂家对铜粉产生原因进行分析。其他机组在检修过程中调速器油系统均发现油中含有金黄色细微铜粉，轮毂排油过程中尤为明显。厂家在机组大修中对轮毂排油进行了跟踪，采用光导纤维示波设备对轮毂内部进行了检查，现场采集铜粉样品进行了金相分析，检测报告反映油中异物主要成分与轮毂内铜套制造材质 BC3 类似，厂家认为是机组运行初期机械磨合过程中磨损所致。

该机组后续检修时，对轮毂进行排油冲洗时，铜粉现象并未减少，表明内部元件磨损呈加剧之势。从现场情况看，铜粉已大量进入调速系统，在高位轮毂油箱、调速器回油箱和调速器压油槽内也发现不少铜粉，严重威胁机组调速器控制阀、电磁阀及压力控制元件的安全稳定运行，加重设备密封元件异常磨损，危及机组的安全可靠运行。

（二）原因分析

（1）调速器系统油中机械杂质增加和其他部件磨损的铁粉进入铜套间隙内，造成铜套磨损。

（2）水轮机桨叶外侧铜套定位螺钉松动，掉出定位孔，与轴颈顶部发生摩擦，铁宵进入铜套配合间隙内，造成铜套异常磨损。

（3）机械旋转磨损。

（三）处理过程与方法

1. 处理方法

（1）铜套处理。

1）对于磨损值较小的铜套，采用电刷镀的方式，恢复零件尺寸。

2）对于达到使用寿命的铜套，依据铜套安装孔、桨叶轴柄测量数据和两者配合技术要求，重新加工铜套，整体进行更换。

3）桨叶轴柄失圆超过 0.05mm 时，必须进行修复。修复方法主要有电刷镀和返厂机械加工两种。

4）改变铜套材质，适当增加铜套硬度，提高铜套的抗磨性能，将铜套材质由 ZCuSn5Zn5Pb5 调整为 ZCuAl10Fe3。

（2）铜套数据测量要求。

1）进行铜套数据测量应由同一人完成，另一人做记录；测量时，量具温度与测量工件温度差应在±1℃内。

2）在测量和铜套验收过程中，应使用同一套测量工具进行测量，以减少误差。

3）被测工件表面应光滑、干净和无异物。

4）内、外径千分尺测量前应互为校正。

5）当测量数据有极个别异常时，在计算时应去除。

6）将要进行测量的铜套安装孔或桨叶轴柄的轴向分为 3 段，每段圆周均匀分为 8 点，测量 4 次，共计 12 个测量数据。

（3）铜套加工尺寸计算方法。

1）铜套加工尺寸主要计算铜套内、外径加工尺寸，重点考虑铜套与安装孔安装过盈量和铜套与桨叶轴柄间隙配合尺寸，主要参数值为铜套安装孔尺寸和桨叶轴柄尺寸，在铜套安装完毕后过盈量大小直接影响铜套内径尺寸。

2）铜套除内、外径尺寸外，其他尺寸等参数严格按照生产厂家原始尺寸和技术要求加工。

铜套外径尺寸计算公式为

$$\text{铜套外径加工尺寸} = \text{安装孔尺寸}A\begin{matrix} +0.05 \\ +0.02 \end{matrix}$$

其中，安装孔尺寸 A 为铜套安装孔 12 次测量数据的平均值，铜套外径加工设计尺寸公差范围为 0.03mm，0.02mm 为铜套与安装孔配合最低过盈量。铜套内径尺寸计算公式为

$$\text{铜套内径加工尺寸} = \text{轴柄直径尺寸}B\begin{matrix} +0.2+0.03 \\ +0.2+0.03 \end{matrix}+\text{配合盈量}$$

其中，轴柄直径尺寸 B 为桨叶轴柄 12 次测量数据的平均值，0.20mm 为铜套与桨叶轴柄设计配合间隙，当轴柄失圆小于 0.05mm 时，应相应减小。0.03mm 为铜套内径加工公差。

3）根据铜套安装孔和桨叶轴柄直径测量的各项平均值的差值，其铜套安装过盈量和内径加工公差范围值可在 0.02～0.04mm 范围内进行适当浮动，加工目标值应为中间值。

2. 处理过程

解体后测量铜套磨损量，若超过规定值按上述步骤进行铜套修复或加工新铜套来更换，铜套安装时必须严格按照检修工艺流程进行。

九、桨叶操作机构双联板圆柱销压板固定螺栓剪断

（一）事件经过及故障现象

1999 年 7 月 13 日，某电站在进行某号机组 C 级检修盘车时，在流道内听见轮毂内有周期性异常轻微的金属撞击声。在拆卸泄水锥后，发现 4 片桨叶操作机构双联板圆柱销压板固定螺栓已断裂 6 个，圆柱销无螺栓固定、脱出，撞击轮毂而发出周期性撞击声。

（二）原因分析

（1）螺栓安装工艺控制不到位，安装时螺栓拧得过紧，机组长时间运行后双联板圆柱销铜套存在一定的磨损，引起配合间隙增大。

（2）螺栓设计不合理。原设计螺栓主要承受拉应力，间隙偏大后螺栓头部承受较大的交变横向载荷。螺栓在交变应力作用下发生剪断，致使双联板圆柱销松脱。

（三）处理过程及方法

（1）重新设计螺栓进行更换。

（2）拆除泄水锥、拆卸接力器缸盖与轮毂油管压板连接的导杆、活塞锁紧螺母，将缸体与活塞整体往开方向拉至 105%左右开度。

（3）将轮毂内桨叶操作机构圆柱销复位，装上新螺栓，更换时在螺纹上涂高强度螺纹锁固胶 270。螺栓安装采用较小力矩，基本拧紧即可，最后用防松止动垫圈固定。

十、桨叶转臂耳柄与活塞缸连接螺栓断裂

（一）事件经过及故障现象

2005 年 8 月 17 日，某电站某号机组运行时，突然出现剧烈振动，转轮室、水导轴承振动摆度值超标告警。停机并将流道消压后，手动操作桨叶发现一片桨叶不能动作。拆开泄水锥后发现一根桨叶转臂耳柄与桨叶活塞缸连接螺栓断裂，断裂处位于螺杆与螺帽连接处。

（二）原因分析

（1）机组投入自动发电控制 AGC 控制后，负荷调整频繁，桨叶接力器频繁动作导致油压变化带来的交变应力引起螺栓疲劳破坏。

（2）螺栓支撑面为伞型，在初期紧固状态，法兰面外周局部处于屈服状态，主机运行时的载荷使局部向塑料变形进展。随着载荷变动，叠加的调整垫发生塑性变形与错位移动，调整垫脱落后，紧固部分就产生间隙，螺栓承受拉伸冲击载荷产生裂纹，继续发展导致脆性断裂。

（3）无损探伤在螺杆与螺帽连接处实施困难，螺栓制造缺陷可能没及时发现。

（三）处理过程与方法

（1）使用红丹粉检查桨叶操作油缸缸体法兰孔支撑表面平面度，确认接触面积在 80%左右。如接触不好，应进行调整，直至接触面积合格。

（2）对桨叶操作油缸缸体法兰支撑面进行 PT 探伤，确认有无缺陷。

（3）将新螺栓和调整垫片一起进行试装，检查缸体支撑面与螺栓接触情况，如接触面接触情况不满足要求，应重新配研。

（4）紧固桨叶转臂耳柄与活塞缸连接螺栓，并测量伸长量。检查调整垫片与缸体的接触面应无间隙。

（5）装复桨叶操作油管及桨叶位置反馈板等。手动缓慢操作桨叶全关和全开，检查有无异常情况，测量桨叶操作压力满足厂家要求值。

（6）焊接螺栓制动块，用 PT 着色探伤剂进行探伤，确认焊缝无缺陷。

十一、桨叶外轴承损坏

（一）事件经过及故障现象

1997 年 2 月 10 日，某电站某号机组检修时，拆除桨叶后发现 1 号、2 号、3 号桨叶外轴承存在不同程度的止推边破裂，轴承旋转，定位螺钉脱落、剪断，桨叶转轮体与外轴承止推面接触面磨损；导槽、导块磨损严重；连杆机构骑缝定位螺钉脱出与剪断等现象。

（二）原因分析

（1）桨叶外轴承存在设计、加工和安装质量问题。桨叶紧固螺钉设计为 16 个 M12mm×30mm 螺钉，沿圆周均匀分布，桨叶止推面设计厚度为 17mm，转轮体螺丝孔设计深度为 20mm。实测桨叶止推面厚度为 17mm，转轮体螺丝孔深度为 13mm，由于转轮体螺丝孔深度未达到设计要求而造成紧固螺钉旋入太短，紧固螺钉受桨叶拐臂推力面的受力碰撞与挤压而产生断裂，紧固螺钉断裂后外轴承失出了紧固措施而产生圆周位移。

外轴承冷套膨胀系数设计偏小。桨叶外轴承内径为 960mm，外径为 995mm，高度为 89.5mm，设计冷套膨胀系数为 0.18～0.26mm，采取液氮冷套方式进行。

（2）连杆机构骑缝定位螺钉脱出与剪断的主要原因是骑缝定位螺钉自身锁固失效与螺钉直径偏小引起，如图 8-13 所示。

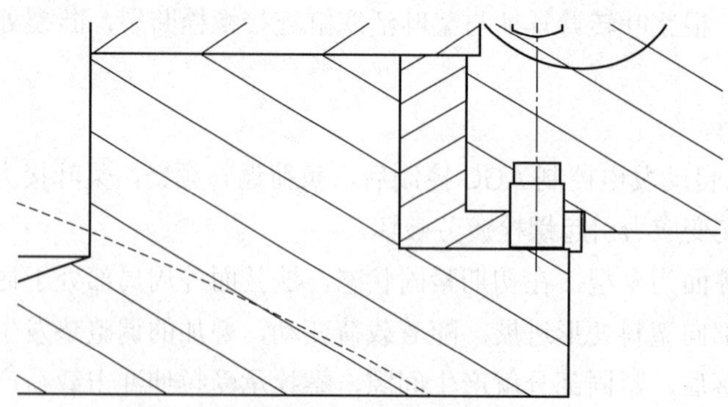

图 8-13　桨叶外轴承紧固螺钉位置图

（三）处理过程与方法

通过更换桨叶内外轴承、加大各紧固螺钉直径与轴承冷套膨胀系数、增加骑缝螺钉数量和修磨导槽与导块进行故障修复。

（1）清洗轮毂，修磨内腔表面的划痕，深度超过 0.5mm 的划伤进行氩弧焊补焊处理；转轮与外轴套接触端面清洗；为了再次加工时错位，将每只螺孔的孔位均引至外围；清理剪断的紧固螺钉；端面划痕用氩弧焊堆焊，厚度不低于现有的未磨损平面。在施工中，为了防止变形量过大，堆焊时均匀分段进行。

（2）转轮体上镗床加工导向槽，镗的深度以去除划痕为止，垂直度和平面度按原图纸控制，临时组装活塞杆与转轮，转轮上镗床，以内轴套安装孔、叶片孔校正镗与外轴套法兰接触面，测量外轴套、内轴套安装孔径，配车内、外轴套外圆，内轴套过盈量按－0.057～＋0.040mm 控制（过渡配合），外轴套过盈量按＋0.380～＋0.526mm 控制（过盈配合），两轴套的内孔留余量备同镗。

（3）用干冰冷套外轴套至转轮体内，法兰面贴紧，配打骑缝螺钉（增加 8 只 M12）和固定螺钉，螺钉孔的深度满足设计要求，紧固螺钉涂乐泰 263 螺纹锁固胶拧入，按图纸严格控制螺钉拧入深度。

（4）分解活塞杆，组装内轴套，再组装活塞杆将转轮上镗床，校正叶片密封安装孔，测量拐臂与轴套接触的两档外圆直径，配镗内外轴套孔径，内轴套配合间隙按＋0.06～＋0.11mm 控制，外轴套配合间隙按＋0.09～＋0.18mm 控制，镗外轴套端面，保证其至中心的尺寸为（569±0.1）mm。

（5）将导向瓦拆除，在导向瓦和接力器缸之间垫入 1mm 厚钢板，在塞焊孔位置塞焊固定，临时组装导向瓦，将骑缝销由直径ϕ16mm 调整至ϕ18mm，销子组装后在缸体侧点焊固定。

（6）在装配阶段将接力器缸与连杆组装，测量导向槽间隙，按图纸间隙配刨导向瓦厚度，保证与导向槽间隙满足图纸要求。

（7）组装导向瓦，固定螺栓涂乐泰 263 螺纹锁固胶后拧入。

（8）因拐臂材料为 ZG35CrMo，焊接性能较差，以大法兰面校正后，将止推面精度加工至 91.00～91.10mm，以去除划伤。

（9）将连杆销的骑缝螺钉拆除，重新加大骑缝螺钉直径，如图 8-14 所示，由 M12 增大至 M16，长度不变，然后将骑缝螺钉拧入，拧入前涂乐泰 263 螺纹锁固胶，拧入后在外侧冲 4 点锁定。

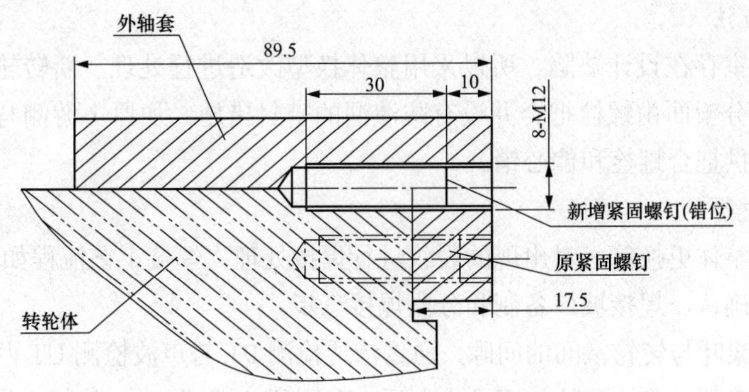

图 8-14 桨叶外轴承紧固与骑缝螺钉位置图

（10）拐臂连杆机构侧面的紧固螺钉涂乐泰 263 螺纹锁固胶后拧入，孔口部点焊一点锁定。

十二、转轮室过渡段法兰焊缝裂纹处理

（一）事件经过及故障现象

2009 年 9 月 12 日，某电站在设备巡视中，发现某号机组转轮室分段法兰加强筋板与过渡段连接焊缝出现裂纹，裂纹位置如图 8-15 所示。

图 8-15　焊缝裂纹分布图

（二）原因分析

（1）转轮室轴向尺寸设计过长，且本体钢板厚度太薄，导致转轮室的刚性不足。

（2）转轮室两段结构设计不合理。转轮室分段一是增加了转轮室的连接面，加大了转轮室漏水的概率；二是增加了转轮室的焊缝数量，加大了转轮室的开裂概率；三是带来了异种钢焊接问题，转轮室在长期振动、疲劳及交变应力的作用下，焊缝开裂。

（三）处理方法及过程

1. 处理方法

因为转轮室存在设计缺陷，所以采用整体换型改造进行处理。新转轮室采用整段制造，分两瓣，分瓣面由螺栓把合并设有防渗漏的密封措施。加厚上游侧与外配水环把合法兰，重新提供把合螺栓和偏心销。

2. 处理过程

在转轮室整体更换前，对出现的裂纹进行焊接处理，焊接工艺流程如图 8-16 所示。总体分为裂纹确认，焊接坡口备制和分段焊接三步。

（1）测量桨叶与转轮室间的间隙，通过渗透检测 PT 与声波检测 UT 两者结合进行裂纹走向及长度确认，确认裂纹长度及走向后，在距裂纹端部 5mm 处打止裂孔，以防止在气刨坡口备制时裂纹继续扩展。

（2）进行气刨坡口备制，在气刨坡口时，用 PT 探伤确保裂纹全部清出，紧接着焊接加强筋，以防止在后续的焊接中转轮室产生变形。

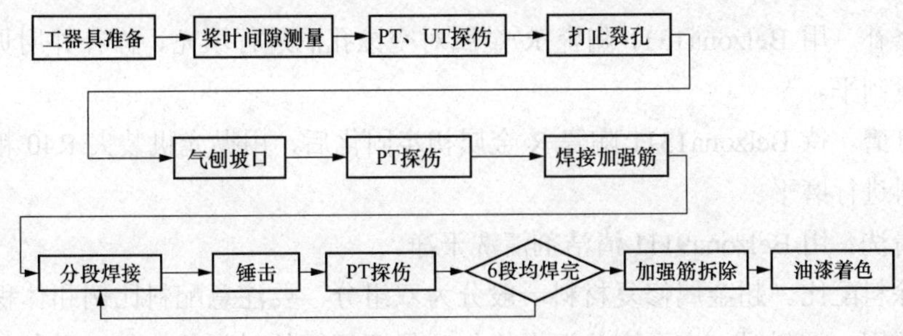

图 8-16　焊接工艺流程图

（3）进行焊缝的分段焊接，在每段的焊接过程中，采用分层焊接、逐层锤击以消除焊接应力，采用 PT 探伤确保每层的焊接质量。

十三、转轮室空蚀

（一）事件经过及故障现象

2013 年 6 月 22 日，某电站使用超声波测厚仪对某号机转轮室里衬球面空蚀情况进行多点测量时，发现空蚀严重部位均为焊缝中心径向 50mm、轴向 500mm 区域，呈多点蜂窝状；最深处为 9 点方向（该处为合瓣法兰焊缝），长 1000mm、宽 230mm，平均深度超过 15mm，最大深度大于 20mm，为转轮室设计厚度的 57%。桨叶全开、全关轴向宽度为 1000mm，以转轮中心线为基准，空蚀严重区轴向宽 350mm，向两侧扩展至 500mm 递减。

（二）原因分析

水流流过转轮背面后压力降低而产生大量的气泡，气泡在转轮室边壁附近与边壁接触的情况下，由于气泡上、下壁角边界的不对称性，在溃灭时，气泡的上、下壁面的溃灭速度不同。远离壁面的气泡壁将较早地破灭，而最靠近材料表面的气泡壁将较迟地破裂，于是形成向壁的微射流。微射流冲击使材料表面产生空蚀针孔，随后在针孔壁处萌生裂纹，裂纹以疲劳方式向内部扩展，最后趋于平行表面方向扩展，当几个裂纹相连接时造成表层小块剥落，上述过程反复进行，使表层材料不断剥落。空蚀微观表面凹凸不平，布满空蚀坑及裂纹，宏观呈海绵状形貌，有时产生针孔和麻点等。

（三）处理方法及过程

1. 处理方法

采用贝尔佐纳 Belzona 陶瓷金属材料修复。

2. 处理过程

（1）预清洁。用钢丝刷、铲刀和抹布对转轮室进行预清洁，除油、除锈和除垢等。

（2）保护。用黄油、小布带和不干胶对导叶轴承部位及桨叶与轮毂、泄水锥转动处间隙进行保护。

（3）表面粗糙。用喷砂方法对转轮室进行除锈、除垢等，同时使表面粗糙度不小于 75μm。

（4）吹扫。用压缩空气进行吹扫，彻底把空蚀孔洞的灰砂吹扫干净。

（5）清洗。用丙酮对已喷砂的表面清洗干净。

（6）修补。用 Belzona1311 陶瓷 R 金属对空蚀孔洞进行填充、修补并用贝尔佐纳专用工具尽量刮平。

（7）打磨。待 Belzona1311 陶瓷 R 金属初步固化后，用抛光机装夹 R40 粗砂纸对贝尔佐纳材料进行磨平。

（8）清洗。用 Belzona9111 清洁剂清洗干净。

（9）涂料配比。超金属修复材料一般分为双组分，要注意配料比例和体积比、质量比之间的区别。调料时一定要充分混合均匀，保证调好的料颜色均匀、无杂色，如冬天调料时环境温度低于 10℃时，可用照明等加热方法将料加热到 20～25℃再调料。

（10）敷涂。转轮室空蚀两端边缘用胶带贴住后，用抹刀将调好的黏泥状料先沿空蚀部位施敷一薄层，这一层要用力反复下压，保证空蚀孔洞完全有效填充，不留气孔。敷涂时环境温度不得低于 5℃，填料厚度不能超过 0.5mm。

（11）检查。检查整个刷涂的连贯性与完整性。

（12）固化及后处理。自然固化 2～4h 后，用灯泡或加热器对已修复处加热 12h，以提高其机械性能，固化后将胶带拆除，各保护部件的措施拆除、清扫干净。

十四、转轮室桨叶扫膛

（一）事件经过及故障现象

某电站某机组运行时，部分工况下，转轮室存在扫膛声响。测量转轮室与桨叶间隙，低于设计标准要求。

（二）原因分析

（1）转轮桨叶铜套端部磨损。

（2）卡环、拐臂等部件硬度与铜套不匹配，接近或低于铜套硬度，在相对运动时发生磨损。以上部件磨损会造成机组运行时桨叶窜动量增大，导致桨叶与转轮室间隙整体偏小，引发水流异响，严重时引起扫膛。

（3）转轮室与机组轴线不同心或转轮室变形，导致桨叶与转轮室间隙不均匀，局部偏小。

（三）处理过程与方法

（1）检修时更换桨叶铜套。

（2）调整铜套材质，使铜套与转动部件两者硬度差（至少 30HRB）满足设计要求。

（3）转轮室装复时，以转轮为中心调圆，保持转轮室与桨叶间隙均匀，底部间隙可稍小于顶部间隙。

十五、转轮室伸缩节螺栓断裂

（一）事件经过及故障现象

1991 年 4 月 25 日，某电站在进行某机组导水机构维护时，发现机组转轮室下游侧漏水，对其伸缩节 $+X$ 方向漏水点进行处理时，发现漏水点处密封压盖 6 个紧固螺杆全部断裂，3 个断裂在活动法兰螺孔内、2 个断裂成 3 段、1 个断裂成 4 段，密封压盖螺孔壁无明显的挤压痕迹，该机组转轮室伸缩节如图 8-17 所示。

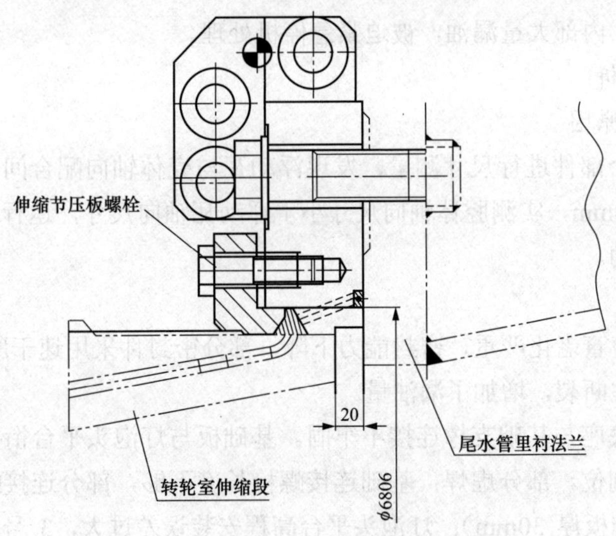

图 8-17 转轮室伸缩节结构图（单位：mm）

（二）原因分析

经分析造成伸缩节压板螺栓断裂的主要原因为转轮室振动，引起伸缩节密封不停伸缩，这种规律性的伸缩压力通过密封条传递至伸缩节密封压盖，伸缩节密封压盖又传递至螺栓，最终导致螺杆疲劳，受损断裂。

（三）处理方法及过程

1. 处理方法

更换压板螺栓，重新调整压紧量，新螺栓型号为 M20×80，螺栓强度为 8.8 级。

2. 处理过程

（1）断裂螺栓取出。断裂螺栓断丝仍遗留在螺栓孔内，需使用断丝取出器将其取出，因为断裂螺栓硬度较高，所以施工时采用磁座钻进行钻孔。

本次钻孔使用$\phi 6$麻花钻头，先将磁座钻固定在伸缩节压板平面上，将钻花中心与断裂螺栓中心对准，反复进行钻孔作业，钻孔过程中注意添加润滑液并清除铁屑，钻孔深度为 15～20mm，钻孔完成后，将相应型号的断丝取出器敲击至孔内，再使用活动扳手逆时针旋转断丝取出器，缓慢地将螺栓取出。

（2）螺栓装复。使用 M30 套筒扳手进行螺栓安装，松紧度适当即可，更换时逐个检查伸缩节其他压板螺栓是否存在松动、断裂等异常情况，针对性地进行处理并标记好螺栓位置。螺栓更换完成后开机运行，检查转轮室伸缩节漏水情况，对漏水点的紧固螺栓压紧量进行适当调整。

十六、受油器内部漏油

（一）事件经过及故障现象

2008 年 10 月 29 日，某电站 3 号机组运行时受油器出现轴向上下翘，测得集油罩处 Y 方向径向位移 5mm，向上游轴向位移 10mm，且不能回复到原位，受油器本体呈前低后高的倾斜状态，内部大量漏油，被迫紧急停机处理。

（二）原因分析

1. 设计制造原因

依照图纸逐个部件进行尺寸测量，发现浮动瓦与壳体轴向配合间隙存在加工误差，设计为 0.05～0.10mm，实测腔体轴向尺寸小于浮动瓦轴向尺寸，运行时浮动瓦不能自由浮动，易造成憋劲。

2. 安装原因

（1）密封件检查老化严重，密封能力下降，部分密封件采用速干胶黏合的 O 形密封圈，黏合部分发生断裂，增加了漏油量。

（2）受油器底座与基础支撑连接不牢固。基础板与灯泡头平台衔接部位设计、安装不合理，焊接不到位，部分虚焊；基础连接螺栓长度不够，部分连接螺栓与基础板连接只有 10mm（基础板厚 30mm）；灯泡头平台高程安装误差过大，3 号机组受油器底部加调整垫 25mm，多达 12 片，导致整体连接强度达不到要求。

（3）浮动瓦与壳体径向间隙调整不合格，受油器的安装和检修均是在排干流道内积水情况下进行，没有考虑到灯泡头充水后的上浮量、操作油管摆度以及连接固定油管后的变形量。

（三）处理过程与方法

（1）根据现场运行工况，结合测量数据进行分析，确保浮动瓦在运行时可以自由浮动，磨床磨削浮动瓦两个端面，轴向总间隙加大至 0.30mm。

（2）受油器内所有的密封件全部更换为成型件，材质由丁腈橡胶换为耐油性能更好的氟橡胶，密封圈直径由原来ϕ5.3 加大至ϕ5.7，增加密封件的密封性能，减少漏油量。

（3）伸长轴磨损抛光处理。

（4）基础板底部焊接加固钢梁，增加整体强度。

（5）盘车检查伸长轴摆度，要求不大于 0.10mm，对超标数据进行调整。

（6）在关闭腔操作油管与桨叶反馈油管密封法兰处加工密封槽，安装 60mm×80mm×12mm 骨架密封，骨架密封外围再增加一个ϕ4 O 形密封圈，减少关闭腔与轮毂腔的间隙窜油。

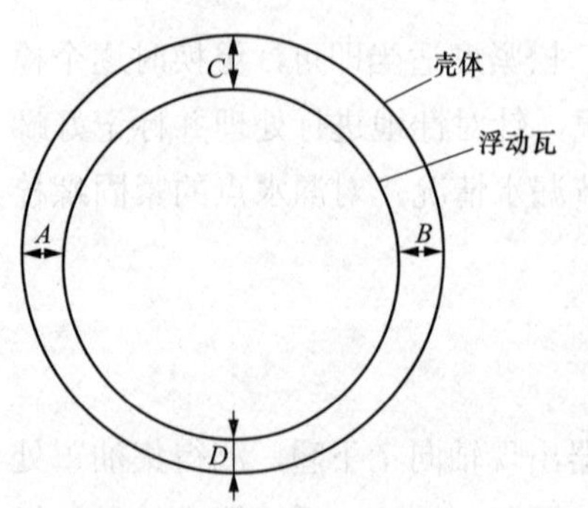

图 8-18 浮动瓦间隙调整

（7）综合考虑冷却套的上浮量及连接油管后的变形量，通过基础座加减调整垫的方式调整浮动瓦与壳体径向间隙，以满足 $A=B$、$C-D=0.3$mm 的技术要求，如图 8-18 所示。

（8）紧固受油器与基础板连接螺栓，并增加弹簧垫止动。钻铰定位销钉孔，安装定位销钉。

十七、水轮机导轴承烧瓦

（一）事件经过及故障现象

2007 年 6 月 18 日，某电站某号机组开机至空载状态后，发现水轮机导轴承温度达到 70.5℃，随即停机进行检查。水轮机导轴承轴瓦巴氏合金烧损，机组被迫退出运行。

（二）原因分析

水轮机导轴承高压顶起回路压力降低，机组开、停机频繁以及机组长期振动值、摆度值严重超标，润滑油膜厚度不够，使水轮机主轴与导轴承瓦发生干摩擦，导致温度急剧上升。

由于温度巡检仪故障退出运行、导轴承温度跳闸回路接线错误，导致温度上升时不能发出告警信号及启动事故停机流程，是造成水轮机导轴承轴瓦烧损的直接原因。

（三）处理过程与方法

1. 轴瓦检查

使用 PT 探伤对水轮机导轴承全部轴瓦进行检查，要求瓦面无脱胎、裂纹等缺陷。

2. 备品瓦检查

对备品瓦加工尺寸进行测量检查，是否满足技术要求，轴瓦表面粗糙度为 0.8。

3. 轴瓦预装

轴瓦精加工完后运送至安装现场，将轴瓦预装在轴颈处，测量间隙是否满足要求，确定刮削余量。

4. 轴瓦研刮

（1）研刮要求。

1）根据对轴瓦作用力的分析，轴承所承受应力主要位于轴瓦底部中央 1/3 的位置，如图 8-19 所示 C 区域，即轴与轴瓦的接触角为 60°。刮瓦时必须使轴瓦底部的乱花分布均匀。

2）轴瓦侧间隙（图 8-19 中 AB 区），其刮削深度待轴瓦精刮完成预装后的间隙测量数据确定（0.10～0.25mm），深度由上至下递减。侧间隙部位由瓦口的结合面延伸到 BC 连接区，轴向与油槽带、润滑油楔角相接，确保润滑油的流通并带走部分热量。

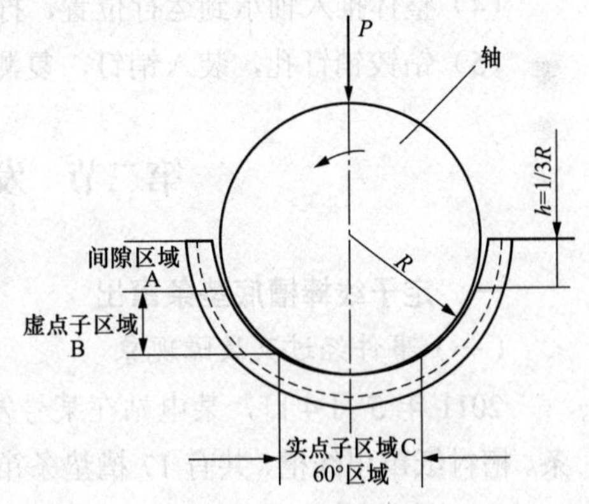

图 8-19　轴瓦研刮区域图

3）轴瓦两侧润滑油楔厂家已机械加工好，待轴瓦精刮完毕后将边界进行细刮，与虚点子区保持光滑过渡。目的是增大轴瓦的吸油区容积，在轴旋转力的驱动下将油吸向承载区（图 8-19 中 C 区）在轴与轴瓦之间形成油膜。

（2）粗刮轴瓦。

1）下瓦用刮刀轻刮一遍，将加工痕迹刮掉，要求刮削均匀。

2）轴瓦研磨，研磨前轴颈打磨光滑，清除高点和毛刺并用酒精清扫干净，在瓦面上均匀涂抹一层调制好的红丹粉（红丹粉＋透平油），然后吊至水轮机导轴承轴颈处进行研

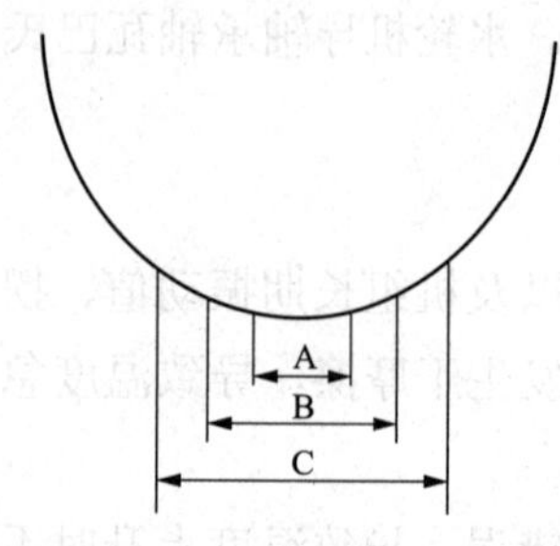

图 8-20 粗刮轴瓦区域划分图

磨。研磨时沿轴径向 40°范围内移动 4 次即可。

3）研磨完后吊出对高点进行刮削，粗刮采用快速研刮法，粗刮区域划分如图 8-20 所示，其中 A 区宽度 120mm，B 区宽度 250mm，C 区宽度 400mm。按先 A 区刮削→涂红丹粉检查研刮效果，然后 AB 区刮削→涂红丹粉检查研刮效果，再 ABC 三区刮削→涂红丹粉检查，研磨最后的流程进行。

工艺控制：刮削量 0.01mm 左右，待接触角达到 50°及高点分布均匀后，转入精刮工序。

（3）精刮轴瓦。

1）精刮时刮削深度应浅，手法更细腻。精刮的目的是要将接触点及接触面积达到承载区 60°范围内接触面积不小于 75%的规定要求。

2）精刮结束后，刮削出侧间隙及瓦口倒角（1×45°），对轴瓦两侧润滑油楔边界进行细刮，并保持光滑过渡。

5. 轴承装复

（1）清理轴颈、瓦面、轴承支撑凸面、扇形板支撑凹面，准备回装。

（2）回装轴承下瓦，检查轴承支撑面接触情况，要求支撑结合部位接触面积不小于 75%且接触点分布均匀。

（3）安装上瓦，装入销钉，把合法兰连接螺栓。

（4）整体推入轴承到运行位置，拧紧支撑连接螺钉，测量并调整轴承间隙至合格值。

（5）钻铰销钉孔，装入销钉，复测轴承间隙。

第二节 发电机故障与处理

一、定子线棒槽底垫条窜出

（一）事件经过及故障现象

2011 年 5 月 4 日，某电站在某号发电机 C 级检修过程中，检查发现定子线棒槽底垫条、槽衬纸窜出线槽，共有 17 槽垫条窜出，其中上游侧 7 处，窜出的垫条最长的达 60cm，部分下层线棒槽衬纸也已窜出，最长约 15cm。

（二）原因分析

（1）发电机定子铁芯运行中松动，振动加大，线棒及铁芯振动导致垫条和衬纸窜出。

（2）绕组端箍处填充物过厚，部分下层线圈没能靠实槽底，导致槽底垫条没有压紧，运行中由于机组振动等原因窜出。

（3）该机组线棒下线属过盈配合工艺，现场施工过程中存在不足，导致部分槽底垫条没有压紧，运行中由于振动等原因窜出。

（4）发电机绕组下线设计工艺有缺陷，施工过程中工艺不到位，导致压指移位、槽底垫条和槽衬运行中窜出。

（5）定子铁芯松动导致槽楔楔子块位置松动，压紧力不够或本体结构疲劳导致槽底垫条窜出。

（三）处理过程与方法

1. 临时处理

（1）将窜出的垫条及衬纸剪掉，并将剪掉的长度做好记录。

（2）对发电机定子齿压条的位移量进行标记。

（3）将剩余的垫条及衬纸采用刷胶和绑扎的方式，在定子线棒槽口部位进行固定。

（4）定期检查定子齿压条的位移量变化、垫条和衬纸有没有继续窜出、定子绕组端部绝缘是否磨损、端部槽楔是否松动等，做好记录并与原记录进行比较分析。

（5）在灯泡头内安装臭氧检测装置，监测电腐蚀发展趋势。

（6）安装发电机局部放电在线监测装置，尽早发现设备的异常状况。

（7）机组避开振动区运行，防止出现过负荷、谐振等异常工况。

2. 整体更换线棒及垫条

（1）定子线棒与垫条拆除

1）定子平放于安装间，调平，平度整体小于或等于 1mm。

2）用激光测量仪测量定子圆度，轴向 4 点（距铁芯两端 100mm 各取 1 点，其余 2 点中间均匀分布），周向 16 点均匀分布，从定子 1 号槽顺时针方向做标记，校验水平并做记录。

3）用扁铲先将绝缘盒正面、侧面剔除，逐个清理绕组连接部位的环氧胶。

4）用中（高）频焊机将连接片焊点熔化，拆除连接片。

5）切断绕组端部间隔块和斜边垫块绑扎绳。

6）先拆除 1 根上层线圈，紧量很小时，先用手轻轻晃动，然后直接拆除；紧量过大时，用绳子套住线圈两端，用手动葫芦在线圈垂直方向上、下同时试拉，力量不宜过大，以防线圈弯曲。紧量很大用上述方法无法拆除时，可用吊车配合拆除。

7）装入 1 根上层线圈，固定即可，测量线圈端部与原线圈的间隙，做好记录。

8）取出绕组，按同一方向逐根拆除，拆除的绕组放在干燥、清洁的架子上。

9）全面清理定子铁芯，按齿压板平面调平，周围平度小于或等于 1mm。

（2）新线棒、垫条安装。

1）按图纸要求放入槽底垫条，用 502 胶粘牢，两端各伸出铁芯 7mm 或按照原厂家设计的值。

2）在定子全长范围内，将整张低电阻半导体布包裹定子线棒后嵌入槽内，以定子铁芯中心和线棒中心为基准，兼顾线棒斜边间隙及两端伸出槽口的长度。线棒难以直接推入槽底时，可在线棒表面垫上包好毛毡的纤维板，再用橡胶锤均匀敲击，使线棒进入槽内与线槽底完全接触。在嵌下层线棒时，同时安装层间垫条或测温电阻垫条作为保护垫条，然后用临时压紧楔块均匀楔紧线棒。检查线棒与槽间的间隙，若大于 0.3mm，则要垫入半导体板。

3）下层线棒间隔垫及外侧端箍安装、绑扎，按图纸尺寸划线，在线棒端部标示出间隔垫安装位置。毛毡浸胶，U 形包绕间隔垫。将包绕毛毡的间隔垫塞入线棒斜边间隙内。调整垫块以调整线棒斜边间隙基本均匀一致，用玻璃管按规定将垫块与线棒绑扎紧。

4）线棒止沉块每隔 8 槽设置 1 块，止沉块头部用适形材料加环氧填料包裹后放在线棒间，用玻璃纤维管将止沉块与线棒一起绑扎 3 匝并锁牢。

5）电气试验，端部喷漆。按要求对下层线棒进行交流耐压试验。耐压试验前对所有测温电阻和其他非试验线棒进行可靠接地。试验合格后按制造厂工艺要求，下层线棒斜边垫块、端箍绑扎完毕，绑绳上刷一层环氧胶，线棒上下端用报纸、破布包好，对绕组端部喷 166 绝缘漆。喷漆时注意保护槽口，不得有端部漆流入线槽内或喷至铁芯表面。

6）垫入层间垫条，垫条两端及测温电阻引线用无碱玻璃丝带绑两层在下层线棒上。有槽底测温垫条的槽内嵌入层间垫条，按照嵌入下层线棒同样的工艺方法嵌上层线棒。

7）槽楔安装。拆除槽楔形撑块，嵌入间隔片后，再用槽楔形撑块压紧间隔片，嵌入调整用保护垫条、波纹垫条和楔下垫条，并打入槽楔。打槽楔从上下两个方向分别打入，打槽楔时应注意通风沟方向，楔下垫条伸出槽口的长度不得超过槽楔，槽楔上通风沟与铁芯通风沟的中心应对齐，偏差不大于 2mm。槽楔表面不得高于铁芯内表面。当 10 根槽楔打完后，安装槽楔挡块，将槽楔挡块的下楔打入槽中并使其两凸块嵌入铁芯通风道中。打入上楔时注意槽楔挡块与其相邻槽楔间留有 2mm 的间隙。槽楔挡块打紧后按图纸用玻璃纤维管将槽楔挡块与线棒绑扎牢固。槽楔打完后，检查测温电阻应无开路、短路，绝缘良好。

8）按下层线棒间隔垫的安装工艺，安装绑扎上层线棒间隔垫和止沉块。

9）上层线棒间隔垫、支撑件安装及绑扎完毕，按下层线棒端部喷漆的方法对其上层线棒端部喷漆。

10）按技术要求对上层线棒和下层线棒同时进行耐压试验。

二、定子铁芯齿压板位移

（一）事件经过及故障现象

2011 年 5 月 5 日，某电站在某号发电机 C 级检修过程中，检查发现定子铁芯齿压条发生移位，齿压板移位将会引起铁芯预紧力不够，导致铁芯扇形片产生松动位移，破坏定子线棒绝缘。

（二）原因分析

（1）螺杆设计强度不够或螺杆材料强度不符合要求，导致定子铁芯齿压板拉紧螺杆预紧力不够。

（2）定子铁芯片绝缘层在重压、热效应力下产生挤压变薄，导致把持压力降低。

（3）结构不合理。齿压板未设定位螺钉，未设蝶形弹簧补偿垫，铁芯压紧完全靠拉紧螺杆收紧等。

（三）处理方法及过程

1. 处理方法

该故障处理方案有三种：

（1）调整拉紧螺杆预紧力。

（2）铁芯齿压板之间焊接限位块。

（3）齿压板安装定位偏心销。

此次故障采用齿压板安装定位偏心销方案进行处理，利用铁芯齿压板上 2 个ϕ40 孔和定子外金属结构上 2 个 M20 内孔，安装定位偏心销，如图 8-21 所示，偏心销加工参数如图 8-22 所示。偏心销与齿压板使用氩弧焊焊接，以防松动。

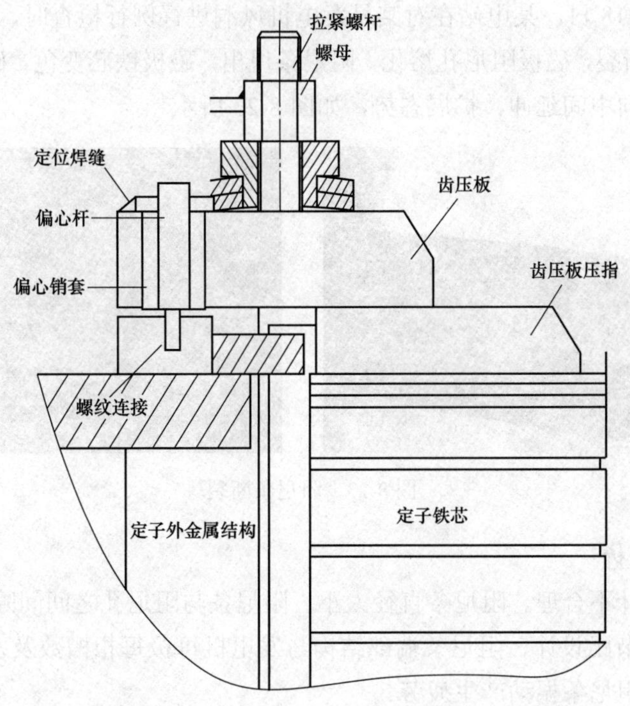

图 8-21　齿压板定位偏心销安装示意图

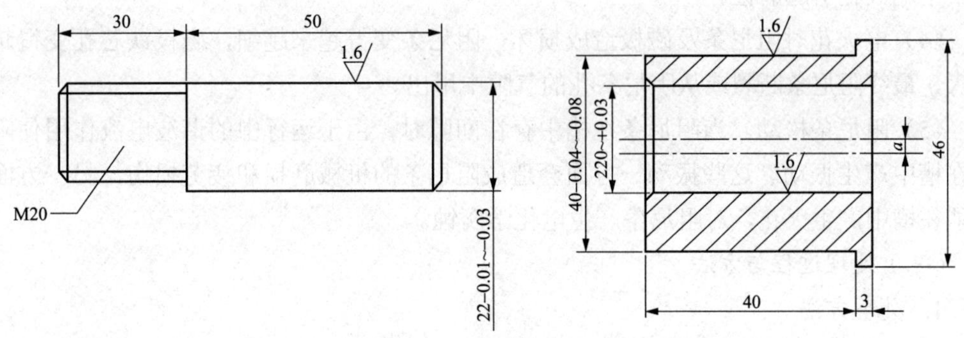

图 8-22　偏心销销杆销套加工图（单位：mm）

2. 处理过程

（1）手动清扫机组上、下游两侧齿压板ϕ40孔内表面油漆。

（2）安装偏心杆，测量偏心杆与安装孔偏心量，详细记录与编号。

（3）依据测量偏心量对销套进行定制加工，分别编号。

（4）安装机组齿压板下游两侧齿压板偏心销套。

（5）使用氩弧焊将定位偏心销与齿压板焊接固定。

（6）安装部位均匀刷绝缘漆及风洞整体卫生清扫。

三、转子磁极阻尼条断裂

（一）事件经过及故障现象

2003年3月18日，某电站在对某号发电机风洞进行例行检查时，发现14号磁极第4根阻尼条端部断裂，磁极阻尼孔熔化，阻尼条甩出，磁极铁芯变色，磁极阻尼孔熔化呈现出从磁极端部向中间延伸、扩展态势，如图8-23所示。

图8-23　阻尼条断裂

（二）原因分析

（1）电磁设计不合理。阻尼条直径太小，阻尼条与阻尼孔之间间隙较大。

（2）阻尼条节距设计、阻尼条端部结构与发电机每极每相槽数及发电机槽数选择不合理，引起磁极阻尼条振动产生疲劳。

（3）定子槽开口与气隙的比值过大，以致高次谐波和磁导齿谐波引起阻尼条电流过大产生电火花引起磨蚀。

（4）电火花对阻尼条及磁极造成损坏，阻尼条变得越来越细，磁极铁芯孔变得越来越大，最终阻尼条断裂或从阻尼条孔的气隙中甩出。

（5）阻尼条松动。当阻尼条在槽中存在间隙时，由于运行中的谐波电流作用使阻尼条在槽中产生振动。这些振动一方面会造成阻尼条的机械磨损和疲劳损伤，另一方面有可能在槽中产生火花，对阻尼条产生电化学腐蚀。

（三）处理过程与方法

1. 处理方法

更换备品磁极。在新磁极设计中增加阻尼条直径，增加磁极头高度以及增大最小气隙尺寸。

2. 处理过程

（1）将需要更换的磁极人工盘车至转子顶部，投入发电机制动风闸。

（2）拆除该磁极固定螺栓。

（3）利用手拉葫芦水平将磁极拉出。

（4）利用葫芦将磁极头部抬起，在磁极的 1/3 处安装吊环。

（5）用扁的尼龙吊带在吊环处将磁极扣好，在磁极底部安装磁极吊装专用防护板。

（6）降下桥机 15t 葫芦吊钩，利用葫芦与桥机的配合将磁极竖起。磁极竖起后卸下葫芦，用导向绳将磁极缓慢吊出灯泡头竖井。

（7）磁极吊出后，在磁极底部安装磁极吊装专用防护板。

（8）将磁极反方向放置在指定的枕木上，拆下防护板和吊耳。

（9）把防护板与吊耳安装在要安装的新磁极上。

（10）用相反的方法安装新磁极。

四、发电机转子支臂产生裂纹

（一）事件经过及故障现象

2001 年 6 月 23 日，某电站某号机组运行中发电机导轴承摆度数据异常告警，垂直方向 409μm、水平方向 550μm，受油器摆动明显增大。停机后检查发现转子一个支臂断裂，其裂纹错位达 1mm。

（二）原因分析

（1）转子支臂结构设计不合理，薄弱环节抗干扰能力差。

（2）转子支臂加强筋板设计不合理，不仅没起到加强作用，反而恶化了该处的应力分布，在本已薄弱的环节又产生较大的应力集中，增大了疲劳断裂破坏的概率。

（三）处理方法及过程

1. 处理方法

针对设计缺陷，对转子支臂加强筋进行加固处理，永久处理方法是更换重新设计后的转子。

2. 处理过程

（1）尽可能延长原有的加强筋。在原加强筋板两侧增加两条筋板加固转子支臂，额外筋板位置如图 8-24 所示。

（2）消除焊接缺陷，对焊缝进行过渡处理，减小局部应力，降低焊缝单位受力。

（3）对转子支臂进行无破坏性检测、液态渗透检测和磁粉渗透检测，发现缺陷及早处理。

五、转子支架或中心体裂纹

（一）事件经过及故障现象

某电站机组转子支架辐板与轮毂之间的环焊缝留有对称的均布的 4 个半圆形应力孔。2002 年 7 月 17 日，在对某号机组进行无损探伤时，发现转子中心体轴径处有多处裂纹，裂纹分布在轴径处 4 个应力释放孔两侧，沿圆周向对侧延伸。

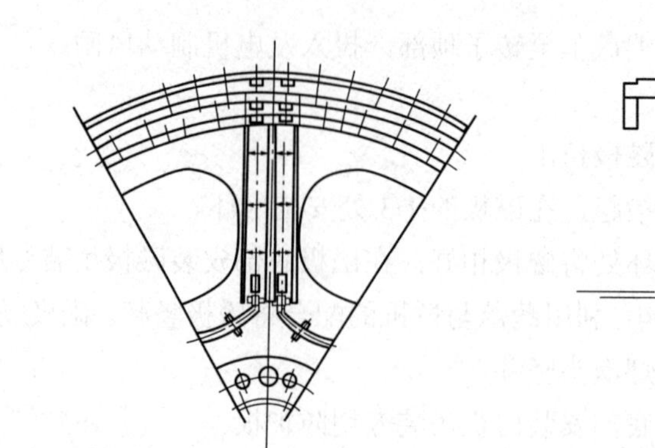
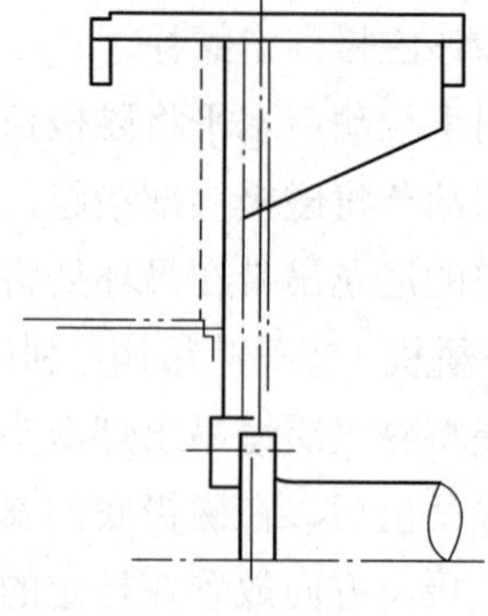

图 8-24　额外筋板示意图

（二）原因分析

（1）设计不合理、局部应力过高所致。4 个应力孔起到了负面作用，裂纹以 4 个半圆形应力孔的两端为起裂点，出现程度不同的贯透性疲劳裂纹。

（2）焊接质量不良，转子偏心所产生的单边磁拉力过大也是导致开裂的诱因。

（三）处理方法及过程

1. 处理方法

针对设计缺陷，采用焊接方式对转子支架裂纹进行修复。

2. 处理过程

转子支架裂纹焊接修复流程如图 8-25 所示。在不同的补焊阶段，利用焊前预热、锤击焊道、焊后缓冷等方法有效减缓和控制焊接应力，以防止在补焊过程中产生焊接裂纹。此外，由于转子支架的尺寸精度高，在施焊中应安置百分表检测其焊接变形，根据情况及时调整焊接顺序和焊接部位，同时装焊低碳钢加强筋，以提高部件在焊接过程中抵抗焊接变形的能力。

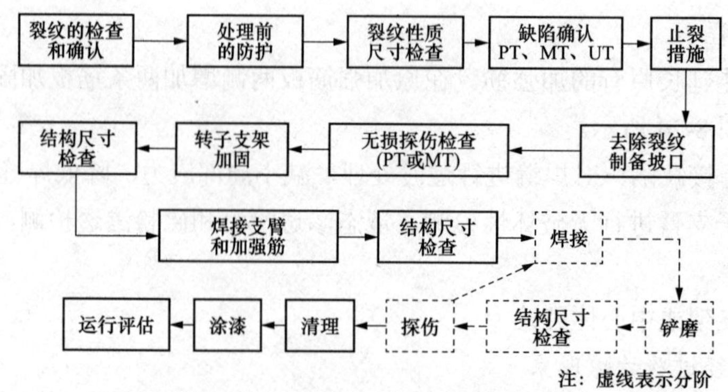

图 8-25　转子支架焊接修复流程

PT—渗透检测；MT—磁粉检测；UT—超声波检测

六、转子磁极螺栓松动

（一）事件经过及故障现象

2003 年 5 月 31 日，某电站在对某号机组进行风洞例行检查时，发现部分磁极联接螺栓存在松动现象。

（二）原因分析

（1）厂家螺栓预紧力设计偏小。

（2）机组运行过程中，螺栓承受离心力、电磁不平衡力等综合交变应力作用导致松动。

（三）处理方法及过程

加大螺栓紧固力矩。将螺栓紧固力矩由原设计 47N·m 加大至 52N·m，对所有螺栓按 52N·m 重新紧固后，运行中再无松动。

七、转子磁极绝缘偏低

（一）事件经过及故障现象

2002 年 12 月 6 日，某电站在某号机组检修中测得转子绝缘仅为 0.2MΩ，经全面卫生清扫和两次短路升流烘潮后，转子绝缘没有明显好转，拆开磁极引线测量磁极绝缘仅为 0.21MΩ。对发电机风洞进行全面检查，风洞内空气干燥，停机加热器、除湿器工作正常，转子磁极外观检查未见破损现象。对磁极清洗后绝缘恢复正常，但运行 1～2 个月后绝缘又下降。

（二）原因分析

（1）碳粉渗入风洞污染转子磁极。

（2）组合轴承溢出的残油渗入磁极内部，油污、碳粉和潮气三者结合造成磁极绝缘下降。

（三）处理方法及过程

（1）选择磁极绝缘电阻阻值低的磁极进行冲洗，用 0.8MPa 的压缩空气通过干燥后用专用喷枪将带电清洗剂喷向磁极，冲洗后绝缘上升至 200MΩ，效果明显。全部清洗后转子绝缘达到 3.27MΩ，符合规程标准。

（2）机组投入运行不久后绝缘又下降，清洗后又合格。如此反复多次，检查内风洞和外风洞均发现有大量的碳粉，故分析认为碳粉污染是转子绝缘降低的根本原因。为有效减少碳粉污染导致转子绝缘下降问题。对碳粉排出装置进行了改造，在室外增加碳粉排出装置，在灯泡头原碳粉吸附风机出口加装一个变径喇叭口及弯头通至室外风机，将碳粉引排向室外。改造后转子绝缘一直稳定维持在 9～500MΩ 之间，彻底消除了绝缘，降低了隐患。

八、发电机滑环短路

（一）事件经过及故障现象

2005 年 7 月 27 日，某电站机组正常停机时，监控系统发“励磁跳闸”告警信号，现场检查发现为滑环两级之间套管短路引起。

（二）原因分析

（1）机组大轴短轴密封老化渗油，停机过程中油污甩到滑环上，与碳粉混合，造成滑环两极间发生短路。

（2）转子引线穿线套管绝缘老化。

（三）处理过程与方法

（1）更换机组大轴短轴密封。

（2）寻找优质炭刷更换，减少碳粉污染。

（3）在灯泡头滑环下端安装碳粉收集装置，并定期对滑环进行清扫。

九、组合轴承油气密封漏油

（一）事件经过及故障现象

某电站机组发电机风洞内油污污染严重，油污的来源为组合轴承上游侧油气密封漏油，漏油在机组运行中，形成油雾吸附在转子磁极、定子绕组表面，导致磁极、定子绕组间绝缘降低，严重威胁机组安全运行。

（二）原因分析

通过多次解体组合轴承上游侧油气密封，发现原因主要有：

（1）环板与主轴法兰的间隙过大，允许总间隙不超过 0.40mm，而实际测量最大达 1.20mm。

（2）箍紧 R 形密封的夹具安装时由人工拉紧锁固，主轴法兰直径为 1540mm，人力无法确保其紧度可靠，在机组运行过程中 R 形密封产生移位，导致密封失效。

（3）环板安装后其底部梳齿密封平面上外低内高，梳齿密封收集的透平油无法向内侧流入排油孔，集油外流进入风洞。

（三）处理方法及过程

（1）定制 R 形密封专用夹具，采用螺纹方式锁紧，确保可靠。

（2）在环板底部梳齿合金部位由外侧第二环开始手动加工一宽 6mm U 形槽，使梳齿密封收集的透平油在底部顺利流入排油孔。

（3）在环板外侧圆周上配钻 M10 螺栓孔并攻丝，加工一圆形法兰压板，在法兰压板与环板间安装弹性耐磨密封。

第三节　辅助设备故障与处理

一、励磁变高压侧本体裂纹

（一）事件经过及故障现象

2014 年 11 月 1 日，某电站某号机组 C 级检修期间，在对励磁变压器进行检查时发现励磁变压器高压侧绝缘外壳三相均出现不同程度的裂纹，如图 8-26 所示。继续运行将可能发生绝缘击穿、匝间短路事故。

（二）原因分析

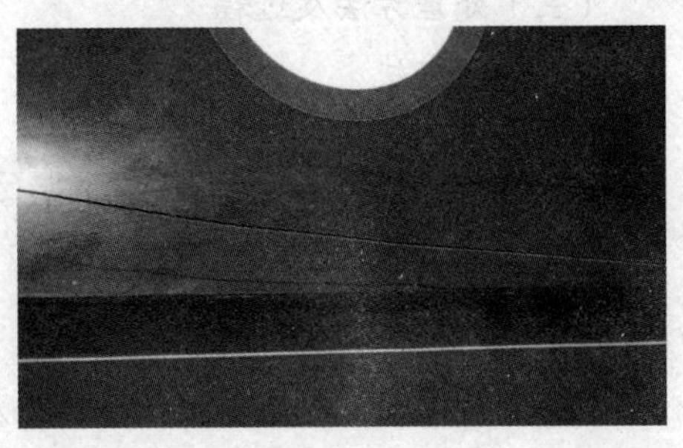
图 8-26　励磁变压器高压侧绝缘外壳裂纹图

（1）励磁变压器结构为低压绕组采用铝箔绕制而成，层间绝缘耐高温材质为聚酯薄膜 DMD；高压绕组采用铝导线绕制，经环氧树脂在真空下浇注成型，绕组内、外表面环氧树脂绝缘层厚约 8mm，为环氧树脂和石英粉组成的厚绝缘结构。高压绕组铝导线和该类绝缘材料的热膨胀系数不一致并相差较大，铝导线在热胀冷缩时会对绝缘系统产生较大的内部应力，导致开裂。

（2）环氧树脂和石英粉组成的绝缘系统中无玻璃纤维加强，其结构强度较差，在高温下有一定的脆性，内部应力易导致其开裂。

（3）励磁变压器属整流变压器类别，高压绕组内有一定分量的高次谐波通过，此高次谐波会在铝导线中产生涡流，因此励磁变压器发热量比同容量的普通配电变压器高。

（4）高压绕组为厚绝缘结构，散热较慢，绕组内温度分布梯度较大，导致内部应力增加。

（三）处理过程与方法

（1）更换励磁变压器。

（2）对励磁变压器高压侧隔离金属挡板增开观察孔，利于日常巡视检查。

二、空气冷却器轴流风机烧损

（一）事件经过及故障现象

2003 年 8 月 16 日，某站某发电机组 4 号轴流风机在运行中发故障信号，现场检查电动机绝缘为零，灯泡头内有明显焦臭味，判断为电动机损坏。

（二）原因分析

（1）电动机后端轴承卡死是造成电动机损坏的直接原因。

（2）电动机轴承及润滑脂质量不合格或达不到的要求。

（3）电动机后端盖与轴承结合面间隙偏大，造成轴承运行中走外圈发热所致。

（4）轴流风机在电动机长轴端安装了双组风扇叶片，其静态质量和运动惯量均远大于常规的散热风机，这对电动机的静、动平衡都有很大的不利影响。在电动机轴承和风叶平衡性能都比较好的时候，尚可以保证风机正常运转，一旦两者中任一性能下降，就必然导致风叶的运转不再平稳，产生具有破坏力的抖晃甚至振动，作用在轴承上使轴承间隙增大出现摆动，反过来又会进一步加大风叶的抖晃振动。如此恶性循环，最终导致轴承损坏电机损坏。

（5）轴流风机在双风叶之间的风筒壁上安装了一组固定的叶片，其与风叶的间距很小，如果风叶在抖晃振动中碰到该固定叶片，也可能产生妨碍电机转动的阻力，导致电流过大烧坏电动机。

（三）处理方法及过程

1. 处理方法

（1）更换备用新电机；

（2）对风叶及风机进行换型改造。

2. 处理过程

（1）更换备用新电动机。

1）安装之前，对电动机绝缘及外观进行检查确认，确保电动机完好。

2）考虑备用电动机库存时间较长，更换之前对电动机轴承及润滑脂进行检查，确保轴承无卡涩、油质完好，否则应予以更换。

3）新电动机更换之前应完成电动机主轴端面的打孔及圆周面的打磨抛光工作，保证安装工作的顺利进行，不得野蛮作业造成叶片受力变形。

4）吊装及安装部件过程中，注意轻拿轻放，防止落物伤人。

5）安装完毕，手动盘动电动机叶片检察是否有刮擦、松动或异响等情况。

6）全部工作结束，核对电动机电源相序是否正确无误。

（2）风叶及风机换型改造。

1）切除风筒内导风槽板。使用角磨机或气割切除原风筒内导风槽板。切除前应使用破布等物品将发电机转子孔缝填堵好并铺以防火石棉布保护，防止打磨过程金属碎屑进入发电机定子线圈、转子磁极内部。打磨过程中应使用吸尘器及抽风机等装置定期进行抽吸及排烟。切除完毕后，应对切除面进行打磨，并根据现场漆面颜色，刷一底两面的冰灰漆防锈。

2）更换轴流风机风叶。新风叶安装过程中，首先需确保风叶角度调整正确，角度锁紧螺栓锁定到位，风叶不存在可转动的虚位等不满足现场安装要求的质量缺陷存在。

风叶安装到位后，应将其固定牢固，螺栓锁紧到位后应对其使用锁定片锁定，防止移位。用手旋转风叶应无刮擦、卡涩、松动或异响等情况，确认无异常后应使用塞尺测量同一叶片与风筒间隙，并通过调整电动机基座水平、垂直方向位置，使其间隙均匀。

三、机组运行中轴承油流中断停机

（一）事件经过及故障现象

1998 年 3 月 29 日，某电站某号机组 1 号轴承油冷却器冷却效果降低，值班人员根据命令现场将轴承油冷却器倒换至 2 号冷却器运行，倒换过程中“发电机轴承无油流”告警动作，导致事故停机。

（二）原因分析

（1）监控系统轴承无油流事故停机定值设置不合理。

（2）油冷却器空气未排净，倒换时引起轴承无油流动作。

（三）处理过程与方法

（1）对轴承无油流停机定值进行全面排查，对定值进行修改，确保停机定值正确可靠。

（2）将检修后管道排空空气措施列入制度中。

四、导叶开度位置反馈传感器钢丝绳断裂

（一）事件经过及故障现象

2008 年 4 月 17 日，某电站上位机报“某号机组调速器局部故障”告警，机组导叶和桨叶开度分别缓慢降至 0，出力降至 1.4MW 后机组运行稳定。上位机和调速器电气柜增负荷均无效，机组运行未见其他异常，无其他电气保护告警。在检查导叶反馈装置时发现导叶开度位置反馈传感器钢丝绳断裂。

（二）原因分析

钢丝绳直径偏小，钢丝绳卡塞引起断裂。

（三）处理过程与方法

更换导叶开度位置反馈传感器钢丝绳。

五、桨叶主配平衡块断裂

（一）事件经过及故障现象

某电站设备巡视检查时，发现某号机桨叶主配平衡块断裂缺陷，经过检查确定为平衡块矩形截面与圆弧相交处发生断裂。

（二）原因分析

1. 设计原因

断裂部位位于圆弧与直线相交处，设计上未采取圆弧倒角或平滑过渡方式减小应力集中。平衡块的中间连接部位圆周分布 4 个 5mm 的排油孔，削弱了两侧圆弧边强度。平衡块与活塞及锁定螺母连接部位接触面积均很小，承载能量不能有效释放。

2. 制造工艺

平衡块制作材料原设计为 40Cr 锻件，生产方改为板材切割加工成型，再经淬火等热处理调质。在材料、加工、热处理等工艺上未得到有效的控制，内部组织结构发生变化使得材料力学性能发生改变，导致脆性变大，韧性降低。

3. 安装工艺

安装调试过程中，平衡块全开全关时间调整螺母两侧间隙存在不完全对称，造成平衡块单侧长期受力，引起平衡块疲劳而断裂。

（三）处理过程与方法

更换桨叶主配平衡块。

六、导叶主配卡涩

（一）事件经过及故障现象

2016 年 8 月 18 日，某电站进行某号机组自动开机操作过程中，开机不成功。安全措施布置到位后，手动操作引导阀，如图 8-27 所示，引导阀可以正常上下动作，手动操作先导阀，发现先导阀存在明显卡涩现象，且无法实现自动回中，将先导阀解体后发现先导阀活塞、衬套表面有轻微的磨损痕迹。

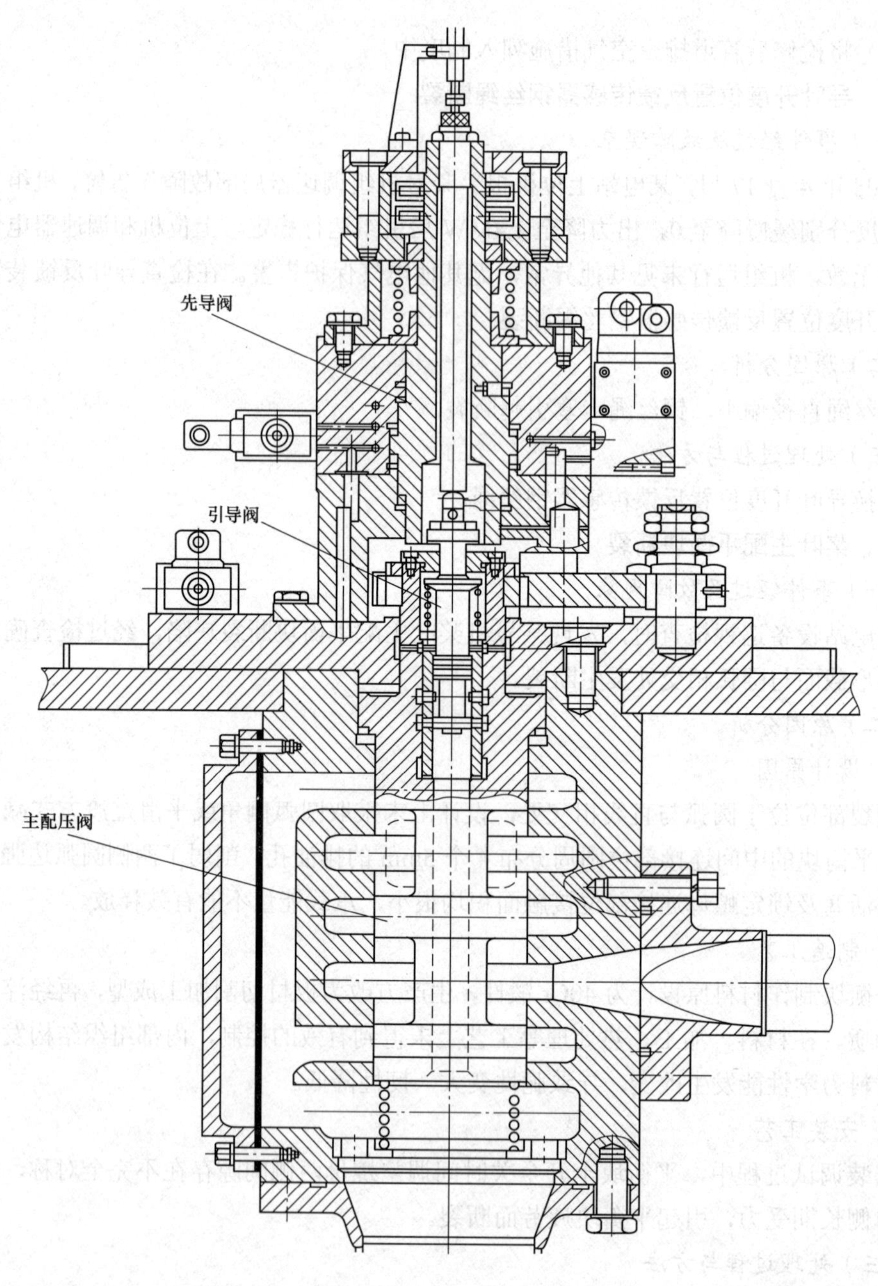

图 8-27　调速器主配图

（二）原因分析

（1）主配先导阀、引导阀设计存在缺陷，阀芯与衬套之间的配合间隙小，容易造成卡涩。

（2）透平油中金属粉末与杂质进入主配，增大了先导阀与引导阀活塞杆与衬套的摩擦，导致主配不能正常动作。

（三）处理方法及过程

1. 处理方法

用油石、细砂纸对先导阀活塞及衬套进行打磨。

2. 处理过程

（1）对先导阀活塞及衬套打磨。将先导阀解体，对活塞、衬套的外壁进行检查，确定存在摩擦的区域，用润滑液对表面进行润滑，对摩擦比较明显的区域使用油石进行轻微的打磨，其他区域使用细金相砂纸进行轻微打磨，处理过程中务必保证活塞及衬套整体的圆度、同心度，打磨过程完成后用汽油进行整体清洗。

（2）先导阀装复。紧固集成缸体与连接基座的联接螺栓时，4 个螺栓要对称均匀拧紧，由于活塞与衬套装配精度较高、配合间隙比较小，在紧固过程中需要随时使用活动扳手检查活塞是否动作灵活，并随时调整紧固的方向，直至螺栓全部紧固到位。

参 考 文 献

[1] 沙锡林. 灯泡贯流式水电站. 北京：中国水利水电出版社，1999.

[2] 田树棠. 贯流式水轮发电机组实用技术—设计·施工安装·运行检修. 北京：中国水利水电出版社，2010.

[3] 桥巩水电站分公司，河海大学. 特大型灯泡贯流式水电站工程实践. 北京：中国水利水电出版社，2011.

[4] 刘国选. 灯泡贯流式水轮发电机组运行与检修. 北京：中国水利水电出版社，2006.